新基建·数据中心系列丛书

数据中心
高压供配电系统运维

汪俊宇　叶社文　禚思齐◎主编

U0197742

清华大学出版社
北京

内 容 简 介

本书结合了作者多年的数据中心实际工作经验，根据高压运维技术人员上岗的基本要求，围绕数据中心供配电系统的电力知识和高压系统的操作特点，由浅入深地全面讲述了高压电气设备操作的安全要求，对高压巡视、操作等项目做了详细的图文解释。全书共分 13 章，包括安全生产管理、电力系统基本概念、电力变压器、互感器、高压电气、高压成套配电装置、高压电力线路、过电压保护与接地装置、继电保护与二次回路、变配电站安全保障、高压开关柜的倒闸操作、变配电站运行管理、高压安全用具等。

本书的编写以理论知识和原理讲解"实用、够用"为原则，以职业岗位的需求和生产实际为主线，采用理论与实践相结合的教学模式，向读者讲授供配电领域数据中心的新设备和新技术。本书内容深入浅出、循序渐进，技能训练内容的设计贴近生产实际，力求在有限的篇幅内使读者把握实践操作要领，帮助读者理解并记忆所学的专业知识，最大限度地提升读者的专业技能，为读者终身职业生涯的发展搭建平台。

本书详细介绍了各类型高压电气的安全知识、操作技巧和运维经验，读者可以全面、快速地掌握数据中心高压运维的各项作业技巧和本领。本书可作为高职高专院校电气自动化技术、供配电技术、建筑电气工程技术和农村电气化技术等相关专业的教学用书，也可供从事供配电运行、管理工作的工程技术人员参考使用。

图书在版编目（CIP）数据

数据中心高压供配电系统运维 / 汪俊宇，叶社文，褚思齐主编 . —北京：清华大学出版社，2023.8
（新基建·数据中心系列丛书）
ISBN 978-7-302-63789-9

Ⅰ . ①数… Ⅱ . ①汪… ②叶… ③褚… Ⅲ . ①数据处理中心—高压电器—供电系统—电力系统运行
②数据处理中心—高压电器—配电系统—电力系统运行③数据处理中心—高压电器—供电系统—维修④
数据处理中心—高压电器—配电系统—维修 Ⅳ . ① TP308

中国国家版本馆 CIP 数据核字 (2023) 第 101425 号

责任编辑：杨如林
封面设计：杨玉兰
版式设计：方加青
责任校对：胡伟民
责任印制：刘海龙

出版发行：清华大学出版社
　　　网　　　址：http://www.tup.com.cn，http://www.wqbook.com
　　　地　　　址：北京清华大学学研大厦 A 座　　　　　邮　　编：100084
　　　社 总 机：010-83470000　　　　　　　　　　邮　　购：010-62786544
　　　投稿与读者服务：010-62776969，c-service@tup.tsinghua.edu.cn
　　　质 量 反 馈：010-62772015，zhiliang@tup.tsinghua.edu.cn
印 装 者：三河市人民印务有限公司
经　　销：全国新华书店
开　　本：185mm×260mm　　　　印　　张：17.75　　字　　数：432 千字
版　　次：2023 年 8 月第 1 版　　印　　次：2023 年 8 月第 1 次印刷
定　　价：69.00 元

产品编号：096115-01

前　言

　　2019 年 1 月 24 日国务院正式印发的《国家职业教育改革实施方案》中明确提出，在职业院校、应用型本科高校启动"学历证书 + 职业技能等级证书"（即 1+X 证书）制度试点，鼓励学生在获得学历证书的同时，积极取得多类职业技能等级证书。

　　本书以满足我国高等职业教育和高等专科教育的需要为原则，以突出实践能力和职业能力为培养目标，围绕数据中心供配电系统的电力知识和高压系统运维的特点，紧密结合实际，除了包括传统教材的相应内容外，还系统地介绍了在实际工作中应用广泛而在传统教材中没有涉及的内容，如高压电气元件及成套配电装置、预装式变电站等，具体介绍了相应的标准、产品特性、技术参数、选用原则、维护方法等知识。

　　本书结合作者多年的实际工作经验，全面介绍了高压运维实际作业需要掌握的各项操作技能，包括高压安全用具与技术，变压器，高压电气，仪用互感器，继电保护装置与二次回路，架空线路及电力电缆，接地、接零及防雷保护，高压运维操作技术，高压开关柜的倒闸操作，高压供电图解等，并详细讲解了各类型高压电气的安全知识、操作技巧和运维经验。

　　本书内容丰富，浅显易懂，虽然强调基本知识的讲解，但理论以够用为原则，尽量降低专业理论知识的比重，注重实操能力的培养，突出重点，分散难点，力求使读者一看就懂、一学就会，突出供配电领域的新设备和新技术。同时为了便于阅读，本书在编写过程中注意图文并茂，力求做到文字简洁明快、结构直观清晰。为读者学习专业知识和职业技能，提高综合素质，增强适应岗位变化的能力和继续学习的能力打下一定的基础。

　　在本书的编写过程中，参考了许多相关书籍和文献资料，在此向所有参考文献的原作者致以诚挚的谢意！由于作者水平有限，加之数据中心供配电技术涉及的知识面广，实操性强，且智能化电气设备和供配电系统综合自动化技术发展迅速，书中难免有错漏与不足之处，诚望广大行业专家和工程技术人员批评指正。

作者

2022 年 6 月

教 学 建 议

章号	学习要点	教学要求	参考课时（不包括实训和机动学时）
1	• 了解从业人员安全生产的权利、义务和职责	• 介绍安全生产相关法律法规及标准规范，学习从业人员安全生产的权利、义务和职责	0.5
2	• 重点掌握各级负荷对供电电源的要求、供电电能的技术指标及中性点运行方式	• 了解并掌握电力系统的构成、供配电系统概况、供电电能的技术指标、中性点运行方式、10kV变电所主接线	4.5
3	• 变压器的工作原理 • 变压器的接线组别和接线方式 • 变压器分接开关的使用 • 变压器的并列与解列运行 • 变压器的异常运行与故障分析	• 了解电力变压器在输配电线路中的作用、功能及重要性，重点掌握变压器的工作原理，了解变压器的结构、分类和基本参数，掌握油浸式和干式变压器的运行维护及故障分析	3
4	• 电压互感器和电流互感器的工作原理 • 电压互感器和电流互感器的接线方式 • 电压互感器和电流互感器的相关要求及常见故障分析与处理	• 了解互感器的定义、分类、作用和工作原理，掌握互感器的接线方式、使用要求及常见故障分析与处理	4
5	• 高压用电器的定义、符号表示、特点和作用 • 高压真空断路器的特点、运行与维护方法 • 高压断路器的操动机构 • 高压隔离开关的操作顺序	• 了解高压电器的基本知识、交流电弧的形成，掌握高压电器的灭弧原理，熟悉常用高压电器的功能、作用和主要技术参数，着重了解高压断路器的操动机构的分类和特点，掌握真空断路器的特点和运行维护方法	4
6	• 中置柜的五防功能 • 中置柜断路器的三个位置和四种状态 • KYN28中置柜的四室 • 高压开关柜手车的操作方法	• 理解高压成套配电装置的含义，认识高压开关柜，了解高压开关的主要特点、组成和分类，掌握常用的固定式、移开式和高压环网柜以及预装式变电站的相关知识及基本配置	4

续表

章号	学习要点	教学要求	参考课时（不包括实训和机动学时）
7	• 高压架空线路和高压电力电缆线路的优缺点 • 高压电力电缆的基本结构、类型、敷设方式和注意事项 • 高压电力电缆的连接方法及截面载流量的选择 • 高压电力线路的安全管理	• 了解高压电力线路的种类、组成和特性，掌握高压架空线路和高压电力电缆线路的优缺点，掌握高压电力线路的运行维护和安全运行管理	3
8	• 防雷装置和接地装置的原理、组成和安装要求 • 电力线路及变配电所的防雷保护的要求和措施 • 防雷装置和接地装置的运行维护及注意事项	• 了解过电压及雷电的概念，掌握防雷装置和接地装置的原理、组成和安装要求，掌握电力线路及变配电所的防雷保护的要求和措施，掌握防雷装置和接地装置的运行维护及注意事项	3
9	• 变配电所事故跳闸的分析与判断 • 10kV 配电系统常用的继电保护的配置 • 直流屏的工作原理和构成	• 了解继电保护的基本任务、基本要求和组成，了解继电保护装置的原理结构和常用继电器的种类，掌握 10kV 变配电所的继电保护种类及自动装置，了解微机综合保护测控装置的特点、基本构成及运行管理，了解 10kV 变配电所二次回路的分类、操作，了解中央信号报警系统的作用以及二次回路在电气电路中的几种识图形式	4
10	• 变配电站停电、验电、挂接地线和悬挂标识标牌的安全技术措施 • 变配电站的"七项"安全制度和工作票填写的相关规定	• 了解变配电站值班人员的安全管理要求，掌握变配电站工作安全保障的技术措施、制度措施，掌握变配电站填写工作票的规定	2
11	• 变配电站高压开关柜倒闸操作的程序和方法，倒闸操作票的应用和填写 • 高压系统运行方案（以 1#、2# 市电电源为例）的倒闸操作 • 10kV 供配电逻辑控制的原则 • 10kV 及以下高低压配电装置倒闸操作的统一调度编号的含义	• 了解高压开关柜倒闸操作的基本知识、目的、内容和专用术语，掌握变配电站高压开关柜倒闸操作的程序、方法	4
12	• 变配电站断路器、隔离开关、负荷开关、电力变压器、互感器、母线和支持瓷瓶异常运行及事故处理的方法	• 了解保障变配电站安全运行的重要性，明确保安全必须依靠组织和有针对性的规章制度，强调制度管理的重要性、规范性和延续性	2
13	• 基本绝缘安全用具 • 辅助绝缘安全用具 • 一般防护安全用具	• 认识高压安全用具，了解高压安全用具的组成、分类，掌握高压安全用具的使用方法、要求、注意事项和试验周期	2

目 录

第1章　安全生产管理

安全生产管理是管理的重要组成部分，是安全科学的一个分支。所谓安全生产管理，就是针对人们生产过程的安全问题，运用有效的资源，发挥人们的智慧，通过人们的努力，进行有关决策、计划、组织和控制等活动，实现生产过程中人与机器设备、物料、环境和谐，达到安全生产的目标。

1.1　安全生产相关法律法规及标准规范

安全生产关系着人民群众的生命财产安全，关系着社会发展和社会稳定大局，国家确立了"安全第一，预防为主，综合治理"的安全生产方针，先后制定了一系列法律、法规和规章，不断地规范和强化安全生产管理工作。

1.1.1　《中华人民共和国安全生产法》

2021年6月10日第十三届全国人民代表大会常务委员会第二十九次会议对《中华人民共和国安全生产法》进行了第三次修正，自2021年9月1日起施行。制定安全生产法的目的是加强安全生产工作，防止和减少生产安全事故，保障人民群众生命和财产安全，促进经济社会持续健康发展。

修改后的《中华人民共和国安全生产法》共7章，119条，包括总则、生产经营单位的安全生产保障、从业人员的安全生产权利义务、安全生产的监督管理、生产安全事故的应急救援与调查处理、法律责任以及附则。

其中，与从业人员相关的规定如下：

（1）安全生产工作应当以人为本，坚持人民至上、生命至上，把保护人民生命安全摆在首位，树牢安全发展理念，坚持安全第一、预防为主、综合治理的方针，从源头上防范化解重大安全风险。

安全生产工作实行管行业必须管安全、管业务必须管安全、管生产经营必须管安全，强化和落实生产经营单位主体责任与政府监管责任，建立生产经营单位负责、职工参与、政府监管、行业自律和社会监督的机制。

（2）生产经营单位的从业人员有依法获得安全生产保障的权利，并应当依法履行安全生产方面的义务。

（3）生产经营单位应当对从业人员进行安全生产教育和培训，保证从业人员具备必要的安全生产知识，熟悉有关的安全生产规章制度和安全操作规程，掌握本岗位的安全操作技能，了解事故应急处理措施，知悉自身在安全生产方面的权利和义务。未经安全生产教育和培训合格的从业人员，不得上岗作业。

生产经营单位使用被派遣劳动者的，应当将被派遣劳动者纳入本单位从业人员统一管理，对被派遣劳动者进行岗位安全操作规程和安全操作技能的教育和培训。劳务派遣单位应当对被派遣劳动者进行必要的安全生产教育和培训。

生产经营单位接收中等职业学校、高等学校学生实习的，应当对实习学生进行相应的安全生产教育和培训，提供必要的劳动防护用品。学校应当协助生产经营单位对实习学生进行安全生产教育和培训。

生产经营单位应当建立安全生产教育和培训档案，如实记录安全生产教育和培训的时间、内容、参加人员以及考核结果等情况。

（4）生产经营单位的特种作业人员必须按照国家有关规定经专门的安全作业培训，取得相应资格，方可上岗作业。

特种作业人员的范围由国务院应急管理部门会同国务院有关部门确定。

（5）生产经营单位必须为从业人员提供符合国家标准或者行业标准的劳动防护用品，并监督、教育从业人员按照使用规则佩戴、使用。

（6）生产经营单位必须依法参加工伤保险，为从业人员缴纳保险费。

国家鼓励生产经营单位投保安全生产责任保险；属于国家规定的高危行业、领域的生产经营单位，应当投保安全生产责任保险。具体范围和实施办法由国务院应急管理部门会同国务院财政部门、国务院保险监督管理机构和相关行业主管部门制定。

（7）生产经营单位与从业人员订立的劳动合同，应当载明有关保障从业人员劳动安全、防止职业危害的事项，以及依法为从业人员办理工伤保险的事项。

（8）生产经营单位不得以任何形式与从业人员订立协议，免除或者减轻其对从业人员因生产安全事故伤亡依法应承担的责任。

（9）生产经营单位的从业人员有权了解其作业场所和工作岗位存在的危险因素、防范措施及事故应急措施，有权对本单位的安全生产工作提出建议。

（10）从业人员有权对本单位安全生产工作中存在的问题提出批评、检举、控告；有权拒绝违章指挥和强令冒险作业。

生产经营单位不得因从业人员对本单位安全生产工作提出批评、检举、控告或者拒绝违章指挥、强令冒险作业而降低其工资、福利等待遇或者解除与其订立的劳动合同。

（11）从业人员发现直接危及人身安全的紧急情况时，有权停止作业或者在采取可能的应急措施后撤离作业场所。

生产经营单位不得因从业人员在前款紧急情况下停止作业或者采取紧急撤离措施而降低其工资、福利等待遇或者解除与其订立的劳动合同。

（12）生产经营单位发生生产安全事故后，应当及时采取措施救治有关人员。

因生产安全事故受到损害的从业人员，除依法享有工伤保险外，依照有关民事法律尚有获得赔偿的权利的，有权提出赔偿要求。

（13）从业人员在作业过程中，应当严格落实岗位安全责任，遵守本单位的安全生产规章制度和操作规程，服从管理，正确佩戴和使用劳动防护用品。

（14）从业人员应当接受安全生产教育和培训，掌握本职工作所需的安全生产知识，提高安全生产技能，增强事故预防和应急处理能力。

（15）从业人员发现事故隐患或者其他不安全因素，应当立即向现场安全生产管理人员或者本单位负责人报告；接到报告的人员应当及时予以处理。

（16）生产经营单位使用被派遣劳动者的，被派遣劳动者享有本法规定的从业人员的权利，并应当履行本法规定的从业人员的义务。

1.1.2　《特种作业人员安全技术培训考核管理规定》

国家安全生产监督管理总局以第80号令的形式对《特种作业人员安全技术培训考核管理规定》作出修改，自2015年5月29日起施行。

该规定明确将高压电工作业、低压电工作业、防爆电气作业列为特种作业，电工作业人员的安全技术培训、考核、发证、复审等工作纳入特种作业人员进行管理。

电工作业人员应当了解和掌握的相关规定如下：

（1）特种作业人员必须经专门的安全技术培训并考核合格，取得《中华人民共和国特种作业操作证》（以下简称特种作业操作证）后，方可上岗作业。

（2）特种作业人员应当接受与其所从事的特种作业相应的安全技术理论培训和实际操作培训。

（3）国家对特种作业人员的安全技术培训、考核、发证、复审工作实行统一监管、分级实施、教考分离的原则。

（4）特种作业操作证有效期为6年，在全国范围内有效。特种作业操作证每3年复审1次。

（5）特种作业操作证申请复审或者延期复审前，特种作业人员应当参加必要的安全培训并考试合格。

1.2　从业人员安全生产的相关规定

《中华人民共和国安全生产法》是安全生产工作的根本，也是立法、修法的根本。

安全生产的核心与关键就是其从业人员。修改后的《中华人民共和国安全生产法》（以下简称"新安法"）对从业人员安全生产的权利、义务、责任有了更为清晰明确的规定。

1.2.1　从业人员安全生产的权利

所谓从业人员，就是指从事生产经营活动各项工作的人员，包括生产经营单位主要负责人、管理人员、技术人员和各岗位的工作人员，也包括生产经营单位临时聘用的人员和被派遣劳动者。这其中每一个环节按照新法而行，整个安全生产也就有了保障。

从业人员安全生产的权利主要包括以下几方面。

1. 安全健康保障权

新安法规定，劳动合同应当载明两个法定事项：一是保障从业人员劳动安全，防止职业危害；二是从业人员有依法获得工伤保险的权利。

2. 知情权和建议权

在知情权方面，新安法规定，生产经营单位的从业人员有权了解其作业场所和工作岗位在安全生产方面的情况，具体包括存在的危险因素、防范措施和事故应急措施。同时，生产经营单位也应当就上述情况向从业人员履行告知的义务。在建议权方面，从业人员有对本单位的安全生产工作提出建议的权利。

3. 监督权

首先，从业人员依法享有批评权、检举权和控告权等基本权利。从业人员有依法对本单位安全生产工作中存在的问题提出批评的权利，也有对其所在单位及有关人员违反安全生产法律、法规的行为向主管部门和司法机关进行检举和控告的权利。

其次，从业人员享有拒绝违章指挥、强令冒险作业的权利。违章指挥是指生产经营单位不顾从业人员的生命安全和健康，指挥从业人员进行生产活动的行为。强令冒险作业是指生产经营单位管理人员对于存在危及作业人员人身安全的危险因素而又没有相应的安全保护措施的作业，强迫命令、要挟从业人员进行作业。

4. 紧急情况处置权

新安法规定，从业人员发现直接危及人身安全的紧急情况时，有权停止作业或者在采取可能的应急措施后撤离作业场所，该权利简称紧急撤离权。值得注意的是，行使权利的选择权在从业人员，不要求从业人员应当在采取可能的应急措施后或者在征得有关负责人同意后撤离作业场所。

5. 社会保险和民事赔偿权

为了确保从业人员在因生产安全事故遭受损害的情况下可以获得充分、合理的救济，新安法规定，从业人员依法享有工伤保险待遇和依法向用人单位主张民事损害赔偿的相关权利，从业人员在依法行使相关权利时，用人单位不得无故推诿、拒绝承担其依法应当承担的法律责任。

6. 接受安全生产教育和培训权

从业人员有接受安全生产教育和培训的权利。生产经营单位应当按照本单位安全生产教育和培训计划的总体要求，结合各个工作岗位的特点，科学、合理安排从业人员的教育和培训工作，保证其具备从事本职工作应当具备的安全生产知识。

1.2.2　从业人员安全生产的义务

根据新安法规定，生产经营单位的从业人员应当依法履行安全生产方面的义务。从业人员在享有获得安全生产保障权利的同时，也负有以自己的行为保证安全生产的义务。

从业人员安全生产的义务主要包括以下几方面。

1. 报告不安全因素的义务

从业人员处于安全生产第一线，最有可能及时发现事故隐患或者其他不安全因素，其应当履行不安全因素报告义务，具体包括两方面：一是在发现事故隐患或者其他不安全因素后，应当立即报告；二是接受报告的主体是现场安全生产管理人员或者本单位的负责人，接到报告的人员必须及时进行处理。

2. 遵章守纪、服从管理的义务

新安法规定，从业人员在作业过程中，应当严格遵守本单位的安全生产规章制度和操作规程，服从管理。生产经营单位安全生产规章制度包括安全生产责任制、安全技术措施管理、安全生产教育、安全生产检查、伤亡事故报告等。安全操作规程是指在生产活动中，为消除能导致人身伤亡或造成设备、财产破坏以及危害环境的因素而制定的具体技术要求和实施程序的统一规定。

3. 重大隐患越级报告的义务

生产经营单位的安全生产管理人员在检查中发现重大事故隐患，应当立即向本单位主要负责人或主管安全生产工作的其他负责人报告，主要负责人或主管安全生产的负责人接到报告后不立即处理的，安全生产管理人员可以越级直接向县级以上人民政府安全生产监管部门和负有安全生产监管职责的有关部门报告。

4. 及时报告生产安全事故的义务

生产经营单位发生生产安全事故后，事故现场有关人员应当立即向本单位负责人报告，单位负责人接到报告后，应当于 1 小时内向事故发生地县级以上人民政府安全生产监管部门和负有安全生产监管职责的有关部门报告。情况紧急时，事故现场有关人员可以直接向事故发生地县级以上人民政府安全生产监管部门和负有安全生产监管职责的其他有关部门报告。

5. 佩戴和使用劳动防护用品的义务

劳动防护用品是指生产经营单位为从业人员配备的，使其在劳动过程中免遭或者减轻事故伤害及职业危害的个人防护装备。作业人员要珍惜、正确佩戴和认真用好劳动防护用品，未按规定佩戴和使用劳动防护用品的，不得上岗作业。

6. 参加安全生产教育和培训的义务

新安法规定，从业人员应当接受安全生产教育和培训，掌握本职工作所需的安全生产知识，提高安全生产技能，增强事故预防和应急处理能力。

1.2.3　从业人员安全生产的职责

新安法不但明确了从业人员在安全生产方面的权利和义务，同时对从业人员在安全生产过程中应承担的安全生产的职责也有明确规定。

从业人员安全生产的职责主要包括以下几方面：

（1）认真学习和严格遵守各项规章制度、劳动纪律，不违章作业，并劝阻制止他人的违章作业。

（2）精心操作，做好各项记录，交接班必须交接安全生产情况，交班要为接班创造安全生产的良好条件。

（3）正确分析、判断和处理各种事故苗头，把事故消灭在萌芽状态。发生事故，要果断正确处理，及时、如实向上级报告，严格保护现场，做好详细记录。

（4）按时认真进行巡回检查，发现异常情况，及时处理和报告。

（5）加强设备维护，保持作业现场清洁，搞好文明生产。

（6）上岗必须按规定着装。妥善保管、正确使用各种防护用品和消防器材。

（7）积极参加各种安全活动。

（8）有权拒绝违章作业的指令。

1.2.4 从业人员安全生产口诀

编写从业人员安全生产口诀的目的就是使从业人员熟记和掌握所在岗位的安全操作规程，清楚所在岗位的安全风险和相应的应急措施，强化从业人员的安全生产保护意识，提高从业人员的安全生产遵规守纪意识，确保从业人员在工作过程中的身心与生命安全得到保障。

1. 从业（电工）人员安全生产口诀

从业（电工）人员安全生产口诀内容如下：
持证上岗是前提，岗位责任要熟记。
执行规程必严格，防护用品穿戴齐。
设备巡检要全面，值班运行记录全。
绝缘用具定期检，规范使用和保管。
警示标牌正确用，设备场所勤保洁。
图示说明要清晰，配电去向标正确。
线路设备配开关，电流匹配是关键。
电路敷设依标准，设备接地要保证。
用电不得超负荷，临时用电严监管。
应急预案定期演，关键时刻降风险。

2. 从业（电工）人员安全生产口诀内容释义

电工安全生产口诀涉及电工持证上岗、岗位职责落实、防护用品使用、安全用具管理、日常巡视与检查、设备安装与维护等方面的内容，是对电工上岗作业的基本要求。熟练掌握安全生产口诀，并在日常工作中自觉落实，对于规范电工安全作业与管理，强化企业安全用电工作，可以起到积极的推动作用。为准确理解和把握电工安全生产口诀的内容，现做出以下说明：

（1）持证上岗是前提，岗位责任要熟记。电工作业人员应持证上岗，每3年进行复审，参加继续教育培训，同时要熟练掌握并自觉落实本岗位工作职责。

（2）执行规程必严格，防护用品穿戴齐。电工作业人员要严格落实各项管理制度及电气操作规程，工作期间要正确穿戴和使用劳动防护用品，避免和减轻各种意外伤害。

（3）设备巡检要全面，值班运行记录全。电工作业人员对配电设备设施应定期进行全面巡视检查，认真做好各项运行管理记录，包括设备巡视检查记录、设备检修记录、工具检测记录、运行分析记录、值班记录等。

（4）绝缘用具定期检，规范使用和保管。按照《配电室安全管理规范》（DB11/T 527—2021）的规定，作业场所应配备高、低压电工安全用具并定期检测，要按要求正确使用、规范放置，确保安全用具在规定的使用期内绝缘可靠。

（5）警示标牌正确用，设备场所勤保洁。要按规定配备齐全警示标牌并做到正确使用，从而防止危险作业行为的发生。定期对变配电室、配电箱柜及电气设备设施进行维护保养、清扫除尘，保持电气设施设备场所环境整洁，不得存放与电气设备运行无关的物品。

（6）图示说明要清晰，配电去向标正确。变配电室的各种图表要悬挂整齐，图示说明清晰正确，警示标志醒目，配电柜（箱）内应有线路图，并设有明确的路名标识。

（7）线路设备配开关，电流匹配是关键。电气线路及用电设备应按标准做到开关与用电设备、开关与线路一一对应配置，开关容量要和导线允许载流量及设备容量相匹配，使开关真正起到电路保护作用。

（8）电路敷设依标准，设备接地要保证。按标准敷设电气线路，做好固定线路、穿管保护等，设备要按照规范要求做好保护线的安装与维护。

（9）用电不得超负荷，临时用电严监管。严禁超负荷用电和私接乱拉电源线，需临时用电时，要经企业相关部门审批，并采取严格的管理措施和安全技术措施，防止人身安全事故和火灾事故的发生。

（10）应急预案定期演，关键时刻降风险。要结合企业实际制定火灾、触电、停电等各类事故预案，使电工及相关人员熟练掌握，并定期组织演练，提高应急处置能力，在发生事故时，可减少次生灾害，降低事故损失。

第 2 章　电力系统概述

　　电能是由发电厂生产的，发电厂多建在二次能源所在地，一般距人口密集的城市和用电集中的工业企业很远，因此必须采用高压输电线路进行远距离输电，而且为了更经济合理地利用动力资源，减少电能损耗，降低发电成本，保障电能质量，提高供电可靠性，必须将一些发电厂、变配电站（所）和电能用户用各级电压的电力线路联系起来。

2.1　电力系统简介

　　发电厂把其他形式的能量（如燃煤产生的热能、水力的势能、核能等）转化为电能。电能的生产、输送、消耗是在同一瞬间（300 000km/s）完成的。我们将生产电能、变换电能、输送电能、分配电能、使用电能的各种电气设备所组成的联合系统称为电力系统。典型电力系统示意图如图 2-1 所示。

2.1.1　发电厂

　　发电厂是将自然界蕴藏的各种一次能源转换为电能（二次能源）的工厂。按其利用的一次能源不同，分为火力发电厂、水力发电厂、核能发电厂、风力发电厂、地热发电厂、太阳能发电厂和潮汐发电厂等类型。目前，我国以火力发电和水力发电为主，并大力发展核电及可再生能源发电。

1. 火力发电厂

　　火力发电厂是利用燃烧燃料（煤、石油和天然气等）所产生的热能发电，其主要设备有锅炉、汽轮机和发电机。无论是燃煤、燃油还是燃气的火力发电厂，从能量转换的角度分析，其生产过程是基本相同的，都是燃料燃烧产生的热能将锅炉中的水变成高温高压的蒸汽，推动汽轮机做功产生机械能，经发电机转变为电能，最后通过变压器升压后将电能送入电力系统。相对来讲，火力发电厂的特点是建造工期短、投资少，但燃料消耗量大，加上运费和大量用水，运行费用高，而且对空气和环境的污染大。

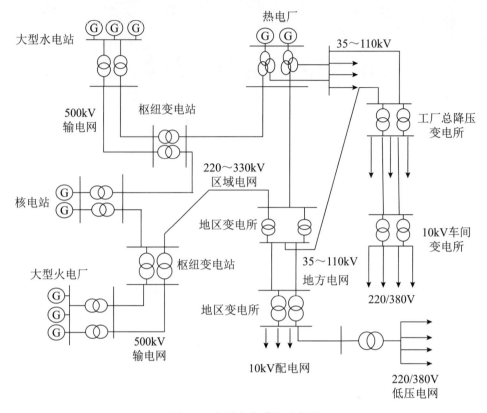

图 2-1　典型电力系统示意图

2. 水力发电厂

水力发电厂是利用江河水流的势能来产生电能，主要由水库、水轮机和发电机组成。水库中的水具有一定的势能，经引水管道送入水轮机推动水轮机旋转，水轮机与发电机联轴，带动发电机转子一起转动发电。水力发电厂的工程投资大、建造工期长，但水能是一种取之不尽、用之不竭、可再生的清洁能源，水力发电厂的发电效率高，成本低（一般只有火力发电厂成本的 1/4～1/3），而且水力发电往往是综合利用水资源的一个重要组成部分，兼有防洪、灌溉、航运和养殖等综合效益。

3. 核能发电厂

核能发电厂是利用受控核裂变反应所释放的热能，将水加热为蒸汽驱动汽轮机，再带动发电机旋转发电，其生产过程与火力发电厂基本相同，只是以核反应堆（俗称原子锅炉）代替了燃煤锅炉，以少量的核燃料代替了煤炭（1kg 铀裂变反应所释放的热能相当于 2.7×10^6 kg 标准煤所产生的热能）。核电是清洁安全的能源，发展核电是我国今后解决能源问题和减少能源引起的温室气体排放的重要措施。截至 2022 年 12 月 31 日，我国运行核电机组共 55 台（不含台湾地区），发电量约占全国发电量的 4.98%。

除了上述三种发电方式之外，风能、太阳能、生物质能、地热能和海洋能等可再生能源的进一步开发利用潜力巨大。我国已正式施行《中华人民共和国可再生能源法》，这一法律的实施将为今后我国可再生能源的开发开辟更加广阔的前景。

2.1.2 电力网

电力系统中各级电压的电力线路及其联系的变电所称为电力网，简称电网。电网是联系发电厂和用户的中间环节，习惯上往往以电压等级来区分，如10kV电网、110kV电网等。

电网可按电压高低和供电范围大小分为区域电网和地方电网。区域电网的范围大，电压一般在220kV及以上；地方电网的范围小，最高电压一般不超过110kV。用户供配电系统就属于地方电网的一种。

另外，电网也可按其作用分为输电网和配电网。35kV及以上的电网称为输电网，它的作用是将电能输送到各个地区或直接输送给大型用户。10kV及以下的由配电线路和配电变压器所组成的电网称为配电网，它的作用是将电能分配给各类不同的用户。

2.1.3 变配电所

变电所的任务是接受电能、变换电压和分配电能，配电所的任务是接受电能和分配电能，但不改变电压。

变电所可分为升压变电所和降压变电所两大类。升压变电所一般建在发电厂，其主要任务是将低电压变换为高电压；降压变电所一般建在靠近负荷中心的地点，其主要任务是将高电压变换到一个合理的电压等级。根据降压变电所在电力系统中的地位和作用的不同，又可将其分为枢纽变电站、地区变电所和用户变配电所。

用户变配电所又分为(35~110)/10kV总降压变电所(HSS)、10kV配电所(HDS)、10/0.4kV变电所及35/0.4kV直降变电所。10/0.4kV变电所在工业企业内又称为车间变电所(STS)。10kV配电所通常和某个10/0.38kV变电所合建，又称为配变电所。

2.1.4 电能用户和电力负荷

所有消费电能的单位均称为电能用户，从大的方面可分为工业电能用户和民用电能用户。从供配电系统的构成上来看，二者并无本质的区别。

电能用户中的用电设备称为电力负荷或电力负载。电力负荷有时也指电能用户本身，比如重要负荷、不重要负荷、动力负荷和照明负荷等。电力负荷还可指用电设备或用电单位所耗用的电功率或电流大小，比如轻负荷（轻载）、重负荷（重载）、空负荷（空载）和满负荷（满载）等。

2.1.5　电力系统运行的特点及要求

由于电力系统的发电和用电同时实现，使得电能的生产、输配和使用始终处于动态平衡，为维护这种平衡，提高输配电稳定性，保证用电质量和用电安全，电力系统运行应具备如下特点和要求。

1.电力系统运行的特点

电力系统运行的特点主要有以下几个方面：

（1）电能生产、输送和消费的连续性。电能不能大量、廉价地储存，发电、输电、变电、配电及用电是同时进行的。若其中某一环节出现故障，都会影响电力系统的运行。

（2）电能生产的重要性。电力工业与国民经济、人们生活的关系极其密切，电能供应不足或中断，将直接影响经济发展和人们的正常生活，甚至会危及设备和人身安全。

（3）暂态过程的快速性。电力系统由于运行方式的改变而引起的电磁、机电暂态过程是非常短暂的。所以电力系统运行必须采取自动化程度高，且能迅速而准确动作的继电保护、自动装置和监测控制设备。

2.电力系统运行的要求

根据以上的特点，电力系统（包括用户供配电系统）的设计与运行必须达到以下基本要求：

（1）安全。在电能的生产、输送、分配与使用中，不应发生人身事故和设备事故。

（2）可靠。应满足电能用户对供电可靠性的要求。

（3）优质。应满足电能用户对电压质量和频率质量等方面的要求。

（4）经济。建设投资要少，运行费用要低，并尽可能地节约电能和减少有色金属消耗量。

2.2　供配电系统概况

各类电能用户为了接受从电力系统输送来的电能，就需要有一个内部的供配电系统。内部供配电系统是指从电源线路进用户起，到高、低压用电设备止的整个电路系统，它由高压及低压配电线路、变电所（包括配电所）和用电设备组成。供配电系统的构成与其负荷的重要性及大小等因素有关。

2.2.1　电力负荷的分级

按照 GB 50052—2009《供配电系统设计规范》的规定，电力负荷根据供电可靠性及中断供电（事故）在政治、经济上所造成的损失或影响的程度，分为一级负荷、二级负荷及三级负荷。

1. 一级负荷

一级负荷为中断供电将造成人身伤亡的，或者中断供电将在政治、经济上造成重大损失的，如造成重大设备损坏、重大产品报废、重要原料（较稀缺的工农业原料）生产的产品大量报废、国民经济中重点企业（中央各部委指定的大型骨干企业）的连续生产过程被打乱需要长时间才能恢复等。如矿井、电炉炼钢、电解槽、特种化工、医院手术室、重要交通枢纽、重要港口、重要宾馆、电台、高精尖科研部门、军事机关与基地等。

在一级负荷中，中断供电将发生中毒、爆炸和火灾等情况的负荷，以及特别重要的场所中不允许中断供电的负荷，应视为特别重要的负荷。比如，在工业生产中，正常电源中断时处理安全停产所必需的应急照明、通信系统、保证安全停产的自动控制装置等；在民用建筑中，大型金融中心的关键电子计算机系统和防盗报警系统，大型国际比赛场馆的记分系统以及监控系统等，国宾馆、国家级及承担重大国事活动的会堂等。

2. 二级负荷

中断供电将在政治、经济上造成较大损失的，或影响重要用户的正常工作，或造成公共场所秩序混乱的为二级负荷。比如，造成主要设备损坏、大量产品报废、连续生产过程被打乱需较长时间才能恢复以及重点企业大量减产等；其他如交通枢纽、通信枢纽、大型影剧院、大型商场和高层建筑等。

3. 三级负荷

三级负荷是不属于一级负荷和二级负荷的电力负荷。

2.2.2 各级负荷对供电电源的要求

在电力系统中，负荷指的是用电设备所消耗的功率或线路中流过的电流。为使供电工作达到安全、可靠、经济、合理的要求，根据负荷的重要性等级，各级负荷对供电电源的要求都有所不同。

1. 一级负荷对供电电源的要求

一级负荷要求由两个电源供电，当一个电源发生故障时，另一个电源应不至于同时受到损坏。有一级负荷的用电单位难以从地区电网取得两个电源，而有可能从邻近单位取得第二电源时，宜从邻近单位取得第二电源。

一级负荷中，对于特别重要的负荷，除具备上述两个电源外，还必须增设应急电源。

为保证对特别重要负荷的供电，严禁将其他负荷接入应急供电系统。供电系统的运行实践经验证明，从电网引接两回路电源进线加备用电源自动投入的供电方式，不能满足一级负荷中特别重要的负荷对供电可靠性及连续性的要求。因为所引接两回路电源在电网的上部应是并网的，所以无论从电网取几回路电源进线，也无法得到严格意义上的两个独立电源。电网的各种故障可能引起全部电源进线同时失去电源，造成停电事故。因此对一级负荷中特别重要的负荷要由与电网不并列的、独立的应急电源供电。

常用的应急电源包括独立于正常电源的发电机组、供电网络中独立于正常电源的专门馈电线路和蓄电池。大型企业中，往往同时使用几种应急电源来保证一级负荷中特别重要负荷的供电。

2. 二级负荷对供电电源的要求

二级负荷要求由两回路供电，供电变压器也应有两台（两台变压器不一定在同一变电所）。在其中一个回路或一台变压器发生故障时，二级负荷应不至于中断供电，或中断后能迅速恢复供电。当负荷较小或者当地供电条件困难时，二级负荷可由一回路 6kV 及以上的专用架空线路或电缆线路供电。当采用架空线路时，可为一回路架空线供电；当采用电缆线路时，应采用由两根电缆组成的线路供电，且每根电缆应能承受 100% 的二级负荷。

3. 三级负荷对供电电源的要求

三级负荷对供电电源无特殊要求。

2.2.3 供配电系统的构成

根据供电容量的不同，供配电系统可分为大型用户（10 000kVA 以上）、中型用户（1000 ～ 10 000kVA）和小型用户（1000kVA 以下）。

1. 大型用户供配电系统

在大型用户供配电系统中，电源进线电压一般为 35 ～ 110kV，经过两次降压。设置总降压变电所，先把 35 ～ 110kV 电压降为 6 ～ 10kV 电压，向高压用电设备和各车间变电所供电。车间变电所经配电变压器，再把 6 ～ 10kV 电压降为一般低压用电设备所需的电压（220/380V），对低压用电设备供电。此过程如图 2-2 所示。

2. 中型用户供配电系统

在中型用户供配电系统中，电源进线电压一般为 6 ～ 10kV，先由高压配电所集中，再由高压配电线路将电能分送到各车间变电所，或直接供给高压用电设备。

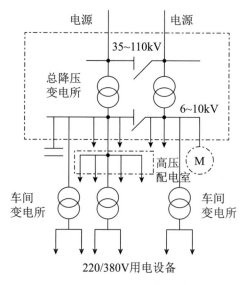

图 2-2　大型用户供配电系统

如图 2-3 所示的中型用户供配电系统有两条 6 ～ 10kV 的电源进线，分别接在高压配电所的两段母线上。这两段母线间装有一个分段隔离开关，形成所谓的单母线分段制。当任何一条电源进线发生故障或进行正常检修而被切除后，可以利用分段隔离开关来恢复对整个配电所（特别是重要负荷）的供电。

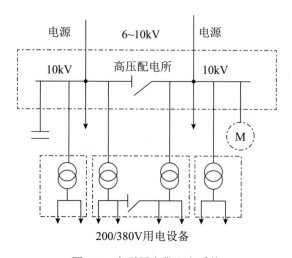

图 2-3　中型用户供配电系统

3. 小型用户供配电系统

小型用户供配电系统根据容量不同，一般可分为以下两种形式。

（1）小型用户所需的供电容量一般不大于 1000kV·A，通常只设一个降压变电所，将 6 ～ 10kV 电压降为低压用电设备所需的电压，如图 2-4 所示。

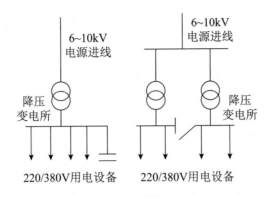

图 2-4   小型用户供配电系统（用户所需供电容量不大于 1000kV·A）

（2）如果用户所需供电容量不大于 160kV·A，一般可采用低压电源进线，此时只需设一低压配电室，如图 2-5 所示。

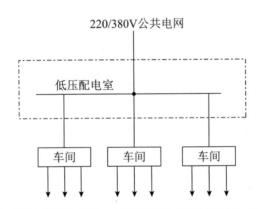

图 2-5   小型用户供配电系统（用户所需供电容量不大于 160kV·A）

4. 高压深入负荷中心的直配方式

如果厂区的环境条件满足 35kV 架空线路安全走廊要求，35kV 进线的工厂可以考虑将 35kV 进线直接引入靠近负荷中心的车间变电所，只经一次降压直接降为低压用电设备所需的电压。这种方式可以省去一级中间变压，简化了供配电系统，有利于节约有色金属，降低电能损耗和电压损耗，提高供电质量，如图 2-6 所示。

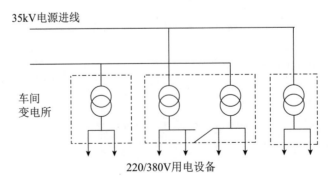

图 2-6   高压深入负荷中心的直配方式

2.3 电力系统的电压

为了使电力设备生产标准化、系列化并合理配套，电力系统中的发电机、变压器、电力线路及各种设备等，都是按规定的额定电压进行设计并制造的。电力设备在额定电压及额定频率下运行，其技术与经济性能最佳。

电压和频率是衡量电能质量的两个基本参数。在我国，交流电力设备的额定频率为50Hz，此频率通常称为工频。工频的频率偏差一般不得超过 ±0.5Hz。频率主要依靠发电厂来调整。对用户供配电系统来说，提高电能质量关键在于提高电压质量。

2.3.1 电压高低界限的划分

我国在设计、制造和安装规程上通常是以 1000V 为界限来划分电压高低的。一般规定：额定电压在 1000V 及以下者为低压；1000V 以上者为高压。另外，习惯上称 $1\sim10$kV 或 35kV 为中压，$35\sim110$kV 或 220kV 为高压，220kV 或 330kV 及以上为超高压，1000kV 及以上为特高压。

2.3.2 用户供配电系统电压的选择

供配电电压的高低，对电能质量及降低电能损耗均有重大影响。在输送功率一定的情况下，若提高供电电压，就能减少电能损耗，提高用户端的电压质量。但是，电压等级越高，对设备的绝缘性能要求也越高，投资费用会相应增加。因此，供配电电压的选择主要取决于用电负荷的大小和供电距离的长短。

1. 高压配电电压的选择

用户供配电系统的高压配电电压主要根据用电容量、用电设备特性、供电距离、供电线路的回路数、当地公共电网现状及其发展规划等因素，经技术经济分析后确定。通常采用 $6\sim10$kV，从技术经济指标来看，最好采用 10kV，分析如下：

（1）在配电线路方面，在同样的输送功率和输送距离条件下，配电电压越高，线路电流越小，因而线路所采用的导线或电缆截面积越小，从而可降低线路的初投资和金属消耗量，且可减少线路的电能损耗和电压损耗。

（2）在开关设备的投资方面，实际使用的 6kV 开关设备的型号规格与 10kV 的基本相同，因此采用 10kV 电压的投资不会比采用 6kV 电压增加多少。

（3）在供电的安全性和可靠性方面，采用 6kV 与采用 10kV 基本无差别。

（4）在适应发展方面，采用 10kV 更优于采用 6kV。

表 2-1 列出了各级电压线路合理的输送功率和输送距离，从表中可以看出，采用

10kV 电压较采用 6kV 电压更适应于发展，输送功率更大，输送距离更远。

国家推荐标准 GB/T 156—2017《标准电压》规定，3kV、6kV 不得用于公共配电系统。

表 2-1　各级电压线路合理的输送功率和输送距离

线路电压 /kV	线路结构	输送功率 /kW	输送距离 /km
0.38	架空线	≤ 100	≤ 0.25
	电缆线	≤ 175	≤ 0.35
6	架空线	≤ 1000	≤ 10
	电缆线	≤ 3000	≤ 8
10	架空线	≤ 2000	6 ～ 20
	电缆线	≤ 5000	≤ 10
35	架空线	2000 ～ 10 000	20 ～ 50
66	架空线	3500 ～ 30 000	30 ～ 100
110	架空线	10 000 ～ 50 000	50 ～ 150
220	架空线	100 000 ～ 500 000	200 ～ 300

从发展趋势上看，高压配电电压采用 20kV 更具优越性。通过技术经济比较，20kV 替代 10kV 高压配电电压，更能增加供电能力、保证电压质量、降低电网的电能损耗以及节省电网的建设费用等。我国苏州已在新开发的工业园区内投入运行 20kV 高压配电。随着城镇配电网负荷密度的增加，采用 20kV 电压作为配电网的高压配电电压势在必行。当然，改造现有的 10kV 高压配电网，过渡到 20kV 高压配电，将是一项庞大的、长期的系统工程，10kV、20kV 高压配电电压可先期并存，逐步创造条件，积极推广应用。

2. 低压配电电压的选择

用户供配电系统的低压配电电压一般采用 220/380V。但某些用户负荷中心往往离变电所较远（例如矿井下），为保证负荷端的电压水平，宜采用 660V 或更高电压（如 1140V）配电。与 380V 配电电压相比，采用 660V 配电电压不仅可以减少线路的电压损耗，提高负荷端的电压水平，而且能减少线路的电能损耗，降低线路的有色金属消耗量和初投资，增加配电半径，提高供电能力，减少变电点，简化供配电系统，同时还能进一步扩大异步电动机的制造容量。因此提高低压配电电压有明显的经济效益，是节约电能的有效措施之一，这在世界各国已成为发展趋势。但是将 380V 升高为 660V，需要电力行业及其他相关行业的全面配合，短时间内很难实现。我国现在采用 660V 配电电压的工业，尚只限于采矿、石油和化工等少数行业。

2.3.3　供电电能的技术指标

随着国民经济的发展、科学技术的进步和生产过程的高度自动化，电网中各种非线性负荷及用户不断增长，各种复杂的、精细的、对电能质量敏感的用电设备越来越多。

上述两方面的矛盾越来越突出，用户对电能质量的要求也更高，在这样的环境下，由于所处立场不同，关注或表征电能质量的角度不同，人们对电能质量的定义还未能达成共识，但是对其主要技术指标都有较为一致的认识。衡量电能质量的主要指标是电压、频率、波形和供电的可靠性。

1. 电压

供电系统应保持额定电压向用户供电，用户受电端电压偏离额定值的幅度不应超过以下标准：

（1）35kV 及以上供电和对电压质量有特殊要求的用户为额定电压的 +5% ～ -5%；

（2）10kV 及以下高压供电和低压电力用户为额定电压的 +7% ～ -7%；

（3）低压照明用户为额定电压的 +7% ～ -10%。

实际供电电压偏离额定电压超过以上标准后，不但发电、供电和用电设备不再正常工作，而且损耗增大，甚至可能造成电气设备损坏、电力系统大面积停电的后果。因此供电部门应定期对用户受电端电压进行调查或测量，达不到指标时应及时采取措施。

北京地区电力网运行的额定电压等级为：高压——10kV、35kV、110kV、220kV、500kV；低压——220V/380V、380V/660V。

2. 频率

我国电力系统的额定频率为 50Hz，供电系统应按这个标称频率运行。允许的偏差为：电力网容量在 3000MW 及以上者为 ±0.2Hz；电力网容量在 3000MW 以下者为 ±0.5Hz。当运行频率低于标称值时，对发电、供电和用电设备都不利。

3. 波形

电力变压器非线性运行、投入电力电容器、使用整流设备和产生电弧的设备，都可能产生倍频的正弦波，即高次谐波。它会使电网的电压波形失真，发生畸变。用户使用大功率单相设备（如电焊机等）或电力系统中出现不对称故障，如中性点接地系统中的单相接地故障、相间故障等，都会使电力网三相电压不对称。我们要加强管理，将三相电压不对称控制在额定电压的 5% 以内。

4. 供电的可靠性

供电可靠性是指供电系统持续供电的能力，是考核供电系统电能质量的重要指标，反映了电力工业对国民经济电能需求的满足程度，已经成为衡量一个国家经济发达程度的标准之一。供电可靠性可以用如下一系列指标加以衡量：供电可靠率、用户平均停电时间、用户平均停电次数、系统停电等效小时数。

例如，全年供电时间 8760h，某电力用户全年平均停电时间 43.8h，停电时间占全年时间的 0.5%，即供电的可靠率为 99.5%。

2.4　电力系统的中性点运行方式

电力系统的中性点是指作为供电电源的发电机和电力变压器的中性点。电力系统的中性点有三种运行方式：电源中性点不接地、中性点经阻抗（消弧线圈或电阻）接地、中性点直接接地。前两种统称为小接地电流系统，亦称中性点非有效接地系统，或中性点非直接接地系统；后一种称为大接地电流系统，亦称中性点有效接地系统。

电力系统电源中性点的不同运行方式会影响电力系统的运行，特别是在系统发生单相接地故障时有显著的影响，而且还将影响电力系统二次侧的继电保护及监测仪表的选择与运行。下面分别讨论中性点这几种运行方式的特点及应用。

2.4.1　中性点不接地的运行方式

中性点不接地的运行方式，即电力系统供电电源的中性点不与大地相接。图 2-7 所示为中性点不接地的电力系统正常运行时的电路图和相量图。

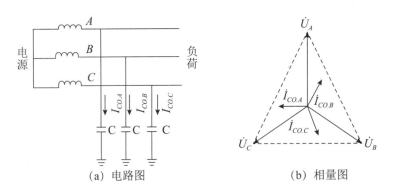

(a) 电路图　　　　　　　　(b) 相量图

图 2-7　正常运行时的中性点不接地的电力系统

电力系统正常运行时，三相电压 $\dot{U}_A$、$\dot{U}_B$、$\dot{U}_C$ 对称，由于三相对地电容近似相等，所以通过三相对地电容的电流对称，其和为零。各相对地电压为其相电压。

当电力系统发生单相接地故障时（如 C 相接地），其电路图和相量图如图 2-8 所示。具体分析如下：

（1）对地电压 C 相接地时，C 相对地电压为零，而 A 相对地电压 $\dot{U}'_A = \dot{U}_A - \dot{U}_C = \dot{U}_{AC}$，$B$ 相对地电压 $\dot{U}'_B = \dot{U}_B - \dot{U}_C = \dot{U}_{BC}$。由图 2-8（b）可知，完好相（$A$、$B$ 相）的对地电压由正常运行时的相电压升高为线电压，即升高为原对地电压的 $\sqrt{3}$ 倍。所以中性点不接地的电力系统对地电压，应按线电压来考虑。

（2）电力系统的线电压由图 2-8 可知，电力系统发生单相接地时，线路的线电压没有变化。

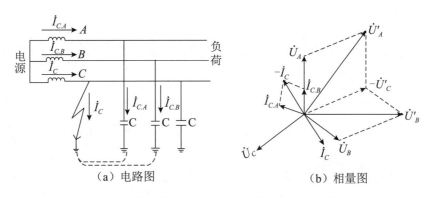

图 2-8　单相接地时的中性点不接地的电力系统

因此三相用电设备的正常工作不会受到影响，三相用电设备仍能照常运行（一般规定为 2h）。但是这种线路不允许在单相接地故障发生的情况下长期运行，因为如果再有一相发生接地故障，就会形成两相接地短路，短路电流很大，这是不允许的。因此在中性点不接地的电力系统中，应该装设专门的单相接地保护或绝缘监视装置，在发生单相接地故障时，给予报警信号，提醒供电值班人员注意，及时处理。当危及人身和设备安全时，单相接地保护装置则应动作于跳闸。

（3）系统的接地电流由图 2-8 可知，当 C 相接地时，系统的接地电流为：

$$\dot{I}_C = -(\dot{I}_{C.A} + \dot{I}_{C.B})$$

$$I_C = \sqrt{3}I_{C.A} = \sqrt{3}\frac{U_A'}{X_C} = \sqrt{3}\frac{\sqrt{3}U_A}{X_C} = 3I_{CO}$$

说明：$\dot{I}_{C.A}$、$\dot{I}_{C.B}$ 分别为 A 相和 B 相流过电容的电流。

由上可知，单相接地时的接地电容电流为正常运行时每相对地电容电流的 3 倍，且 $\dot{I}_C$ 在相位上超前 $\dot{U}_C$ 90°。

由于线路对地电容 C 不易准确确定，因此中性点不接地系统的单相接地电容电流通常采用下列经验公式计算：

$$I_C = \frac{U_N(l_{oh} + 35l_{cab})}{350}$$

式中：I_C 为系统的单相接地电容电流（A）；U_N 为系统的额定电压（kV）；l_{oh} 为同一电压 U_N 的具有电气联系的架空线路总长度（km）；l_{cab} 为同一电压 U_N 的具有电气联系的电缆线路总长度（km）。

由以上分析可知，当中性点不接地的电力系统发生单相接地故障时，由于没有良好的电流通路，接地电流很小，而且三相线电压仍然对称，三相用电设备可照常运行，这有利于提高供电的可靠性。目前我国 3～66kV 系统一般采用中性点不接地的运行方式。

2.4.2　中性点经消弧线圈接地的运行方式

在中性点不接地的电力系统中，当发生单相接地故障时，如果接地电流较大，将在接地点产生断续电弧，这就可能使线路发生电压谐振现象，从而使线路上出现可达相电压 2.5 ～ 3 倍的危险过电压，这可能导致线路上绝缘薄弱处的绝缘击穿。为了防止单相接地时接地点产生断续电弧，引起过电压，因此在单相接地电容电流 I_C 大于一定值（3 ～ 10kV 系统中 I_C 大于 30A，20kV 及以上系统中 I_C 大于 10A）时，电力系统的电源中性点必须采用经消线圈接地的运行方式。

电源中性点经消弧线圈接地的电力系统的电路图和相量图如图 2-9 所示。在正常情况下，三相系统是对称的，中性点电流为零，消弧线圈中没有电流通过。当电力系统发生单相接地时，如图 2-9 所示，流过接地点的总电流是接地电容电流 $\dot{I}_C$ 与流过弧线圈的电感电流 $\dot{I}_L$ 的相量和。由于 $\dot{I}_C$ 超前 $\dot{U}_C$ 90°，而 $\dot{I}_L$ 滞后 $\dot{U}_C$ 90°，所以与 $\dot{I}_L$ 在接地点互相补偿。如果消弧线圈电感选用合适，使接地电流减到小于发生电弧的最小生弧电流时，那么电弧就不会发生，从而也不会产生谐振过电压。

与中性点不接地的电力系统一样，中性点经消弧线圈接地的系统发生单相接地故障时，接地相对地电压为零，三相线电压不变，非故障相对地电压将升高 $\sqrt{3}$ 倍。三相线电压不变，三相用电设备可照常运行，但运行时间同样不允许超过 2h。

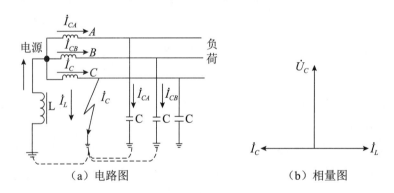

（a）电路图　　　　（b）相量图

图 2-9　电源中性点经消弧圈接地的电力系统

2.4.3　中性点经电阻接地的运行方式

近年来，在北京地区推广 10kV 电网采用中性点经小电阻接地的供电方式，这主要是因为北京近年来电网发展迅速，配电线路越来越长，而且电力电缆应用的比例越来越大，这就造成在某些区域的电网对地电容电流数值超过数百安培。如果保持传统的三相三线中性点不接地的供电方式，一旦发生单相接地故障，电弧很难熄灭，还会使事故进一步扩大，所以这种方式已经失去了其原来的优点，而容易造成高压触电的缺点却日益严重。

中性点经小电阻接地是指在变压器中性点（或借用接地变压器引出中性点）串接一个电阻器，通过它使单相接地故障时弧光过电压中的电磁能量得到释放，从而使中性点电位降低，故障相恢复电压上升速度也减慢，最终抑制电弧的重燃和电网过电压的幅值，并使有选择性的接地保护得以实现。

2.4.4 中性点直接接地的运行方式

中性点直接接地的电力系统发生单相接地时，通过接地中性点形成单相短路，如图2-10所示。短路回路阻抗很小，短路电流相当大，因此在系统发生单相短路时短路保护装置应动作于跳闸，切除接地故障部分，使系统的其他部分恢复正常运行。

中性点直接接地的电力系统发生单相接地时，其他两个完好相的对地电压不会升高，这与上述中性点不接地的电力系统不同。因此，凡是中性点直接接地的系统中的供电、用电设备的绝缘只需按相电压考虑，而无须按线电压考虑。这对110kV及以上的超高压系统来说是很有经济技术价值的。因为高压电器特别是超高压电器，其绝缘问题是影响电器设计和制造的关键问题。电器绝缘要求的降低，直接降低了电器的造价，同时改善了电器的性能。

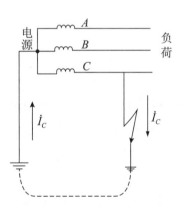

图2-10 单相接地时的中性点直接接地的电力系统

因此，我国110kV及以上的超高压系统的电源中性点通常采用中性点直接接地的运行方式。在低压配电系统中，我国广泛采用的TN系统及在国外应用较广泛的TT系统，均采用中性点直接接地的运行方式，在发生单相接地故障时，一般能使保护装置迅速动作，切除故障部分，比较安全。如再加装漏电保护器，安全性能会更好。但北京地区10kV系统多采用中性点经小电阻接地的运行方式。

2.5 10kV变电所及其电气主接线

变电所是电力系统的一个重要组成部分，由电器设备及配电网络按一定的接线方式构成，它从电力系统取得电能，通过其变换、分配、输送与保护等功能，将电能安全、可靠、经济地输送到每一个用电设备的转设场所。变电所涉及很多方面，需要考虑的问题多，例如根据变电所担负的任务及用户负荷等情况，对变压器进行各种选择，从而确定变电所的接线方式，再进行短路电流计算，选择送配电网络及导线就是其中的一部分。

2.5.1　变电所及其分类

变电所起着改变电压和分配电能的作用，据此可将变电所分为升压变电所和降压变电所。通常所说的 10kV 变电所主要为降压变电所。按 10kV 变电所主变压器的安装位置来分，主要有以下几种类型：

（1）独立式变电所：整个变电所设在与主建筑物有一定距离的单独建筑物内。

（2）附设式变电所：变压器室的一面墙或几面墙与主建筑物的墙共用，变压器室的大门朝主建筑物外。

（3）杆上式变电所：变压器安装在室外的电杆上，又称杆上变。

（4）预装式变电所（箱式变电站）：一种把高压开关柜、变压器、低压开关柜等按一定的接线方式组合在一个或几个箱体内的紧凑型配电装置。

2.5.2　变电所主接线

变电所主接线是指变电所中接受、传输和分配电能的电路，也称为一次接线。电气主接线有多种形式，通常可分为无母线的主接线和有母线的主接线两种类型。所谓"母线"，又称为汇流排，是指在一些主接线中专门用来汇集和分配电能的导体。

1. 无母线主接线

无母线主接线的结构特点是在电源与出线或变压器之间没有母线连接。单元接线是无母线主接线的一种形式，其在形式上是最简单的，它将变压器、线路等元件直接单独连接，没有横向的联系，灵活性较差。线路变压器组主接线是一种常见的单元接线，根据其高压侧采用的开关电器不同，又分为以下三种比较典型的主接线方案，如图 2-11 所示。高压侧采用跌开式熔断器的变电所主接线如图 2-11（a）所示；高压侧采用负荷开关加熔断器的变电所主接线如图 2-11（b）所示；高压侧采用隔离开关加断路器的变电所主接线如图 2-11（c）所示。

2. 有母线主接线

母线起汇集和分配电能的作用。每一条进出线回路都组成一个接线单元，每个接线单元都与母线相连。有母线主接线分为单母线主接线和双母线主接线两种。其中单母线主接线又分为单母线不分段主接线和单母线分段主接线；双母线主接线又分为双母线不分段主接线和双母线分段主接线。本节主要介绍单母线不分段主接线和单母线分段主接线。

1）单母线不分段主接线

双电源单母线不分段主接线如图 2-12 所示。其接线特点是，所有电源回路和出线回路均经过断路器和隔离开关接于一组共同的母线上，但两个进线断路器必须实行操作联锁，只有在工作电源进线断路器断开后，备用电源进线断路器才能接通，以保证两路电源不并列运行。

单母线不分段主接线的优点是简单、清晰、设备少，运行操作方便且有利于扩建，但可靠性与灵活性不高。若母线发生故障或检修时，会造成全部出线断电。

单母线主接线适用于出线回路少（10kV 配电装置出线回路数不超过 5 回，35kV 配电装置出线回路数不超过 3 回）的小型变配电所，一般供三级负荷。两路电源进线的单母线接线可供二级负荷。

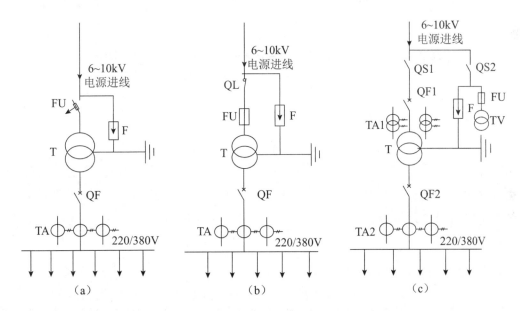

图 2-11 三种主流的单元接线方案

2）单母线分段主接线

将单母线分段并利用断路器将分段母线连接起来，就得出单母线分段主接线，双电源单母线分段主接线如图 2-13 所示。利用断路器将单母线分段后，当某一段母线发生故障时，分段断路器在继电保护的作用下首先自动跳闸，使故障段与非故障段母线分隔开来，从而保证非故障段母线可以继续工作。

单母线分段主接线保留了单母线接线的优点，又在一定程度上克服了它的缺点，如缩小了母线故障的影响范围，分别从两段母线上引出两路出线可保证对一级负荷的供电等。所以，目前单母线分段接线应用广泛。当有三个电源时，可采用分成三段的单母线分段主接线。

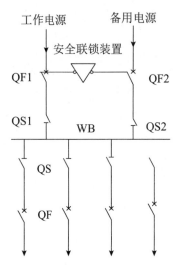

图 2-12 双电源单母线不分段接线图

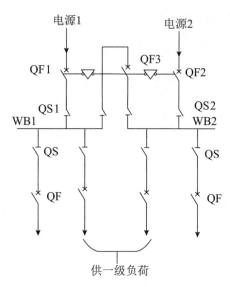

图 2-13 双电源单母线分断接线图

2.5.3 变配电所一次接线图常用的图形符号与文字符号

变配电所的主要电气设备有断路器、隔离开关、负荷开关、变压器、电流互感器、电压互感器、汇流母线、电力电缆等。由于三相正弦交流电是对称的，所以除特殊情况外，都采用单线连接表达三线连接。只有用单线不足以表达不对称三相电气元件的连接时，才在局部采用三线图。变配电所一次接线图必须符合现场实际情况，一般画到各出线的电缆终端头。变配电所一次接线图应按国家标准绘制，图中电气设备的图形符号和文字符号必须符合相关的规定。同时，还应注明所有一次设备的型号、代号、主要技术参数和操作编号。变配电所一次接线图中常用的文字符号与图形符号如表 2-2 和表 2-3 所示。

表 2-2 变配电所一次接线图中常用的文字符号

文字符号	名称	文字符号	名称
F	避雷器	QS	隔离开关
FU	熔断器	QSE	接地刀闸
G	发电机	TM	电力变压器
L	电抗器	TA	电流互感器
M	电动机	TV	电压互感器
QF	断路器	C	电容器

表 2-3 变配电所一次接线图中常用的图形符号

图形符号	名称	图形符号	名称
	接地	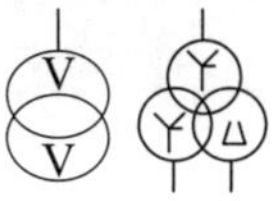	电压互感器（V/V接线）（三线五柱式）
	三角形连接的三相绕组	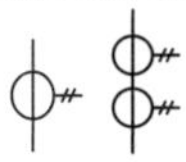	电流互感器（低压）（高压）
	开口三角形连接的三相绕组		避雷器
	连接片		隔离开关
	星形（Y形）连接的三相绕组		负荷开关
	中性点引出的星形连接的三相绕组		断路器
	插头和插座		多极开关
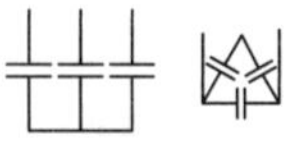	三相并联电容器（星形连接）（三角形连接）		接触器（常开触头）
	熔断器		刀熔开关
	跌开式熔断器	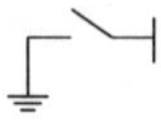	接地刀闸
	变压器（Y.yn0）		带电显示器

第3章 电力变压器

目前，由于我国发电厂的发电机输出电压受发电机绝缘水平限制，通常只能输出 6.3kV、10.5kV，最高不超过 20kV 的电压等级。因此在远距离输送电能时，需要大量的变压器，将发电机的输出电压升高，等到把高电压的电能输送到负荷区后，再经降压变压器将高电压降低，这样做能降低输电线路电流，减少输电线路上的能量损耗，提供符合用电设备使用要求的电压，以满足各类负荷的需要。

3.1 变压器的工作原理

变压器是通过电磁感应原理，或者利用互感作用从一个电路向另一个电路传递能量的电器。两个互相绝缘的绕组套在同一铁心上，它们之间有磁的耦合，没有电路的直接联系。下面以单相变压器为例分析变压器的工作原理。

单相变压器空载运行原理图如图 3-1 所示。在闭合的铁芯上，绕有两个互相绝缘的绕组，其中一个绕组接入电源，叫一次侧（初级）绕组，另一个绕组接负载，叫二次侧（次级）绕组。当交流电源电压 U_1 加至一次侧绕组后，一次绕组中有电流 I_1 通过，空载时（即二次侧绕组没有接入负载，$I_2=0$），这一电流称为变压器的空载电流 I_{10}，也叫变压器的励磁电流，其作用是在铁芯中建立工作磁通 Φ。工作磁通 Φ 的大小由励磁磁动势 $I_{10}N_1$ 决定。交变磁通 Φ 不仅穿过一次侧绕组，同时也穿过二次侧绕组，在两个绕组上分别产生感应电势 E_1 和 E_2。

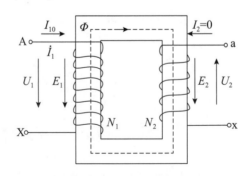

图 3-1 单相变压器空载运行原理

正方向规定为：原边绕组内电流的正方向与电源电压正方向一致；按右手螺旋关系，正方向的电流产生正方向的磁通；感应电势正方向与产生该电动势的磁通方向之间符合右手螺旋关系，故感应电势与电流正方向一致。副边绕组感应电势正方向与产生该电动势的磁通正方向之间符合右手螺旋关系，副边绕组电流正方向与副边绕组电动势正方向一致，副边绕组端电压的正方向与电流正方向一致。

设此磁通全部通过铁芯（即忽略漏磁通），则在原绕组 N_1 和副绕组 N_2 中分别产生感应电动势 E_1、E_2。若铁芯中的磁通按正弦规律变化，则原、副绕组中感应电动势的有效值可通过以下过程推导：

设正弦波 $\Phi = \Phi_m \sin \omega t$，则 $e_1 = -N_1 \dfrac{\mathrm{d}\Phi}{\mathrm{d}t} = -N_1 \dfrac{\mathrm{d}\Phi_m \sin \omega t}{\mathrm{d}t}$

$= N_1 \Phi_m \omega \cos \omega t = -N_1 \Phi_m \omega \sin(\omega t - 90°)$

$= E_{1m} \sin(\omega t - 90°)$

因为：$E_{1m} = N_1 \Phi_m \omega (最大值)$

$E_{2m} = N_2 \Phi_m \omega (最大值)$

得出：$E_1 = \dfrac{E_{1m}}{\sqrt{2}} = \dfrac{2\pi f_1 N_1 \Phi_m}{1.414} = 4.44 f_1 N_1 \Phi_m$

同理：$E_2 = \dfrac{E_{2m}}{\sqrt{2}} = \dfrac{2\pi f_2 N_2 \Phi_m}{1.414} = 4.44 f_2 N_2 \Phi_m$

这就是电机学的 4.44 公式，说明感应电势 E 与磁通 Φ_m、频率 f、绕组匝数 N 成正比。

式中，Φ_m 为铁芯中磁通最大值；N_1、N_2 分别为原、副绕组匝数。原、副绕组感应电动势的比值为：

$$\frac{E_1}{E_2} = \frac{N_1}{N_2}$$

变压器的空载损耗小，若忽略空载耗损，则有

$$U_1 \approx E_1$$
$$U_2 \approx E_2$$

所以

$$\frac{U_1}{U_2} = \frac{E_1}{E_2} = \frac{N_1}{N_2}$$

可见，变压器原、副绕组中电压的比值与原、副绕组的匝数成正比。原绕组输入电压与副绕组输出电压的比值称作变压器的变比，用 K 表示。因此有

$$K = \frac{U_1}{U_2}$$

变压器空载时，原绕组中的电流 I_{10} 称为空载电流，此电流只为额定电流的 2% 左右。空载电流 I_{10} 在铁芯中建立的磁势称为空载磁势，空载磁势 $I_{10}N_1$ 产生的磁通 Φ_0 称为空载磁通（即励磁磁通）。

单相变压器负载运行时的情况如图 3-2 所示，当副绕组接入负载，绕组中流过电流 I_2，I_2 建立二次磁势 I_2N_2，并在铁芯中产生磁通 Φ_2，此磁通与一次磁势 I_1N_1 产生的磁通方向相反，因而使得一次磁通减少，一次磁通的减少使原绕组中的感应电动势 E_1 减小。由于电源电压 U_1 不变，E_1 的减少使一次电流 I_1 增加，一次磁势 I_1N_1 随之增加，其结果是一次电势 E_1 增加，并与电源电压达到新的平衡。可见接负载时，铁芯里的磁势是一次磁势和二次磁势共同作用的结果。负载电流增加，二次磁势 I_2N_2 增加，则一次电流随之增加，一次磁势 I_1N_1 增加，以抵消二次磁势，保持铁芯中的空载磁势

$$I_1N_1 - I_2N_2 = I_{10}N_1$$

由于 I_{10} 很小，则

$$I_1N_1 = I_2N_2$$
$$\frac{I_1}{I_2} = \frac{N_2}{N_1}$$

所以

$$\frac{I_1}{I_2} = \frac{U_2}{U_1}$$

上式说明，变压器带负载运行时，原、副绕组中的电流与它们的匝数成反比，与它们的电压也成反比。

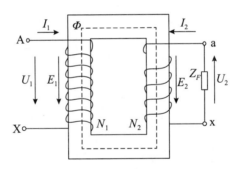

图 3-2　单相变压器的负载运行

3.2　变压器的分类及结构

变压器除了能改变交流电压的大小外，还能够改变交流电流和阻抗的大小，但不能改变频率。变压器的主要结构部件是铁芯和绕组，变压器的种类很多，不同种类的变压器应用于不同的环境中。

3.2.1 变压器的分类

变压器是常见的电气设备之一,在我们的生活中也是无处不在,其主要作用是改变交流电压。变压器的分类方法有以下几种。

1. 按相数分类

按相数可将变压器分为:

(1)单相变压器:用于单相负荷和二相、三相变压器组。

(2)三相变压器:用于三相系统的升、降电压。

2. 按冷却方式分类

按冷却方式可将变压器分为:

(1)干式变压器:是用环氧树脂浇注的变压器,其主要部件是线圈,是用环氧树脂浇注成封闭结构,依靠空气对流进行自然冷却或增加风机冷却,具有良好的阻燃性,使用安全,可直接安装在负荷中心。

(2)油浸式变压器:依靠油做冷却介质,如油浸自冷、油浸风冷、油浸水冷、强迫油循环等。

3. 按用途分类

按用途可将变压器分为:

(1)电力变压器:用于输配电系统的升、降电压。

(2)仪用变压器:用于测量仪表和继电保护装置,如电压互感器、电流互感器。

(3)试验变压器:能产生高压,对电气设备进行高压试验。

(4)特种变压器:如电炉变压器、整流变压器、调整变压器、电容式变压器、移相变压器等。

4. 按绕组形式分类

按绕组形式可将变压器分为:

(1)双绕组变压器:用于连接电力系统中的两个电压等级。

(2)三绕组变压器:一般用于电力系统区域变电站中,连接三个电压等级。

(3)自耦变电器:用于连接不同电压的电力系统。属于单绕组变压器,它的一、二次侧共用一部分绕组,在电力系统中主要用于连接额定电压相差不大的两个电网(如220/110kV 两个电网连接),也可作为普通的升压或降压变压器使用。

5. 按铁芯形式分类

按铁芯形式可将变压器分为：

（1）芯式变压器：用于高压的电力变压器。

（2）非晶合金变压器：非晶合金铁芯变压器使用新型导磁材料，空载电流下降约80%，是节能效果较理想的配电变压器，特别适用于农村电网和发展中地区等负载率较低的地方。

（3）壳式变压器：用于大电流的特殊变压器，如电炉变压器、电焊变压器或用于电子仪器及电视、收音机等的电源变压器。

6. 按调压方式分类

按调压方式可将变压器分为：

（1）无载调压：又称无激磁调压。

（2）有载调压：在用电负荷对电压水平要求较高的场合采用有载调压变压器。

3.2.2 变压器的结构

变压器种类繁多，用途不同，因此结构形式多样，但无论何种变压器，其最基本的结构都是由铁芯和绕组组成。这里主要介绍三相油浸式电力变压器和环氧树脂浇注绝缘的三相干式电力变压器的结构。

油浸式变压器就是将变压器的线圈和磁芯浸泡在专用的变压器油里面，这样既可以散热又可以使线圈与空气隔绝，防止空气中的湿气对变压器的磁芯造成腐蚀，同时还可以起到一定的灭弧作用，因此我国早期的电力变压器和电力开关都是泡在油中的。

干式变压器，简单地说就是铁芯和线圈不浸泡在绝缘液体（绝缘油）中的变压器。环氧树脂浇注的干式变压器是配电系统中重要的电力设备。由于环氧树脂是难燃、阻燃、自熄的固体绝缘材料，既安全又洁净，所以环氧树脂浇注的干式变压器具有无油、难燃、运行损耗低、防灾能力突出等特点，因而被广泛应用。相对于油式变压器，干式变压器因没有了油，也就没有火灾、爆炸、污染等问题，损耗和噪声降到了新的水平，更为变压器与低压屏置于同一配电室内创造了条件。

1. 普通三相油浸式电力变压器的结构

普通三相油浸式电力变压器的实物如图 3-3 所示，其结构示意图如图 3-4 所示。

图 3-3 三相油浸式电力变压器实物图

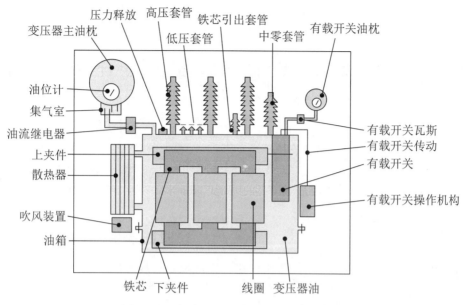

图 3-4 三相油浸式电力变压器结构示意图

普通三相油浸式电力变压器主要部件的名称及功用如下。

1）铁芯

变压器铁芯构成了变压器的磁路部分，铁芯用性能良好的硅钢片冲压、叠装制成，片间有良好的绝缘，再由夹铁、轭铁、穿钉紧固而成，铁芯与夹紧螺栓中间有绝缘管，使其与铁芯间形成绝缘层，以减少涡流损耗。铁芯是软磁材料，它的导磁率很高，降低了磁滞损耗，同时它的电阻率很高，也使涡流损耗大为降低，也就降低了变压器铁芯的损耗。

2）绕组

绕组是变压器的电路部分，一般是用绝缘扁铜线或圆铜线按一定规律在绕线模上绕制而成，然后套在铁芯上，低压绕组在内层，高压绕组套装在低压绕组外层，便于绝缘。绕组用作电流的载体，产生磁通和感应电动势。

3）油箱

油箱是油浸式变压器的外壳，变压器的器身就置于油箱内，同时箱内贮满变压器油，可以起到保护变压器自身以及散热的作用。

4）绝缘套管

绝缘套管装在变压器的油箱盖上，它中间是导体，外部包有绝缘，作用是把变压器绕组引线端头从油箱中引出，并使引线与油箱绝缘，同时还起到密封作用。10kV 及以下的绝缘套管是实心瓷质的，35kV 及以上的绝缘套管内部充满绝缘油以加强绝缘性能。

5）分接开关

配电变压器的一次电压会随着电网电压的波动而发生变化，为使二次输出电压保持在适当的额定值范围内，配电交压器都会在一次绕组设置 $U_{IN}\pm5\%$ 的电压分接抽头，并装设有无载调压分接开关（无激磁分接开关）。三相无激磁分接开关如图 3-5 所示。

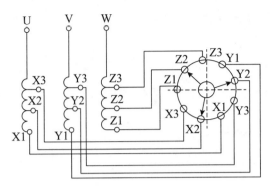

图 3-5　三相无激磁分接开关

通过调整分接开关档位来改变变压器一次绕组的匝数，而变压器二次绕组匝数不变，使变压器变比改变，从而达到在小范围内调整二次输出电压的目的。由于配电变压器的一次侧电流小，有利于分接开关的调整，因此配电变压器的分接开关均装设在一次侧绕组上。无载调压分接开关只有在变压器停电状态下才能够进行调整，调整后经测试合格，方能再次送电。

2. S11—M 系列全封闭三相油浸式变压器的结构

S11—M 系列全封闭三相油浸式变压器的结构如图 3-6 所示，它与普通油浸式三相电力变压器相比有以下特点：

（1）无储油柜，高度比同类产品低。

（2）变压器封装时，采用真空注油工艺，完全去除了变压器油箱中的潮气。密封后变压器不与空气接触，有效防止氧气和水分进入变压器而导致绝缘性能下降（绝缘材料和油老化），因此不必定期进行油样试验。

（3）变压器高低压引线、器身等紧固部分都带自锁防松螺母，采取了不吊心结构，器身与油箱紧密配合，能承受传输震动与颠簸。

（4）被洪水浸泡后，无须修复能立即投入运行。

（5）油箱有波纹片油箱和膨胀式散热器油箱两种形式供选择，波纹片与膨胀式散热器不但具有冷却功能，还具有"呼吸"功能，波纹片与膨胀式散热器的弹性可补偿因温度变化而引起的油体积变化。

（6）密封式：分为焊接式与可卸式两种供选择。焊接式的箱子边沿与盖子在全部试验合格后焊接；可卸式采用密封胶条与螺栓紧固密封箱子边沿与盖子。

（7）箱盖装有高于高压套管油位的杆状注油塞。

（8）在正常寿命期内不需换油，提高了电网运行的安全性和可靠性。

（9）保护装置：压力释放，当变压器超载或故障引起油箱内部压力达到 35kPa 时，压力释放阀便动作，可靠地释放压力，而当压力减小到正常值时又恢复原状，保证了变压器的运行。

（10）测温装置：变压器的箱盖上配有温度计专用底座。

S11—M 系列全封闭三相油浸式变压器增强了可靠性，大大延长了变压器的使用寿命，这是一种免维护的新型产品。凡是带 M 的全密封油浸式电力变压器，均有压力释放阀，630kA 以上的全密封电力变压器设有 QYW-2 油浸式电力变压器保护装置，它是一种集气体释放、压力保护和温度控制为一体的多功能保护系统。

1-箱体 2-吊环 3-油位计 4-高压接线端子 5-高压分接头 6-低压接线端子 7-铭牌

8-接地 9-放油阀 10-底脚

图 3-6 S11—M 系列全封闭三相油浸式变压器

3. 环氧树脂浇注绝缘的三相干式电力变压器的结构

环氧树脂浇注绝缘的三相干式电力变压器的结构如图 3-7 所示，其主要部件的名称及功用具体如下。

1）铁芯

铁芯是变压器最基本的组成部分之一，是变压器导磁的主磁路，又是器身的机械骨架，它由铁芯柱、铁轭和夹紧装置组成。铁芯柱套有绕组；铁轭作闭合磁路之用。

铁芯采用优质冷轧硅钢片制造，45°全斜接缝结构，芯柱采用绝缘带绑扎，铁芯表面采用绝缘树脂密封以防潮防锈，夹件及坚固件经表面处理以防止锈蚀。

2）绕组

绕组是变压器最关键的部件，是变压器进行电能交换的中枢，它应具有足够的绝缘强度、机械强度、耐热能力和良好的散热条件。绕组是变压器的电路部分，采用铜线或铝线绕制而成，原、副绕组同心套在铁芯柱上。为便于绝缘，一般低压绕组在里，高压绕组在外，但大容量的低压大电流变压器，考虑到引出线工艺困难，往往把低压绕组套在高压绕组的外面。

干式变压器线圈多采用 F 级绝缘（F 级绝缘允许最高温度为 155℃）的铜导线导体，玻璃纤维与环氧树脂复合材料做绝缘，具有良好的抗冲击、抗温度变化、抗裂性能。玻璃纤维和环氧树脂所有组成部分的燃烧速度低，燃烧时产生的热量低，一旦外界火源切断，变压器本身具有自熄性，很快会熄灭而不会持续燃烧，具有良好的阻燃性能。环氧树脂具有良好的绝缘特性，特别适合制作高压等级的线圈。

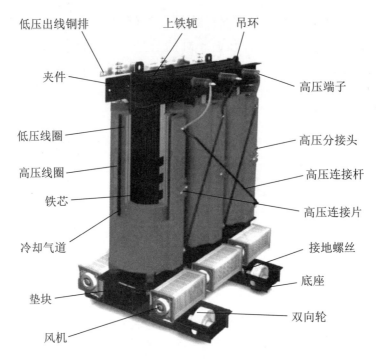

图 3-7　环氧树脂浇注绝缘的三相干式电力变压器

3）干式变压器的温度控制系统

干式变压器的安全运行和使用寿命，很大程度上取决于变压器绕组绝缘的安全可靠程度。绕组温度超过绝缘耐受温度使绝缘破坏，是导致变压器不能正常工作的主要原因之一，因此对变压器的运行温度进行监测及报警控制是十分重要的。干式变压器的温度控制系统主要有如下功能：

（1）风机自动控制：控制系统采用温度控制器，该温控器利用埋设在变压器三相低压绕组中的三支热敏测温电阻来测量变压器绕组中最热点的温度，并通过数字显示，运行人员可随时了解变压器运行温度，还可以设定控制器温度转折点，起停风机，超温报警，超温跳闸及控制系统故障保护、报警，确保变压器能够安全可靠运行。

（2）超温报警、跳闸：通过预埋在低压绕组及铁芯中的非线性热敏测温电阻采集绕组或铁芯温度信号。当变压器绕组温度继续升高，达到设定值时，系统输出超温报警信号，提醒运行人员加强巡视，或输送超温跳闸信号，使变压器迅速跳闸。

4）干式变压器的冷却方式

干式变压器的冷却方式分为自然空气冷却（AN）和强迫空气冷却（AF）两种。两种冷却方式均需保证变压器具有良好的通风能力。

自然空气冷却时，变压器可在额定容量下长期连续运行。

强迫空气冷却时，变压器输出容量可提高 50%，适用于断续过负荷运行，或应急事故过负荷运行。由于过负荷时负载损耗和阻抗电压增幅较大，处于非经济运行状态，故不应使变压器长时间连续过负荷运行。

3.2.3　变压器的型号和主要技术参数

变压器在规定的使用环境和运行条件下，主要技术数据一般都标注在变压器的铭牌上。主要包括型号、额定容量、额定电压及其分接、额定电流、额定频率、绕组接线组别以及额定性能数据（阻抗电压、空载电流、空载损耗和负载损耗）和总重。

1. 变压器的铭牌

变压器的铭牌是指新产品投放市场后，固定在产品上向用户提供厂家商标识别、品牌区分、产品参数铭记等信息的铭牌。铭牌又称标牌，如图3-8所示，铭牌主要用来记载生产厂家及额定工作情况下的一些技术数据，以供正确使用而不致损坏设备。

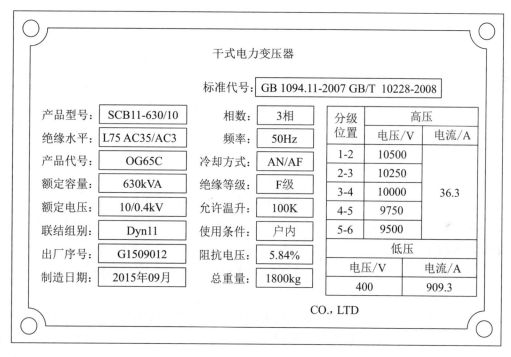

图3-8　干式变压器铭牌

2. 变压器的型号

变压器的型号由汉语拼音字母和阿拉伯数字组成。其全型号的表示和含义如图3-9所示。

例如：SCB11-630/10为三相成型固体浇注式铜箔绕组，设计序号为11，额定容量为630kVA，高压绕组额定电压为10kV。

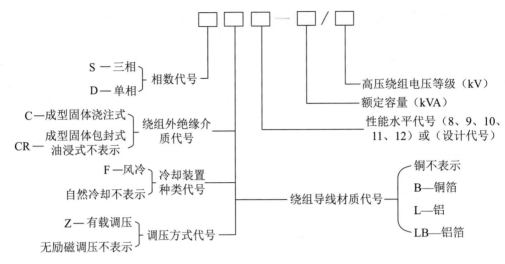

图 3-9　变压器全型号的表示和含义

3. 变压器的主要技术参数

变压器是在规定的使用环境和运行条件下工作，其主要技术参数一般都标注在变压器的铭牌上。变压器的主要技术参数如下：

（1）额定容量（S_N）：是指变压器在额定工作条件下，能够提供的最大容量，单位是 kVA（千伏安）。

（2）额定频率（f）：我国规定的额定频率为 50Hz。

（3）额定电压（U_N）：是指变压器在空载状态下，变压器一、二次绕组的标称电压，三相变压器的额定电压指线电压。

（4）额定电流（I_N）：变压器一次侧在额定电压下，变压器在满载时一、二次电流为一、二次额定电流。

（5）空载电流（I_{10}）：变压器空载运行时，一次绕组的电流称为空载电流，就是变压器的激磁电流。通常空载电流都用占额定电流的百分数表示，800kVA 及以上的变压器的空载电流为额定电流的 0.4% ～ 0.8%，800kVA 以下的变压器的空载电流为0.8% ～ 2.4%。

（6）空载损耗（P_{Fe}）：变压器空载运行时的功率损耗，主要指的是变压器的铁损，它是不变损耗。变压器空载损耗很小，约占额定容量的 5% 以下，通过空载试验测得。

（7）短路损耗（P_{Cu}）：指变压器满载运行时，一、二次绕组铜损之和。这个数值可通过短路试验测得，故把变压器的铜损称为短路损耗，它是可变损耗。

（8）短路阻抗（$Z_D\%$）：在短路试验中，将二次绕组短路，在一次绕组施加电压，当一次绕组的电流达到额定电流 I_N 时，一次侧所施加的电压即为 U_D，U_D 与 I_N 之比称作短路阻抗。短路阻抗和短路电压一样，也常用相对值来表示。变压器的短路阻抗百分数在数值上等于短路电压百分比，所以短路电压又称阻抗电压。10kV 电压等级的油浸自冷式配电变压器的阻抗电压的标准值约为 4% ～ 5.5%。

（9）温升：允许温升 = 绝缘材料允许温度 – 环境温度。根据规定，A 级油浸自冷式变压器，当上层油面温度为 95℃ 时，环境温度为 40℃，则变压器温度会升至 55℃，为了不使变压器油迅速老化、变质，规定自然循环冷却变压器上层油面温度一般不得超过 85℃。

（10）冷却方式（变压器冷却方式及代表符号）：N——自然风冷，即变压器外部的自然环境空气流通，使变压器冷却。F——强迫风冷，即变压器的散热管道上装有冷却风扇，当其温度高达额定值时，风扇自动开启，以加强散热效果。D——强迫油循环，把变压器油从油箱中抽出送入散热器装置，经过降温后再用油泵送回变压器内。

（11）接线组别和接线方式：变压器的接线组别一般有 Y.yn0（Y.yn12）和 D.yn11 两种，接线方式有"Y，y""D，y""Y，d""D，d"四种。

3.2.4 变压器的接线组别和接线方式

变压器的接线组别是指绕在同一铁芯柱上，并被同一主磁通链绕的高低压绕组。当主磁通交变时，在高、低压绕组中感应的电势之间存在一定的极性关系。在任一瞬间，高压绕组的某一端的电位为正时，低压绕组也有一端的电位为正，这两个绕组间同极性的一端称为同名端，记作"."，反之则为异名端，记作"–"。

为了形象地表示这个关系，我们引用钟表的时针（短针）与分针（长针）的夹角来表示一次电压与二次电压的相位角。分针代表一次线电压，并且固定指在 12 点位置；时针代表二次线电压。一台变压器，它的一次线电压与二次线电压相位相同，即记为长针指在 12 点，短针也指在 12 点，时间就是 12 点，或者说是零点，那么这台变压器的接线组别就是 0。如果变压器的二次线电压超前一次线电压 30°（即一次线电压超前二次线电压 330°），即长针指在 12 点、短针指在 11 点，这台变压器的接线组别就是 11。

IEC 标准中规定了变压器绕组接线组别的最新表示方法，即星形、三角形、曲折形，对于高压绕组，分别用大写英文字母 Y、D、Z 表示；对于中、低压绕组，分别用小写英文字母 y、d、z 表示。

由于 Z 型变压器绕组比较少见（适用于多雷地区），因此常见的变压器绕组有两种接法，即三角形接线和星形接线。在变压器的接线组别中，D 表示三角形接线；Yn 表示星形带中性线的接线，Y 表示星形接线，n 表示中性线。星形接线时有带中性线和不带中性线两种，不带中性线则不增加任何符号表示。

变压器有 4 种基本接线方式，即"Y，y""D，y""Y，d""D，d"。

对于接线组别标号，理论分析表明，当一、二次绕组的接线方式相同（同为星形或三角形）时只能组成偶数组别；当一、二次绕组的接线方式不同（一个为星形，另一个为三角形）时只能组成奇数组别。目前国产配电变压器的接线组别一般有 Y.yn0（Y.yn12）和 D.yn11 两种，如图 3-10 和图 3-11 所示。

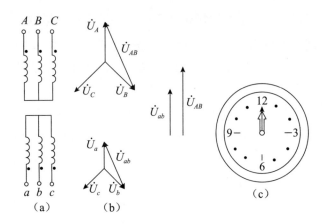

（a）一、二次绕组接线　（b）一、二次电压相量　（c）时钟表示

图 3-10　变压器 Y.yn0 连接组

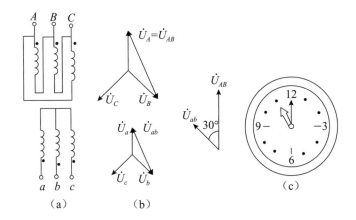

（a）一、二次绕组接线　（b）一、二次电压相量　（c）时钟表示

图 3-11　变压器 D.yn11 连接组

3.2.5　变压器的安装

对于大容量高电压的输电变压器的安装，其技术要求很高，施工量大，因此须由专业的设计人员和施工人员承担。本节所介绍的变压器安装，是配电变压器等级为 6～10kV 的产品，其安装工作量不大，相对比较简单。变压器安装分室内变压器安装和室外变压器安装两部分。

1. 室内变压器的安装

将配电变压器装于室内，有利于人身和设备安全，便于监视和维修，但一次性投资和占地面积均较大，通常风沙较大和腐蚀较严重的地区多采用这种安装方式。

室内变压器安装的一般规定如下：

（1）变压器应有完整的铭牌，该铭牌是由生产厂家安贴在变压器上的。

（2）油浸变压器安装时应在油枕方向的底部轨道楔入斜垫铁，使油枕侧方向抬高1%～1.5%的倾斜坡度，以有利于气体继电器的正确工作。

（3）变压器的二次侧输出应经过低压空气自动开关，以起到控制和保护作用。

（4）呼吸器与油枕应紧密连接，不得漏气，空气流过呼吸器时应流畅，吸潮剂应充实和干燥。

（5）变压器的油标管上应标有明显的油面线，用以表明几个特定油温下的油面位置，实际油温应与当时的油温线相对应。

（6）油浸变压器的温度计为酒精温度计，且应安装在填有变压器油的保护管内，其外表完好、指示准确。1000kVA及以上变压器还应安装温度报警装置。

（7）变压器的一次和二次引线连接不能让变压器上的磁套管直接受力。如果引线为电缆时，电缆头不能靠近磁套管安装。若引线为铝母线（或铝导线），则不能与变压器出线直接连接，应采用铜铝接头。

（8）变压器的电源工作零线与中性点接地线应分别敷设，工作零线不能直接埋入地下，变压器接地引线与地线之间应通过可断开的连接点连接，变压器外壳要可靠接地。

2. 室外变压器的安装

室外安装的露天变压器又称为室外变台，它可分为台上（地面）安装和柱上（电杆）安装，柱上安装的变压器又可分为单杆安装方式和双杆安装方式。容量在50kVA及以下变压器可采用单杆安装方式；容量在315kVA及以下变压器可采用双杆安装方式；当变压器容量在315kVA以上时，则采用置于地面上的变台安装方式，通常变压器放置在0.5m高的台墩上。

室外变压器安装的一般规定如下：

（1）台上安装的10kV及以下的变压器，其台墩高度为0.5m，变压器的外轮廓与周围遮拦或围墙之间的距离应确保变压器在运输和维修时的工作方便，其距离不小于1m，在操作面方向应留有2m以上的距离，其栅栏或围墙的高度不小于1.7m，并在明显处悬挂警告类标示牌。

（2）容量在315kVA及以下的变压器可采用柱上安装方式，变压器底部和地面距离不小于2.5m。

（3）柱上或变台安装的变压器的高压、低压引出线应采用绝缘导线，连接不得使变压器瓷套管受力。

（4）柱上变压器的安装应平稳、牢固，保护腰栏采用直径4mm镀锌铅丝缠绕4圈以上，中间不许有接头，缠绕要紧固，腰栏距带电部分的距离不小于0.2m。

（5）跌开式熔断器的安装，其对地的安装高度不小于4.5m，相间距离不小于0.7m，熔断器与垂线的夹角为15°～30°。

（6）变压器二次侧熔断器的安装应符合下面的要求：①二次侧装有隔离开关时，熔断器应装于隔离开关与低压绝缘子之间；②二次侧无隔离开关时，熔断器要安装于低压绝缘子外侧，并用绝缘导线跨接在熔断器绝缘台两端的绝缘导线上；③户外变压器安装时要装避雷器，避雷器引下线、变压器外壳、二次侧中性点三者连在一起（三位一体）可靠接地，接地装置电阻不大于 4Ω，接地线截面要求铜线 16mm² 以上、钢线 35mm² 以上。

3.3　电力变压器的运行维护

电力变压器是供配电系统中的重要设备，是传输、分配电能的枢纽，其正常运行对电网运行安全、可靠地供电起着关键作用。电力变压器的运行状况不仅与其设计制造、结构材料有关，也与其运行维护紧密相关。掌握电力变压器的运行与维护知识，可以发现异常现象，预防事故的发生。

3.3.1　油浸式变压器的运行维护

油浸式变压器使用性能的好坏会直接关系到一台设备或多台设备的安全稳定运行。如果变压器在发生故障时处理不正确、不及时，设备就有可能停止供电，甚至影响到人身安全。所以，我们一定要正确掌握油浸式变压器的使用性能及维护检查内容，加强日常维护检查力度，把故障消灭在萌芽状态，保证变压器的正常运行，从而更好地为生产生活服务。

油浸式变压器的运行维护检查内容主要包括以下三方面。

1. 油浸式变压器的外部检查

油浸式变压器外部检查的具体内容如下：

（1）变压器的负荷电流、运行电压应正常。

（2）变压器的油面、油色、油温不得超过允许值，无渗漏油现象。

（3）瓷套管应清洁，无裂纹、无破损、无闪络放电痕迹。

（4）接线端子无接触不良、过热现象。

（5）运行声音应正常。

（6）呼吸器的吸潮剂颜色正常，未达到饱和状态。

（7）通向气体继电器的截门和散热器的截门应处于打开状态。

（8）防爆管隔膜应完整。

（9）冷却装置应运行正常，散热管温度均匀，油管无堵塞现象。

（10）外壳接地应完好。

（11）变压器室门窗应完好，百叶窗、铁丝纱应完整。

（12）室外变压器基础应完好，基础无下沉现象，电杆牢固，木杆根无腐朽现象。

2. 油浸式变压器的正常巡检周期

油浸式变压器正常巡检周期要求如下：

（1）变、配电所有人值班，每班巡视检查一次。

（2）无人值班时，可每周巡视检查一次。

（3）对于采用强迫油循环的变压器，要求每小时巡视检查一次。

（4）室外柱上变压器，每月巡视检查一次。

3. 油浸式变压器的特殊巡检

油浸式变压器特殊巡检要求如下：

（1）在变压器负荷变化剧烈时应进行特殊巡检。

（2）天气恶劣时，如有大风、暴雨、冰雹、雪、霜、雾等时，对室外变压器应进行特殊巡检。

（3）变压器运行异常或线路故障后，应增加特殊巡检。

（4）变压器过负荷时，应进行特殊巡检。

（5）特殊巡检周期不做规定，要根据实际情况增加巡检时间。

3.3.2 干式变压器的运行维护

与油浸式变压器相比，环氧浇注型干式变压器的维修和检查简单，可靠性也高，不易发生故障。但是变压器是电气线路中的主要设备，一旦发生故障而断电，有关用电设备就会停止工作，造成极大影响。因此，为了保证变压器正常运行，实地进行日常维修和检查是十分重要的，即使是很小的问题也应做到事先发现、及时处理，避免事故。

干式变压器的运行维护主要包括以下几项内容。

1. 干式变压器的日常检查

干式变压器的日常检查工作内容如下：

（1）变压器音响的性质，"嗡嗡"声是否异常变大，有无新的杂音发生。

（2）电缆和母线连接处有无过热现象。

（3）变压器温升是否正常。

（4）应根据电流表、电压表等来监视变压器的负荷。有人值班的变电所内的变压器，应根据控制盘上的仪表监视变压器运行，并每小时抄表一次，如仪表不在控制室时，每班至少记录两次。

（5）对于配电变压器，应在大负荷时测量其三相负荷，如发现不平衡，应重新分配。

（6）必须对温升进行监视，记录安装在配电盘上的温度计数值，每班应至少记录两次。

2．干式变压器的定期检查

干式变压器的定期检查工作内容如下：

（1）一般干燥清洁的场所，每年至少应进行一次检查。

（2）在其他场合，例如在有灰尘或混浊的空气中运行时，每3～6个月进行一次检查。

（3）检查部位包括绕组、套管类及支持绝缘物、导线及接续导体、分接头端子处、温度计及感应器、冷却风扇等。

（4）检查时如果发现灰尘聚积过多，则必须清除，以保证空气流通和防止绝缘击穿，但不得使用挥发性的清洁剂，应特别注意清洁变压器的绝缘子、绕组装配的顶部和底部，并使用压缩空气吹净通风气道中的灰尘。压缩空气的流动方向与变压器运行时冷却空气的流动方向相反。

（5）检查紧固件、连接件是否松动，导电零件以及其他零部件有无生锈、腐蚀的痕迹。还要观察绝缘表面有无碳化、龟裂纹和爬电现象，必要时采取相应的措施进行处理。

3．干式变压器的正常巡检周期

干式变压器的正常巡检周期如下：

（1）变配电所内的变压器，每班至少巡检一次，每周至少进行一次夜间巡检。

（2）无人值班的变配电所的变压器，每周至少巡检一次。

（3）站（所）外（包括郊区及农村）安装的变压器每周至少巡检一次。

4．干式变压器的特殊巡检

在下列情况下对变压器进行特殊巡视检查，增加巡视次数：

（1）新装或经过检修、改造的变压器在投运72h内。

（2）有严重缺陷时。

（3）气象突变（如有大风、大雾、大雪、冰雹、寒潮等）时。

（4）雷雨季节，特别是雷雨后。

（5）高温季节、高峰负载期间。

（6）变压器过负荷运行时。

5．干式变压器的运行标准

干式变压器的运行标准应按如下要求执行：

（1）允许温升：变压器运行时，在正常条件下不得超过绝缘材料所允许的温度（绝缘等级见干式变压器铭牌）。

（2）允许负荷：变压器运行时有允许的连续稳定的负荷，即变压器运行时，一般要求不得超过铭牌所规定的额定值。

（3）允许电压变动：运行中的变压器外加电压一般不超过所在分接头额定值的105%，并要求变压器二次侧电流不大于额定值。

（4）绝缘电阻允许值：一般使用2500V兆欧表测量绝缘电阻值。衡量变压器绝缘状态的基本方法是，把运行过程中所测得的绝缘电阻值与运行前所确定的原始数据相比较。测量时，在环境湿度相同的条件下，如果绝缘电阻值剧烈下降至初值的50%或更低，即认为不合适，需要进一步查究原因。

6. 干式变压器投运前的安全注意事项

干式变压器投运前的安全注意事项如下：

（1）温度控制器及风机的电源应通过控制箱获得，而不要直接接在变压器上。

（2）变压器投入运行前，必须对变压器室的接地系统进行认真检查，特别是变压器的铁芯和外壳。

（3）变压器无外壳时，要安放隔离栅栏。如果隔离栅栏是金属网，也要可靠接地。

（4）变压器外壳的门要关好，当有开门保护时，应把门限位开关接点串入跳闸或报警联锁回路。

（5）变压器室要有防小动物进入的措施，以免发生意外事故。

（6）变压器投入运行以后，禁止触摸变压器主体，以防事故发生。工作人员进入变压器室一定要穿绝缘鞋，并注意与带电部分的安全距离。

（7）如发现变压器噪声突然增大，应立即注意变压器的负荷情况和电网电压情况。加强观察变压器的温度变化，要及时与有关人员联系，进行咨询。

3.3.3 电力变压器运行中应掌控的变量

电力变压器在运行过程中，由于受到环境、天气、负荷的变化或使用寿命的限制等各种因素的影响，变压器的运行参数也会随之改变，因此电力变压器运行中的一些重要参数是巡检员在巡检过程中必须要注意和记录的，有的还需要根据实际情况及时进行调整。

1. 负荷检查测量

负荷检查测量应按如下方式进行：

（1）应通过监视仪表及时掌握变压器的运行情况，并按规程规定记录变压器的电流、电压数值。

（2）测量三相电流的平衡情况，变压器三相电流表不平衡时，应监视最大一相的电流。接线为Y.yn0和D.yn11的配电变压器，中性线的电流允许值分别为额定电流的25%和75%，或按制造厂的规定。

（3）变压器运行电压一般不应高于该运行分接位置电压的105%。

2. 变压器电流的计算方法

计算变压器高、低压电流是一名高压电工应掌握的最基本的知识，计算方法有公式法和经验口算法，平时使用最多的是经验口算法。

运用公式法计算三相变压器电流：$I = \dfrac{S}{\sqrt{3}U}$。式中，U 是变压器的线电压，单位为 kV。运用经验口算法计算变压器电流：100kVA 的变压器一次侧电流为 6A，二次侧电流等于一次侧电流的 25 倍（$I_2 = 25I_1$）。

例如：一台 500kVA 的变压器，计算其一次电流和二次电流。用公式法根据 $I = \dfrac{S}{\sqrt{3}U}$ 计算如下：

$$I_1 = \frac{500}{\sqrt{3}\times10} \approx 28.9 \ (\text{A})$$

$$I_2 = \frac{500}{\sqrt{3}\times0.4} \approx 721.7 \ (\text{A})$$

用经验口算法计算如下：$I_1 = 5\times6 = 30$ (A)，因为 100kVA 变压器的一次侧电流为 6A，所以 500kVA 变压器的一次侧电流就等于 5×6。$I_2 = 25\times I_1 = 25\times30 = 750$ (A)。

3. 运行负荷要求

变压器运行时，根据电流的大小计算变压器负荷是巡视检查的一项重要内容，根据负荷的大小调整变压器的并列或解列运行，是一种既安全又经济的工作方式。变压器的负荷分为低负荷、合理负荷（经济负荷）、满负荷、超负荷四种。

低负荷是指变压器电流为额定电流的 15% 以下时的状态，在这种状态下，变压器消耗负荷包括用电消耗和变压器铁损消耗，这时铁损所占消耗比例太大，不经济。

合理负荷是指变压器电流为额定电流的 50% 左右时的状态，在这种状态下，变压器铁损负荷和铜损负荷所占比重都很小。

满负荷是指变压器电流为额定电流的 75% 以上时的状态，在这种状态下，变压器铜损将随负荷的增大而快速增大。

超负荷是指变压器电流为额定电流的 100% 以上时的状态，这时变压器温度升高，铜损加大。

例如：一台 800kVA、10/0.4kV 变压器，按一、二次电流计算，各种负荷电流是多少？

解：　　　　一次电流 $I_1 = 8\times6 = 48$ (A)

　　　　　　二次电流 $I_2 = 25\times I_1 = 25\times48 = 1200$ (A)

低负荷：　　一次电流 $I_1 = 48\times15\% = 7.2$ (A)

　　　　　　二次电流 $I_2 = 1200\times15\% = 180$ (A)

合理负荷：　一次电流 $I_1 = 48\times50\% = 24$ (A)

　　　　　　二次电流 $I_2 = 1200\times50\% = 600$ (A)

满负荷： 　　　一次电流 $I_1 = 48 \times 75\% = 36$ (A)

　　　　　　　二次电流 $I_2 = 1200 \times 75\% = 900$ (A)

4．预防性试验

预防性试验包括绝缘特性试验和电气特性试验两类，其中绝缘特性试验又包括绝缘电阻、吸收比、泄漏电流、绝缘油、交流耐压试验等多个项目。测量绝缘电阻和吸收比是检查变压器绝缘状态的简便而通用的方法。该方法一般对绝缘受潮及局部缺陷情况，如瓷件破裂、引出线接地等，均能有效地查出。因此绝缘电阻和吸收比试验是变压器投运前的重点试验项目，也是运维人员必须掌握的试验方法。

3.3.4　变压器运行允许温度

变压器运行允许温度是根据变压器所使用绝缘材料的耐热程度而规定的最高温度，而变压器的种类不同，其规定的运行允许最高温度也不同。

1．普通油浸式电力变压器的运行允许温度

普通油浸式电力变压器在运行过程中不同部分的温度不一样，为了方便监测变压器运行时各部分的温度，从以下三方面来监测其允许温度。

1）变压器上层油温规定

采用 A 级绝缘的变压器，在正常运行时，当周围温度为 40℃时，规定变压器的上层油温最高不超过 85℃。试验表明，变压器上层油温如果超过 85℃，油的氧化速度会加快，变压器的绝缘性能和冷却效果会降低。

2）变压器运行允许温升规定

变压器运行允许温度与周围空气最高温度之差为变压器运行允许温升。由于变压器的结构，其内部各部分温度差别比较大，所以只监视变压器上层油温不超过允许值是不行的，只有上层油温及温升都不超过说明书规定的允许值时，才能保证变压器安全运行。对于采用 A 级绝缘的变压器，当周围温度为 40℃时，上层油的允许温升为 55℃，绕组的允许温升为 65℃。

3）变压器耐热程度规定

变压器的耐热程度用绝缘等级表示，绝缘等级具体指所用绝缘材料的耐热等级，分 A、E、B、F、H 级。绝缘温度等级 A 级、E 级、B 级、F 级、H 级对应的最高允许温度分别为 105℃、120℃、130℃、155℃、180℃；绕组温升限值为 60K、75K、80K、100K、125K；性能参考温度为 80℃、95℃、100℃、120℃、145℃。

2．干式电力变压器的运行允许温度

根据国家推荐标准 GB/T 1094.11—2022《电力变压器　第 11 部分　干式变压器》

的规定，不同绝缘材料的绕组应有相对应的温升限值要求。现在大多数干式变压器都采用 H 级绝缘材料，故此类干式变压器的最高温度应在 180℃ 以下。干式变压器温度控制主要是利用温度控制器自动控制风机的启、停方式来实现。

1）风机自动控制

通过预埋在低压绕组最热处的 Pt100 热敏测温电阻检测温度。变压器负荷增大，运行温度上升，当绕组温度达 110℃ 时，控制系统自动启动风机冷却；当绕组温度低至 90℃ 时，系统自动停止风机。

2）超温报警、跳闸

通过预埋在低压绕组中的 PTC 非线性热敏测温电阻采集绕组或铁芯温度信号。当变压器绕组温度升高，若达到 155℃ 时，系统输出超温报警信号；若温度上升达 170℃ 时，变压器已不能继续运行，向二次保护回路发出超温跳闸信号，切断变压器。

3）温度显示系统

通过预埋在低压绕组中的 Pt100 热敏电阻测取温度变化值，直接显示各相绕组温度，可以显示三相巡检及温度最大值，并可记录历史最高温度，根据需要可以传输至远距离的计算机。

4）绝缘等级对应的极限工作温度及温升

绝缘等级对应的极限工作温度及温升如表 3-1 所示。

表 3-1　绝缘等级对应的极限工作温度及温升

绝缘等级	极限工作温度 /℃	最高温升 /K
A	105	60
E	120	75
B	130	80
C	220	150
F	155	100
H	180	125
R	240	170

3.3.5　变压器的并列与解列运行

对供备电要求比较高的用电用户，如数据中心机房就有双路供电的要求，变压器都应采取 N+1 的方式进行供电。这种将两台或两台以上的变压器的一次绕组并接在电源上，二次绕组也并联在一起向负载供电的运行方式称为变压器的并列运行。

如图 3-12 所示为变压器并列运行的接线方式。当开关 K₁、K₂、K₃ 闭合时，两台变压器即为并列运行。两台并列运行的变压器，如果一台退出运行，留下一台变压器继续运行，称为解列，图 3-12 中当开关 K₁ 或 K₂ 拉开时，两台变压器即为解列运行。

变压器采用并列或解列的运行方式可以提高变压器运行的经济性，同时也能提高供电的可靠性。如果一台变压器发生故障，可以把它切除，由其余变压器继续向负载供电。

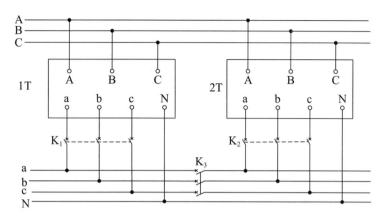

图 3-12 变压器并列运行的接线方式

两台或多台变压器并列运行虽然有好处，但不是任意两台或多台变压器都能够并列运行的。变压器要并列运行不但有前提条件，而且还应符合相关要求才会被允许，否则禁止并列运行。

1. 变压器并列运行的前提条件

需并列运行的变压器必须满足下列条件：

（1）所有并列运行的变压器的额定一次电压和二次电压必须相等（变压比相等），所有并列运行的变压器的电压比必须相同，允许差值范围为 ±0.5%。如果电压比不同，会在二次绕组的回路中产生环流，因为变压器内阻很小，产生的环流很大，可能会导致绕组过热甚至烧毁。

（2）所有并列运行的变压器的阻抗电压必须相等。由于并列运行的变压器的负荷按阻抗电压值成反比分配，如果其中一个阻抗电压不同，将会导致阻抗电压较小的变压器过负荷甚至烧毁。所有并列运行的变压器的阻抗电压允许的差值范围为 ±10%。

（3）所有并列运行的变压器的接线组别必须相同。也就是说，所有并列运行的变压器的一次电压和二次电压的相序与相位都必须对应相同，否则不能并列运行。假设两台变压器并列运行，一台为 Y.yn0 连接，另一台为 D.yn11 连接，则二次侧电压将会出现相位差，在两台变压器的二次绕组间产生电位差，这一电位差将在两台变压器的二次侧产生一个很大的环流，有可能烧毁变压器的绕组。

（4）并列运行的变压器容量应尽可能相同或相近，如果容量相差悬殊，运行会很不方便，容易造成小容量的变压器过负荷严重而烧毁，一般并列运行的变压器最大容量与最小容量之比不超过 3:1。

2. 变压器并列、解列运行时应注意的事项

符合并列运行条件而并列运行的变压器，在并列前和运行中，要注意下列事项：

（1）变压器在初次并列前，首先要确认各台变压器的分接开关在相同的档位上，

并且要与一次电源电压实际值相适应，此外还要经过核相。核相的目的是在一次接线确定之后，找出并确认二次的对应相，把对应的相连接在一起。

（2）初次并列运行的变压器，要密切关注各台变压器的电流值。观察负荷电流的分配是否与变压器的容量成正比，否则不宜并列运行。

（3）并列运行的变压器要考虑运行的经济性，但也要注意，不宜过于频繁地切除或投入变压器。

（4）变压器解列前，应检查继续运行的变压器是否可带全负荷，注意继续运行的变压器电流的变化。

3. 并列运行的变压器电流的计算

并列运行的变压器电流是按变压器的容量分配计算的，变压器容量相等的电流平分，容量不相等的按容量比分配。例如，两台800kVA的变压器，系统负荷电流约1000A，两台变压器并列运行后每台电流是500A。

3.3.6 变压器分接开关

配电变压器的一次电压会随着电网电压的波动而发生变化，为使二次侧输出电压保持在适当的额定值范围内，配电变压器都会在一次绕组设置 $U_{IN}\pm5\%$ 的电压分接抽头，并装设无载调压分接开关（无激磁分接开关）。由于配电变压器的一次侧电流小，有利于分接开关的调整，因此配电变压器的分接开关均装设在一次侧绕组上。

1. 10kV油浸式变压器分接开关的切换操作

1）分接开关切换的目的

通过调整分接开关档位，来改变变压器一次绕组的匝数，而变压器二次绕组匝数不变，使变压器变比改变，从而达到在小范围内调整二次侧输出电压的目的。油浸式配电变压器分接开关一般设有三个档位，它们分别对应的电压、百分数和变压比如表3-2所示。油浸式配电变压器分接开关的接线示意图和实物图如图3-13和图3-14所示。

表3-2 油浸式配电变压器分接开关档位及其对应的电压、百分数和变压比

档位	I	II	III	
电压/V	10 500	10 000	9500	变压器出厂时，通常将分接开关调整在II档位置
百分数/%	105	100	95	
变压比	26.25	25	23.75	

2）分接开关的切换时机

利用分接开关来调整二次侧电压范围是有限的，而且是分档调节。另外，调节分接开关比较麻烦，不宜频繁操作。因此这种调整只适合在电压长时间偏高或偏低时进行，

这里所说的长时间约为十天到半个月，并要结合用电季节的特点进行切换。当电压值大于或接近用户端电压偏离额定值时应切换，切换后的电压应与额定值的偏差越小越好。10kV 及以下高压电力用户和低压电力用户电压允许波动为 ±7%，低压照明用户电压允许波动为 -10% ～ +7%。不论分接开关调整在哪一档，对变压器的额定容量均无影响。

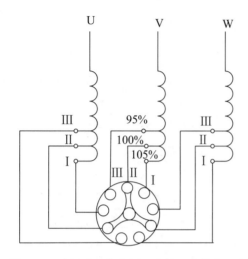

图 3-13　油浸式配电变压器分接开关接线示意图　　图 3-14　油浸式配电变压器分接开关实物图

3）分接开关档位的使用方法

分接开关的调整原则是：当变压器二次侧电压过高时将分接开关由低档位向高档位依次调整（Ⅲ档→Ⅱ档→Ⅰ档），当变压器二次侧电压过低时将分接开关由高档位向低档位依次调整（Ⅰ档→Ⅱ档→Ⅲ档）。即通常所说的"高往高调，低往低调"，电压高时往高比例调，电压低时往低比例档调。

例如：有一台变压器分接开关在Ⅱ档，低压系统电压偏低只有 365V/210V，这时可以将分接开关由Ⅱ档 100% 调至Ⅲ档 95% 位置，这时电压将升至 383V/220.5V，接近额定电压。

4）分接开关切换操作的规定

分接开关分有载调压和无载调压两种，必须注意！普通的无载调压分接开关必须在变压器停电的条件下才能调整，并且做好安全技术措施和组织措施。

分接开关切换操作应按下列步骤操作：

（1）将运行中的变压器停电，验电，挂好临时接地线。

（2）拆除一次侧高压接线。

（3）松开或提起分接开关的定位销（或螺栓）。

（4）转动开关手柄至所需的档位，并反复数次以便消除触点表面的氧化物。

（5）先用万用表测量一次绕组的直流电阻。

（6）再用单臂电桥测量一次绕组的直流电阻。

（7）锁定定位销（或螺栓）。

（8）恢复高压接线，拆除临时接地线。

（9）送电后检查三相电压值是否正常。

5）切换分接开关时的注意事项

变压器切换分接开关时，不能在带负荷情况下进行，应首先将变压器从高、低压电网中退出运行，再将各侧引线和地线拆除，方可倒换分接开关，然后测量高压绕组的直流电阻，测得的直流电阻值应与前次测量值进行比较。

因为分接开关的接触部分在运行中可能烧伤；未用的分接头长期浸在油中，可能产生氧化膜等，造成切换分接头后接触不良。故测量电阻很重要，对大容量变压器，更应认真做好这项工作。一般容量的变压器可用单臂电桥测量，容量大的变压器，可用双臂电桥测量分接开关的接触电阻。测量前还应估算好被测的电阻值，选择适当的量程，并选好倍率，将电阻数值调到估算值的附近。测量时，由于绕组电感较大，需等几分钟电流稳定后才能接通检流计，然后将实际读数乘以倍率就等于实测电阻值。

测试直流电阻时，应将连接导线截面选大些，导线接触必须良好。用单臂电桥测试时，测量结果中还应减去测试线的电阻值，才得到分接开关接触电阻的实际值。

测量完毕应先停检流计，再停电池开关，以防烧坏电桥。倒换测试线时，必须先将变压器绕组放电，以防人身触电。

此外应注意，测得的电阻值与油温有很大关系，所以测试时要记录上层油温，并进行换算（通常换算为20℃的数值）：

$$R_{20} = \frac{T+20}{T+t_a} R_a$$

式中：R_{20}——换算为20℃时的电阻值；

t_a——测量时变压器的上层油温；

R_a——温度为t_a时测得的电阻值；

T——系数（铜为235，铝为228）。

测量后，三相电阻值相差不得超过2%，计算公式为：

$$\frac{R_D - R_C}{R_C} \times 100\%$$

式中：R_D——最大电阻值；

R_C——最小电阻值。

上述测量结果还应参考历次测试数据进行校核。

2. 10kV 干式变压器分接开关的切换操作

10kV 干式变压器分接开关的切换操作与油浸式变压器分接开关切换操作的工作原理和切换目的一样，都是通过调整变压器分接开关的运行位置，使变压器的二次侧电压接近额定值运行，但两者在以下方面也存在区别。

（1）干式变压器分接开关与油浸式变压器的分接开关首先在形式和结构上有所不同，如图 3-15 所示是干式变压器分接开关实物图，如图 3-16 所示为干式变压器绕组接线图。

图 3-15 干式变压器分接开关实物图

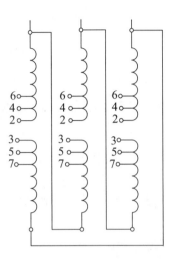

图 3-16 干式变压器绕组接线图

干式变压器高压绕组多是三角形接法，干式变压器的分接开关是改变每一相绕组的匝数连板，如图 3-17 所示，并且干式变压器的分接开关每一档调整幅度为 2.5%，与油浸式变压器每一档 5% 不同。干式变压器分接开关位置与对应的调整电压如表 3-3 所示。

表 3-3 干式变压器分接开关位置与对应的调整电压

分接开关位置	电压 /V
1（Ⅰ）	10 500
2（Ⅱ）	10 250
3（Ⅲ）	10 000
4（Ⅳ）	9750
5（Ⅴ）	9500

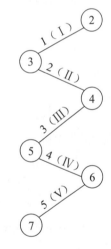

图 3-17 绕组的匝数连板示意图

（2）干式变压器分接开关的切换操作过程与油浸式变压器的分接开关的切换操作过程存在区别。

干式变压器分接开关的调整原则与油浸式变压器是一样的，不同的是干式变压器需要改变三个绕组的连接压板，而不像油浸式变压器只调整一个开关。

干式变压器分接开关的操作步骤如下：①将运行中的变压器停电；②在高低压侧验电应无电压；③对变压器高压侧彻底放电；④在高低压侧挂好临时接地线；⑤拆下分接连板的螺丝取下连接压板，改接到新的位置，重新用螺丝压紧即可；⑥三相绕组的连接压板位置必须一致，否则将造成三相电压不平衡；⑦拆装压板螺丝时用力要均匀，以防高压绕组抽头松动。

工作完毕后认真检查工作场地，不得有工具材料的遗漏，拆除临时安全措施，恢复送电后应检查低压电压是否正常。

3.4　变压器的异常运行与故障分析

变压器的安全运行管理工作是我们日常工作的重点，通过对变压器的异常运行情况、常见故障分析的经验总结，将有利于及时、准确判断故障原因、性质，及时采取有效措施，确保设备的安全运行。

3.4.1　油浸式变压器异常运行与故障分析

油浸式变压器在运行过程中会受到各种因素的影响，从而导致一些异常运行情况和故障的产生，严重威胁电网运行的安全，因此需要针对油浸式变压器异常运行情况进行深入分析，及时处理，保证电网运行的安全性和可靠性。

1. 油浸式变压器异常运行分析

油浸式变压器出现的异常运行情况主要包括变压器的声音、温度、油位、外观异常及其他异常现象。

（1）变压器声音异常。当出现变压器声音异常时，通常是因为以下几种情况：①当有大容量的动力设备启动时，负荷变化较大，使变压器声音增大。如变压器带有可控硅整流器等负荷时，由于有谐波分量，所以变压器声音也会变大。②过负荷使变压器发出很高而且沉重的"嗡嗡"声。③如铁芯的穿心螺丝夹得不紧，使铁芯松动，变压器发出强烈而不均匀的噪声。④内部接触不良，或绝缘有击穿，变压器发出放电的"噼啪"声。⑤系统短路或接地，通过很大的短路电流，使变压器有很大的噪声。⑥系统发生铁磁谐振时，变压器发出粗细不匀的噪声。

（2）正常负荷和正常冷却方式下，变压器油温不断升高，主要原因包括：①涡流或夹紧铁芯用的穿心螺丝绝缘损坏均会使变压器的油温升高。涡流使铁芯长期过热而引起硅钢片间的绝缘破坏，这时铁损增大，油温升高。而穿心螺丝绝缘破坏后，使穿心螺丝与硅钢片短接，硅钢片铁芯绝缘破坏，涡流使螺丝和铁芯都发热，也会使变压器的油温升高。②绕组局部层间或匝间的短路，内部接点有故障，或分接开关不到位接触电阻加大等，也会使油温升高。

（3）油枕或防爆管喷油。当出现二次系统突然短路而保护拒动，或变压器内部有短路故障而出气孔和防爆管堵塞等情况时，变压器内部的高温和高热会使变压器油突然喷出，喷油后油面降低，有可能引起瓦斯保护动作。

（4）绝缘瓷套管闪络和爆炸，主要原因有：①套管密封不严，因进水使绝缘受潮而损坏；②套管的电容芯制造不良，内部游离放电；③主套管积垢严重，以及套管上有大的碎片和裂纹。

（5）分接开关故障，主要有以下几种情况：①分接开关触头弹簧压力不足，触头滚轮压力不匀，使有效接触面积减少，以及因镀银层的机械强度不够而严重磨损等会引起分接开关烧毁；②分接开关接触不良，或引线连接和焊接不良，经受不起短路电流冲击而造成分接开关故障；③倒换分接开关时，由于分头位置切换错误、不到位虚接，引起开关烧坏；④由于三相引线相间距离不够，或者绝缘材料的电气绝缘强度低，在过电压的情况下绝缘击穿，造成分接开关相间短路。

2. 油浸式变压器异常运行的故障处理

在对油浸式变压器出现的异常运行情况进行分析后，就要依据分析的原理及时采取应对措施，对出现的异常情况进行必要的处理，确保供电线路运行安全。油浸式变压器出现异常运行故障时应采取如下方式进行处理：

（1）值班人员在变压器运行中发现异常现象时，应及时报告上级并做好记录。

（2）变压器出现下列情况之一时应立即停止运行：①变压器声响明显增大，内部有爆裂声；②严重漏油、油面下降到低于油位计的指示限度；③套管有严重的破损和放电观象；④运行温度急剧上升；⑤变压器冒烟着火，应立即断开电源，停运冷却风扇，并迅速采取灭火措施，防止火势蔓延；⑥当发生危及变压器安全的故障，而变压器的有关保护装置拒动时；⑦当变压器附近的设备着火、爆炸或发生其他情况，对变压器构成严重威胁时。

（3）变压器油温升高并超过制造厂规定时，值班人员应按以下步骤检查处理：①检查变压器的负载和冷却介质的温度，并与在同一负载和冷却介质温度下正常的温度核对；②核对温度测量装置；③检查变压器冷却装置或变压器室的通风情况，当环境温度升高时，应检测变压器温升不超过规定；④若温度升高的原因是由于冷却系统的故障，值班人员可以采取应急降温措施或调整变压器的负荷；⑤在正常负载和冷却条件下，变压器温度不正常并不断上升，则认为变压器已发生内部故障，应立即将变压器停运；⑥变压器在各种超额定电流方式下运行，若顶层油温超过95℃时，应立即降低负载；⑦当发现变压器的油面较当时油温所对应的油位线显著降低时，应查明原因，补油时应遵守有关规程的规定，禁止从变压器下部补油，所补的新油应与原牌号油一致，如牌号不一致，应做混油试验；⑧变压器油位因温度上升有可能高出油位指示极限，经查明不是假油位所致时，则应放油，使油位降至与当时油温相对应的高度，以免溢油。

（4）气体保护装置动作的处理：①气体保护信号动作时，应立即对变压器进行检查，查明动作的原因，是否因积聚空气、油位降低、二次回路故障或变压器内部故障造成的。如气体继电器内有气体，则应记录气量，观察气体的颜色及试验是否可燃，并取气样及油样做色谱分析，可根据有关规程判断变压器的故障性质。②若气体继电器内的气体为无色、无臭且不可燃，色谱分析判断为空气，则变压器可继续运行，并及时消除进气缺陷。③若气体是可燃的或油中溶解气体分析结果异常，应综合判断确定变压器是否停运。④气体保护动作跳闸时，在查明原因消除故障前，不得将变压器投入运行。

（5）变压器故障跳闸的处理。按变压器故障的原因，一般可分为电路故障和磁路故障。电路故障主要指线圈和引线故障等，常见的有线圈的绝缘老化、受潮，分接开关接触不良，过电压冲击及二次系统短路引起的故障等。磁路故障一般指铁芯、轭铁及夹件间发生的故障，常见的有硅钢片短路、穿心螺丝及轭铁夹件与铁芯间的绝缘损坏。变压器故障跳闸后，应立即查明原因。如综合判断证明变压器跳闸不是由于内部故障所引起的，可将变压器重新投入运行，若变压器有内部故障的征兆时，应做进一步检查。

3.4.2　干式变压器异常运行与故障分析

干式变压器和油浸式变压器一样，都是变压器的一种，但干式变压器具有体积小、维修方便的优势，与此同时，干式变压器系统在使用过程中也存在着很多问题，如绝缘故障、温升过高、铁芯故障以及自动装置跳闸等，这些都会影响其正常运行。下面就干式变压器的常见故障进行分析，并给出解决故障的措施。

1. 绝缘能力降低

变压器在运行中，往往会出现绝缘能力降低的现象。绝缘能力降低最基本的特点是绝缘电阻下降，以致造成运行时泄漏电流增加，发热严重温升增高，从而进一步促进绝缘老化，如延续下去，后果非常严重。绝缘能力降低的原因包括绝缘受潮和绝缘老化。

2. 温升过高

温升过高最明显的特征是电流表指针超过了预定界限，变压器发热，严重时保护装置动作，切断电路。温升过高的原因包括：

（1）电流过大，负荷过重，超过变压器允许限度，Y/Y 连接的变压器，当三相负载不平衡时零序电流过大也会发生过热。变压器夹紧螺栓松动磁阻增大，无功负荷增大，在同样有功负荷时产生过流。

（2）通风不良，变压器表面积尘，风道阻塞，环境温度升高等。

（3）变压器内部损坏，如线圈损坏、短路等。

3. 声响异常

变压器运行正常时发出连续匀称的嗡嗡声，各型变压器的声音大小不一，变压器大，声音也会大。有的变压器铁芯不是交错叠装，而是先叠成整块后用螺栓压紧的，所以运行时声音较大，但是这种声音每次听起来都无变化，这对正常运行并没有影响，若发现声音异常，则应根据声响性质进行检查。运行时声音异常增大时，一要检查是否外加电压过高，二要检查铁芯是否松动。变压器发出"吱吱"声时，说明可能有闪络放电现象。

4. 变压器自动装置跳闸

变压器自动装置跳闸时应检查外部有无短路、过负荷和二次线路等故障，如故障原因不在外部，则需要检查绝缘电阻。

第 4 章　互感器

在电力系统发电、输电、变电、配电和用电等环节都要用电工仪表对其进行监测，用普通仪表直接测量系统中的高电压、大电流是不可能的。因此采用与变压器相同的电磁感应原理装置将系统中的高电压、大电流按一定比例变换成低电压、小电流进行测量。通过监测低电压、小电流，再按比例折算成被测电压、电流的实际值，以达到监测高电压、大电流系统的各种运行状态和参数的目的，这种与一般变压器目的不同的装置称为仪用互感器，简称互感器。

互感器可以使仪表、继电器等二次设备与主电路绝缘，提高一、二次电路的安全性和可靠性，并有利于人身安全。同时，系统中的多种电压、电流经互感器变成统一的电压（线电压 100V）、电流（5A）标准值，使测量仪表、继电器生产低压小型化、标准化、系列化，并简化结构，降低成本，有利于批量生产。

4.1　电流互感器

电流互感器（文字符号为 TA）是依据电磁感应原理将一次侧大电流转换成二次侧小电流进行测量的仪器。电流互感器由闭合的铁芯和绕组组成。它的一次侧绕组匝数很少，串在需要测量的电流的线路中。

4.1.1　电流互感器的结构原理

电流互感器的基本结构原理如图 4-1 所示。它的结构特点是：一次绕组匝数很少（通常仅一匝、二匝），且一次绕组导体截面大，与被测电路串联；二次绕组匝数很多，导体截面小，与仪表、继电器等的电流线圈相串联，形成一个闭合回路。由于仪表或继电器的电流线圈阻抗很小，所以运行中电流互感器相当于变压器短路运行时的情况，这是电流互感器与变压器的重要区别之一。

电流互感器的一次绕组与被测电路串联，流过一次绕组的电流的大小由负载的大小决定，而与串联在二次绕组回路的负载阻抗无关。这是电流互感器区别于变压器的又一个重要特点。

电流互感器运行时，铁芯中的磁通是一次磁势和二次磁势共同作用的结果，忽略励磁电流，依据磁势平衡式 $I_1 N_1 = -I_2 N_2$ 可得：

$$K = \frac{I_1}{I_2} = \frac{N_2}{N_1}$$

式中，K 为电流互感器的变比。一次电流等于二次电流乘以变比。可见，利用原、副绕组匝数不同，可将线路上的大电流变成小电流来测量。

电流互感器二次额定电流一般为 5A，低压电流互感器一次电流为 5 ～ 25 000A。

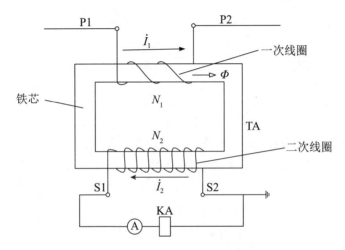

图 4-1　电流互感器基本结构原理图

4.1.2　电流互感器的接线方式

在三相电路中电流互感器的接线方式是指电流互感器与电路中的继电器、仪器、仪表等的连接方式，不同的连接方式的用途及其对系统中电流的反映各有不同，下面针对电流互感器在三相电路中常见的几种接线方式的特点进行介绍。

1．单相式接线

单相式接线只由一只电流互感器组成，电流线圈通过的电流反映一次电路相应相的电流，接线简单，如图 4-2 所示。它可以用于小电流接地系统零序电流的测量，也可以用于负荷平衡的三相电路中电流的测量及过负载保护等。

2．两相不完全星形接线

两相不完全星形接线由两相电流互感器组成，与三相星形接线相比，它缺少一只电流互感器（一般为 B 相），所以称之为不完全星形接线，如图 4-3 所示。它一般用于中性点不接地的小电流接地系统（如 6 ～ 10kV 高压电路中）的测量和保护回路，在继电保护装置中，可反映各类相间故障，但不能反映接地故障。

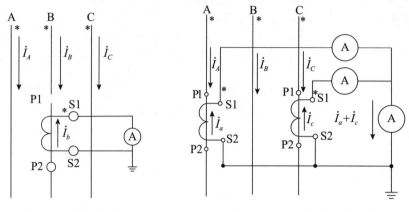

图 4-2　单相式接线　　　　　　图 4-3　两相不完全星形接线

3. 两相差接线

两相差接线仅用于三相三线制电路中，中性点不接地，也无中性线，这种接线方式的优点是不但节省一只电流互感器，而且可以用一只继电器反映三相电路中的各种相间短路故障，即用最少的继电器完成三相过电流保护，节省投资，如图 4-4 所示。但故障形式不同，其灵敏度不同。这种接线方式可用于 10kV 及以下的配电网作相间短路保护，但由于此种保护灵敏度低，现在已经很少用了。

4. 三相星形接线

互相星形接线中的三个电流线圈正好反映各相的电流，被广泛用在负荷一般不平衡的三相四线制系统（如 TN 系统）中，也用在负荷可能不平衡的三相三线制系统中，作为三相电流、电能测量及过电流保护之用，如图 4-5 所示。

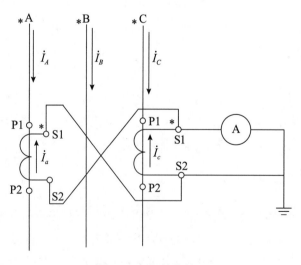

图 4-4　两相差接线

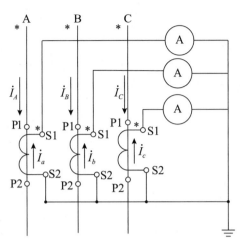

图 4-5 三相星形接线

4.1.3 电流互感器的类型

电流互感器的类型很多。按一次绕组的匝数分，有单匝式（包括母线式、芯柱式、套管式）和多匝式（包括线圈式、线环式、串级式）两大类。按一次电压分，有高压和低压两大类。按用途分，有测量用和保护用两大类。按准确度等级分，测量用电流互感器有 0.1、0.2、0.5、1 和 3 五个等级，保护用电流互感器有 5P 和 10P 两个等级。（5P 的最大复合误差为 5%，10P 的最大复合误差为 10%）。

4.1.4 电流互感器的型号

高压电流互感器多制成不同准确度等级的两个铁芯和两个二次绕组，分别接测量仪表和继电器，以满足测量和保护的不同要求。电流互感器全型号的表示和含义如图 4-6 所示。

电流互感器的型号有很多，现以 10kV 系统常用的两种电流互感器型号为例简要介绍。

LZZBJ9—10 型电流互感器，在额定频率为 50Hz、额定电压为 10kV 及以下电力系统中做继电保护或电流测量用，其型号含义如图 4-7 所示，安装尺寸如图 4-8 所示。

4.1.5 电流互感器的额定参数

电流互感器在规定的使用环境和运行条件下，其主要技术数据一般都标注在电流互感器的铭牌上。主要包括额定电流、变比、额定容量、准确度、电流互感器的极性等。

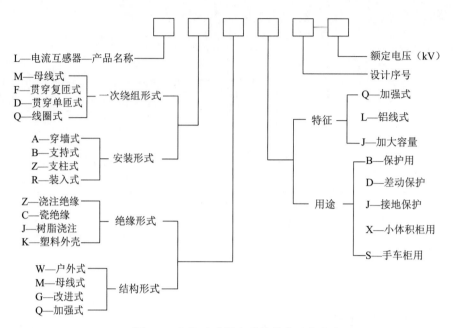

图 4-6　电流互感器全型号的表示和含义

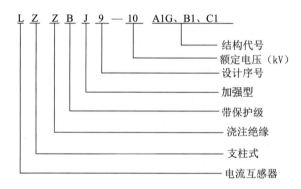

图 4-7　LZZBJ9—10型电流互感器型号含义

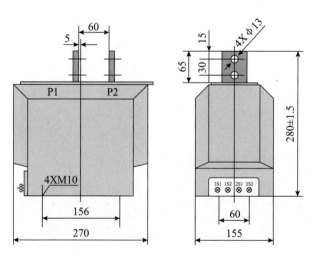

图 4-8　LZZBJ9—10型电流互感器安装尺寸图

1. 额定电流

电流互感器的额定电流有一次额定电流和二次额定电流。

（1）一次额定电流：电流互感器的一次额定电流应大于一次设备的最大负载电流。其一次额定电流越大，所能承受的短时动稳定及热稳定的电流值越大。

（2）二次额定电流：目前，在电力系统中普遍采用的电流互感器的二次额定电流有两种，即 5A 和 1A。在各种条件相同的情况下，电流互感器的二次额定电流为 5A 时的二次功耗，为二次额定电流为 1A 时的二次功耗的 25 倍（$P = I^2 R$）。

2. 变比

变比是电流互感器的重要参数之一，其值等于一次额定电流与二次额定电流之比。变比的选择，首先应考虑额定工况下测量仪表的指示精度，满足继电保护及自动装置额定输入电流及工作精度的要求。

3. 额定容量

电流互感器的额定容量，指的是额定输出容量，即允许接入的二次负荷视在功率 S_N（VA）。电流互感器容量通常用额定二次负载阻抗（Ω）来表示，该容量应大于额定工况下的实际输出容量。

4. 准确度

电流互感器的准确度，是其电流变换的精确度。目前，国内采用的电流互感器的准确度等级有六个，即 0.1、0.2、0.5、1、3、5 级。电流互感器的准确度等级实际上是相对误差标准。0.1 级属精密测量用。而在工程中通常根据负载性质来确定准确度等级，电能计量时选用 0.5 级，电流测量时选用 1 级，继电保护时选用 3 级，差动保护时选用 5 级。

5. 电流互感器的极性

与普通变压器的原理相同，铁芯中交变的主磁通在一、二次绕组中感应出交变电动势，这种感应电动势的大小、方向随时间不断地做同期性变化。如果在某一瞬间一次绕组某端达到最大值，二次绕组两端中必有一个达到最大值，同时达到最大值的一次、二次侧绕组的对应端称为同极性或同名端。

电流互感器的一次侧（大电流）接到被测线路中，用字母"P"表示；二次侧（小电流）接入控制、测量回路，用字母"S"表示。数字相同表示同极性，也就是说，用"P1"表示一次侧首端，用"P2"表示一次侧尾端；用"S1"表示二次侧首端，用"S2"表示二次侧尾端。

4.1.6 零序电流互感器

零序电流互感器是漏电保护器的检测元件，它的主要功能是检测通过互感器铁芯的主电路的触电、漏电等接地故障电流，并将一次回路的剩余电流变换成二次回路的输出电压。零序电流互感器是漏电保护器中最关键的部件之一，用来检测零序电流，因此称为零序电流互感器。它的构造与普通穿芯式互感器相似，只是它的一次绕组是被保护对象的三相导线（三个相的导线一起穿过互感器环形铁芯），二次绕组反映的是一次系统的零序电流。 根据结构的不同，零序电流互感器分为整体式和组合式两类，目前 10kV 系统中常用的零序电流互感器主要就是这两种。零序电流互感器的使用方法和安装要求如下：

（1）接地线须采用铜绞线或镀锡铜编织线，接地线的截面不应小于 25 mm²，接地线应使用接地端子安装在接地排上。

（2）零序电流互感器须注意同名端，电缆由零序电流互感器正面"P1"侧穿入，则 P1、S1 为同名端。

（3）应保证选用的零序电流互感器内径大于电缆终端头外径。

（4）组合式零序电流互感器的两部分应配套使用，不可与其他互感器互换。

（5）整体式零序电流互感器的安装应在电缆终端头制作前进行，电缆穿过零序电流互感器。

（6）零序电流互感器应装在开关柜底板上面，应有可靠的支架固定。

（7）施工中尽量不要拆动零序电流互感器，如必须拆动，工作完结必须恢复原状，避免造成电流互感器二次线圈开路。

（8）电缆终端头穿过零序电流互感器后，电缆终端头金属护层和接地线应对地绝缘，电缆接地线与电缆屏蔽的接地点在互感器以下时，接地线应直接接地，如图 4-9 所示。

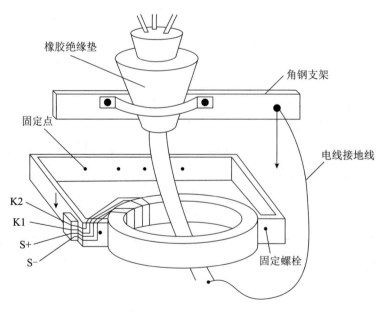

图 4-9　接地线直接接地

（9）电缆终端头穿过零序电流互感器后，电缆终端头金属护层和接地线应对地绝缘，电缆接地线与电缆屏蔽的接地点在互感器以上时，接地线应穿过零序电流互感器后接地，如图4-10所示。

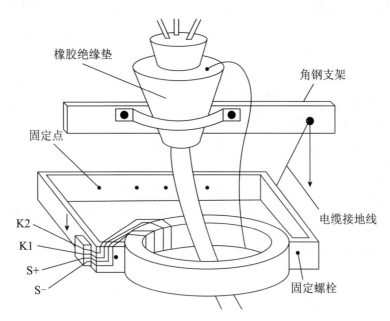

图4-10　接地线穿过零序电流互感器后接地

4.1.7　电流互感器二次侧的相关要求

电流互感器二次侧在接线方面或处理故障时有着严格的要求和规定，以防止电流互感器二次侧开路造成事故，具体应按如下要求和规定执行。

1. 电流互感器二次侧接线要求

电流互感器二次侧接线要求回路不允许有开关、不允许有保险、不允许有接头，导线截面不得小于 2.5mm² 独股铜导线，电流互感器二次回路的接地点应在端子 S2 处，闲置不用的二次线圈必须短接并接地。

正常运行的电流互感器，铁芯中的磁通很少，原、副绕组中的感应电动势很低。若互感器副边开路、副边磁势为零，铁芯中的磁通剧增，这将在副绕组中产生很高的感应电动势，会造成绝缘击穿、设备损坏，甚至危及工作人员安全，所以电流互感器二次侧严禁开路。

在实际应用中，由于二次绕组回路中各测量仪表、继电器等电流线圈是相互串联的，所以连接点多。每一段导线、螺丝压接点的松动都会引起串联等效阻抗值的增加，使误差增大。严重时会引起开路，出现故障，应特别注意。

2. 电流互感器严禁二次侧开路

当电流互感器次级绕组开路时，此时一次电流如果没有变化，二次回路断开或者电阻很大，那么二次侧的电流为0或者非常小，二次线圈或铁芯的磁通量就很小，不能抵消掉一次磁通量。此时一次电流全部变为励磁电流，使铁芯饱和，这个变化是突然的，叫作突变，它的磁通密度高达几个特斯拉以上。磁通密度突变，二次电压很高（可达几千伏）。

电流互感器若发生二次侧开路将产生以下严重后果：

（1）二次侧绕组开路后，将在副绕组中产生很高的尖峰波电压（可达几千伏），高电压可能击穿电流互感器的绝缘，使整个配电设备外壳带电，造成设备损坏，严重时危及人身安全。

（2）铁芯损耗增加，发热严重，有烧坏绝缘的可能。

（3）铁芯中将产生剩磁，使电流互感器变比误差和相角误差加大，影响计量准确性。

3. 电流互感器二次侧开路故障的处理

由电流互感器二次侧绕组开路时的工作原理可知，二次侧一旦开路将会对人身和设备的安全产生严重的威胁。

电流互感器发生二次侧开路故障时应按如下步骤处理：

（1）应尽可能停电处理。

（2）如不能停电，也要设法转移或降低一次负载电流，待渡过负载高峰后，再停电处理。

（3）如果是因二次回路中螺丝压接点上的螺丝松动而造成的开路，在尽可能降低负载电流和采取必要的安全措施（有监护人，注意操作者身体各部位距带电体的安全距离，戴绝缘手套，使用基本绝缘的安全用具等）的情况下，可以不停电修理。这项操作视为带电作业，要按带电作业的情况制定安全措施并实施。

（4）如果是高压电流互感器二次绕组出线端口处开路，则限于安全距离，人员不能靠近，必须在停电以后才能处理。

4.1.8 电流互感器常见故障分析

仪器在使用过程中都会出现或大或小的故障，为了保证电流互感器整个使用过程的稳定与安全，我们需要了解其出现故障的原因，然后及时解决，这样才能确保电流互感器正常工作。下面介绍一下电流互感器的常见故障现象以及产生故障的原因。

1. 电流互感器过热

电流互感器过热的故障现象是有异常气味甚至冒烟。产生故障的原因主要是：电流互感器二次开路；电流互感器一次负荷电流过大； 套管受外力机械损伤使绝缘损伤，泄漏电流增大。

2. 电流互感器内部有放电声音

电流互感器内部有放电声音的故障现象是声音异常，引出线与外壳间有火花放电痕迹或现象。产生故障的原因是：绝缘老化、受潮引起漏电，互感器表面绝缘半导体涂料脱落。

3. 电流互感器主绝缘对地击穿

电流互感器主绝缘对地击穿的故障现象是单相接地，表针指示不正常。产生故障的原因是：绝缘老化、受潮、系统过电压以及制造工艺缺陷，造成主绝缘对地击穿，单相接地故障。

4. 一次或二次绕组匝间或层间短路

一次或二次绕组匝间或层间短路的故障现象是电流表等表针指示不正常。产生故障的原因是：绝缘老化、受潮、制造工艺缺陷、二次绕组开路产生高压使得二次绕组过电压，使二次匝间或层间绝缘损坏等。

4.2 电压互感器

电压互感器（TV）又称仪用变压器。它是一种把高电压变为低电压并在相位上与原来保持一定关系的仪器。它的用途是把高电压按一定的比例缩小，使低压线圈能够准确地反映高电压量值的变化，以解决高电压测量的困难。同时，由于它可靠地隔离了高电压，从而保证了测量人员和仪表及保护装置的安全。

4.2.1 电压互感器的基本结构原理

电压互感器的基本结构原理与电力变压器相同，如图 4-11 所示。它的结构特点是：一次绕组匝数很多，而二次绕组匝数很少，相当于降压变压器。工作时，一次绕组并联在一次电路中，而二次绕组并联仪表、继电器的电压线圈。由于这些电压线圈的阻抗很大，所以电压互感器工作时二次绕组接近空载状态。

二次电压 U_2 与一次电压成比例，反映了一次电压的数值。一次额定电压 U_{1N} 多与电网的额定电压相同，二次额定电压 U_{2N} 一般为 100V、$\frac{100}{\sqrt{3}}$ V、$\frac{100}{3}$ V。

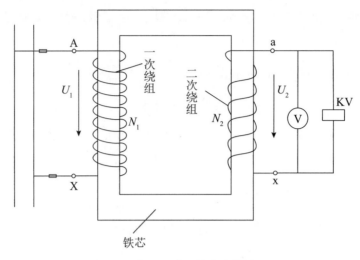

图 4-11　电压互感器基本结构原理图

电压互感器的一、二次绕组额定电压之比称为电压互感器的额定变比 K_N，则

$$K_N = \frac{U_{1N}}{U_{2N}} = \frac{U_1}{U_2} = \frac{N_1}{N_2}$$

式中，N_1、N_2 分别为电压互感器原、副绕组的匝数。

由上式可知，若已知二次电压 U_2 的数值，便能计算出一次电压 U_1 的近似值，为

$$U_1 = K_N U_2$$

由于电压互感器的原绕组是并联在一次电路中的，与电力变压器一样，其二次侧不能短路，否则会产生很大的短路电流，烧毁电压互感器。同样，为了防止高、低压绕组绝缘击穿时，高电压窜入二次回路造成危害，必须将电压互感器的二次绕组、铁芯及外壳接地。

4.2.2　电压互感器的接线方式

在三相电路中电压互感器的接线方式是指电压互感器与电路中的继电器、仪器、仪表等的连接方式，不同的连接方式的用途及其对系统中电压的反应各有不同，下面仅对电压互感器在三相电路中常见的几种接线方式进行介绍。

1. 一台单相电压互感器的接线方式

一台单相电压互感器的接线原理图如图 4-12 所示，图形符号如图 4-13 所示，这种接线方式主要用于大电流接地系统，用来判断线路无电压或同期，二次侧可接仪表和继电器。一般应用于 330kV、500kV 电压等级下的配电系统中，目前这种接线方式用得很少。

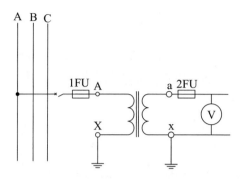

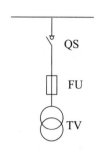

图 4-12　一台单相电压互感器接线原理图　　　图 4-13　单相电压互感器的图形符号

2. 两台单相双绕组电压互感器接成 V/V 形接线

两台单相双绕组电压互感器接成 V/V 形接线又称为不完全星形接线，其接线原理图如图 4-14 所示，图形符号如图 4-15 所示。这种接线方式广泛应用于中性点不接地或经消弧电抗器接地的系统，可以用来测量三个线电压，用于连接线电压表、三相电能表及电压继电器等。其优点是接线简单，经济，由于一次线圈没有接地点，减少系统中的对地励磁电流，避免产生内部（操作）过电压，为了保证安全，通常将二次绕组 V 相接地。这种接线方式只能测量线电压和相对系统中性点的相电压，不能测量相对地电压，不能起到绝缘监察作用或做接地保护用，因此其使用有局限性。

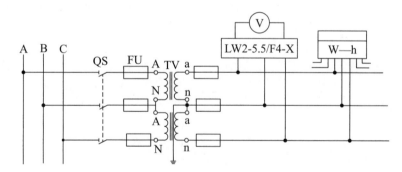

图 4-14　两台单相电压互感器 V/V 形接线原理图

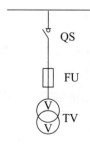

图 4-15　单相电压互感器 V/V形接线的图形符号

3. 三台单相三绕组电压互感器接成 Y/Y 形接线

三台单相三绕组电压互感器接成 Y/Y 形接线原理图如图 4-16所示，图形符号如图 4-17所示。这种接线方式能测量相电压和线电压，以满足仪表和继电保护装置的要求。在一次绕组中性点接地的情况下，也可安装绝缘监察电压表。

这里要说明的是，一次绕组接成星形，互感器接于相—地之间，因此，测量的是相对地电压，而并非各相与中性点之间的电压，一次绕组接地属于工作接地。

因为电压互感器的一次绕组阻抗极高，即使是在中性点直接接地或经消弧线圈接地的系统中，即便电压互感器一次绕组中性点接地，也并不表示该系统中性点接地。

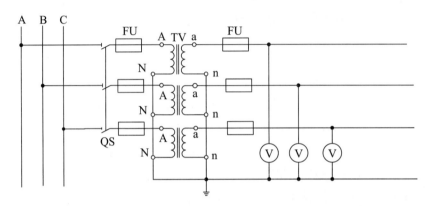

图 4-16　三台单相电压互感器 Y/Y形接线原理图

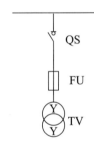

图 4-17　单相电压互感器 Y/Y 形接线的图形符号

4. 一台三相五芯柱三绕组电压互感器接成 $Y_0/Y_0/D_0$ 形接线

一台三相五芯柱三绕组电压互感器接成 $Y_0/Y_0/D_0$ 形接线的接线方式在 10kV 中性点不接地系统中应用广泛，它既可测量线电压、相电压，也能组成绝缘监察装置和供单相保护用。它有两套二次绕组，Y 形接线的二次绕组称作基本二次绕组，供电给需线电压或相电压的仪表及继电器；开口三角形（△）接线的二次绕组称为辅助二次绕组，接绝缘监察过电压继电器。三相五芯柱三绕组电压互感器的接线原理图如图 4-18 所示，图形符号如图 4-19 所示。

一次电压正常工作时，由于三个相电压对称，相电压为 $\dfrac{10\,000}{\sqrt{3}}$ V，二次侧星形接

法的相电压为 $\frac{100}{\sqrt{3}}$ V，而开口三角形 D_0 的辅助二次绕组两端的电压接近于零。对于小

电流接地系统，二次侧开口三角形接法的辅助二次绕组的每相相电压理论上应为 $\frac{100}{3}$ V。

当系统中任何一相发生金属性接地时，开口三角形接线的辅助二次绕组两端将出现约为

100V 的零序电压；如果一次系统某相发生非金属性接地故障时，比如 A 相接地，非故

障相电压升高为原来的 $\sqrt{3}$ 倍，即 B 相电压 U_b 实际上是原来的 U_{ba}，C 相电压 U_c 实际

是原来的 U_{ca}，实际上就是相电压变成了线电压，则开口三角形接线的辅助二次绕组两

端将产生 $\frac{100}{3} \times \sqrt{3}$ V 的压降，因此 D_0 的辅助二次绕组两端将出现近 60V 的零序电压，

通常与其串接的电压继电器 KV 动作电压整定值为 $25 \sim 40$V，使过电压继电器动作，

发出系统接地报警信号。

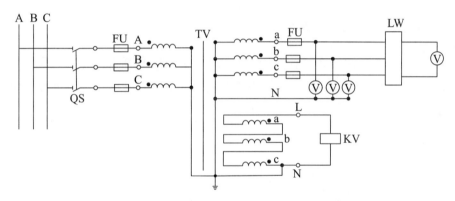

图 4-18　一台三相五芯柱三绕组电压互感器接线原理图

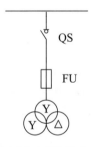

图 4-19　三相五芯柱三绕组电压互感器结成 $Y_0/Y_0/D_0$ 形接线的图形符号

4.2.3　电压互感器的类型和型号

电压互感器按相数分，有单相和三相两类。按绝缘及其冷却方式分，有干式（含环
氧树脂浇注式）和油浸式两类。电压互感器全型号的表示和含义如图 4-20 所示。

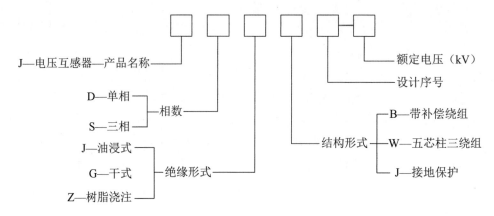

图 4-20　电压互感器全型号的表示和含义

下面介绍三种典型电压互感器的结构。

1. JSJW-10 型电压互感器

JSJW-10 型电压互感器为三相三绕组五铁芯柱式油浸电压互感器,适用于户内。在 10kV 配电系统中供测量电压(相电压和线电压)、电能、功率、功率因数和做继电保护以及绝缘监察使用。

2. JDZJ-10 型电压互感器

JDZJ-10 型电压互感器为单相三绕组,浇注式绝缘,户内安装。适用于 10kV 配电系统中,供测量电压、功率和电能及做接地继电保护用。

3. JDZ-10 型电压互感器

JDZ-10 型电压互感器为单相两线圈、环氧树脂浇注绝缘、户内型产品。适合在交流 50Hz、10kV 及以下中性点不直接接地系统中使用,供测量电压、电能和功率以及做继电保护、自动装置和信号装置用。JDZ-10 型电压互感器一次线圈的出线端子标志为 A、N,其二次线圈的出线端子标志为 a 和 n。其外形及安装尺寸如图 4-21 和图 4-22 所示。

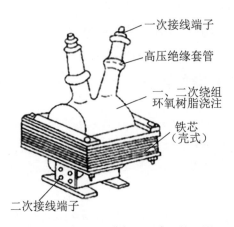

图 4-21　JDZ-10 型电压互感器外形图

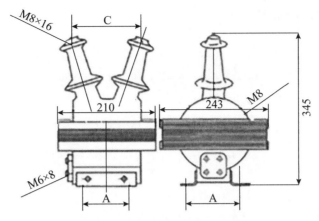

图 4-22 JDZ-10 型电压互感器安装尺寸图

4.2.4 电压互感器的额定参数

电压互感器在规定的使用环境和运行条件下，其主要技术数据一般都标注在电压互感器的铭牌上。主要包括额定电压、变比、额定容量、极限容量、准确度、电压互感器的极性等。

1. 额定电压

1）一次绕组额定电压

电压互感器一次输入的电压就是所接电网的电压。因此，其一次额定电压的选择值应与相应电网的额定电压相符，其绝缘水平应保证能长期承受电网电压，并能短时承受可能出现的雷电过电压、操作过电压及异常运行方式下的过电压。

2）基本二次绕组及辅助二次绕组额定电压

在电力系统中，有一种电压互感器为三绕组电压互感器。匝数多的绕组为一次绕组，有两个二次绕组，一个用于测量相电压或线电压，另一个用于测量零序电压。通常，将用于测量相电压或线间电压的绕组叫作基本二次绕组，另一个绕组叫作辅助二次绕组。保护用单相电压互感器的基本二次绕组及辅助二次绕组的额定电压通常有 100V（线电压）、57.7V（相电压）、100/3V（开口三角形端电压）三种。10kV 系统的电压互感器，其基本二次绕组、辅助二次绕组的额定电压值则分别为 57.7V 及 100/3V。

2. 变比

电压互感器的变比等于其一次额定电压与二次额定电压的比值。10kV 系统中的电压互感器的电压比均为 10/0.1kV，即变比 $K_U=100$。

3. 额定容量和极限容量

电压互感器的额定容量指其二次负载功率因数为 0.8，并能确保其电压变换准确度（变比误差、相角误差）时互感器的最大输出容量。

极限容量是当一次电压为 1.2 倍额定电压时，在其各部位的温升不超过规定值的情况下，二次侧能连续输出的功率值。除特殊情况及瞬时负荷外，一般正常运行情况下，二次负荷不应达到这个容量。

4. 准确度

电压互感器的准确度，实际上就是电压互感器的误差。电压互感器测量误差分为两种：一种是变比误差（电压比误差），另一种是角误差（相角误差）。

5. 电压互感器的极性

单相电压互感器的一、二次绕组端子分别标以 A、N 和 a、n，端子 A 与 a、N 与 n 各为对应的"同名端"或"同极性端"；而三相电压互感器，一次绕组端子分别标以 A、B、C、N，二次绕组端子分别标以 a、b、c、n，A 与 a、B 与 b、C 与 c、N 与 n 分别为"同名端"或"同极性端"，其中 N 与 n 分别为一、二次三相绕组的中性点。电压互感器连接时端子极性不能错接，否则会造成计量出错或继电保护误动作等后果。

4.3 互感器运行中的巡视检查和故障处理

为完善互感器设备管理机制，使其达到制度化、规范化，保证设备安全、可靠和经济运行，提出了互感器运行中的巡视检查和故障处理的具体要求。电压互感器和电流互感器的运行工作比较接近，因此合并在一起进行讲解。

4.3.1 仪用互感器运行

仪用互感器是一种特殊的变压器，指用以传递信息供给测量仪器、仪表和保护、控制装置的变换器，也称测量用互感器，是测量用电压互感器和测量用电流互感器的统称。

1. 仪用互感器运行的一般要求

仪用互感器运行的一般要求如下：

（1）互感器必须满足仪表、保护装置对容量和精确度等级的要求，电压互感器不允许过负荷运行，电流互感器二次负载不得超过铭牌规定。

（2）仪用互感器运行中一次电压、电流不得超过互感器额定值的 120%。

（3）运行中电压互感器二次侧不得短路。电流互感器二次侧不得开路。

（4）6～35kV 电压互感器一次侧必须装有合格的熔断器，二次侧安装熔断器或空气断路器。

（5）当电压互感器停电时，应断开电压互感器二次回路，以免从二次侧反送电，危及人身设备安全。

（6）更换互感器和变更二次回路，与断电器保护和计量有关时，应通知专业人员，经试验和传动试验无误后方可投入运行。

2．互感器运行检查

互感器运行检查主要包括正常运行巡检、异常情况的上报及其他异常故障的处理。

1）互感器正常运行巡视检查内容

互感器正常运行巡视检查的主要内容如下：

（1）瓷瓶、套管应完好，无裂纹及放电痕迹。

（2）互感器一、二次引线各部位连接点应无过热及打火现象。

（3）互感器投入运行后应检查表针指示是否正常。

（4）互感器本身无异常声音，无严重渗漏油，无异常气味。

2）互感器运行异常情况上报

互感器运行发现下列异常情况时应立即报告上级供电部门有关单位：

（1）内部有异常声音或放电声。

（2）套管破裂或闪络放电。

（3）有异味、跑油和冒烟。

（4）电压互感器输出异常。

3）互感器运行中出现其他异常的处理

互感器运行中出现其他异常的处理方法如下：

（1）35kV 及以下电压互感器高压熔断器发生一相熔断时，经外观检查无异常时，应立即更换熔断器试发，试发不成功或熔断两相及以上时，不可再试发，应对互感器进行绝缘摇测检查，无问题后方可恢复运行。

（2）发现电流互感器有异常声音或二次回路有打火现象，应进行分析，判定为二次侧开路时，应减少一次负荷，原则上安排停电处理，退出有关保护，或设法将开路点短接。

（3）当发现仪表有明显异常指示时，应立即查找原因，判断是否为互感器故障引起，并迅速处理。

4.3.2　电压互感器的熔断器保护

电压互感器通常安装在变配电所电源进线侧或母线上，如果对电压互感器保护不当，会直接影响高压系统的供电可靠性，因此在电压互感器一、二次侧都应装设熔断器进行保护。通俗地讲，熔断器就是在大电流的条件下能断开回路的一种保护设备。

1. 电压互感器的熔断器的作用及熔丝的选择

为防止高压系统受电压互感器本身故障或一次侧引线故障的影响，应在电压互感器一次侧（高压侧）安装熔断器保护。

10kV 电压互感器采用 RN2 型（或 RN4 型）户内高压熔断器，这种熔断器熔体的额定电流为 0.5A，1min 内熔丝熔断电流为 0.6A ~ 1.8A，最大开断电流为 50A，三相最大断流容量为 1000MV·A，熔体具有（100±7）Ω 的电阻，且熔管采用石英砂填充，因此这种熔断器具有很好的灭弧性能和较大的断流能力。

电压互感器一次侧熔丝额定电流，是根据其机械强度允许条件而选择的最小值，它比电压互感器的额定电流要大很多倍，因此二次回路发生过电流时，有可能不熔断，也就是说不可能给二次回路提供可靠的保护。为了防止电压互感器二次回路发生短路所引起的持续过电流损坏互感器，在电压互感器二次侧还需装设低压熔断器，一般户内配电设备装置的电压互感器选用 10/3-5A 型，户外装置的电压互感器可选用 15A/6A 型。常用的二次侧低压熔断器型号有 R1 型、RL 型及 GF16 型或 AM16 型等，户外装置通常选用 RM10 型。

2. 电压互感器的熔断器熔丝熔断的原因

电压互感器在运行过程中，高压侧熔丝熔断是时有发生的，归纳起来有以下几方面原因：

（1）电压互感器一次侧引线部位短路或本身内部一次或二次绕组短路（单相接地或相间短路）。

（2）电压互感器二次侧短路，而二次侧熔断器由于熔丝选择过大而未能及时熔断，造成一次侧熔丝熔断。

（3）系统发生过电压（如单相间歇性电弧接地过电压、铁磁谐振过电压、操作过电压等）使电压互感器铁芯迅速饱和，励磁电流骤增，引起一次熔丝熔断。

3. 电压互感器的熔断器熔丝熔断后的现象及处理方法

在实际运行中高压熔断器熔丝熔断是经常发生的问题，如果在故障发生后不能得到及时处理，将会进一步导致故障的影响范围扩大，特别是在不同的运行条件、环境状况下，其故障原因可能完全不同，只有准确分析判断故障原因，才有可能采取具有针对性的防范措施。

1）电压互感器的熔断器一、二次侧一相熔丝熔断后的现象

在 10kV 中性点不接地系统中，采用绝缘监视的三相五柱电压互感器（如 JSJW-10

或 JDZJ- 10 型），其常用的接线方式如图 4-18 所示。

运行中的电压互感器发生一相熔丝熔断后，电压表指示值具体变化与二次回路所接入的设备状态有关，此处省略分析过程，只给出结论。

正常运行时，由于三相交流电动势为对称的正强交流电动势，开口三角形两端零序电压等于零。

在运行中，当高压侧一相熔丝熔断后，电压表指示为：相电压表熔断相指示值降低，但不为零，非熔断相电压表指示值正常，即为"一变，两不变"。线电压表指示值与熔断相有关的降低，与熔断相无关的指示正常，即为"两变，一不变"。高压侧一相熔丝熔断时，二次开口三角形端子处产生一个约 33V 的电压，开口三角形两端接入的电压继电器 KV 的整定值为 25 ～ 40V，有可能动作，而发出接地误报警。

在运行中，当低压侧一相熔丝熔断后，电压表指示为：相电压表熔断相指示值为零，非熔断相指示值正常。线电压表与熔断相有关的指示值降低，为正常值的一半，与熔断相无关的指示值正常。概括为"一变，两不变；两变，一不变"。

2）运行中电压互感器的熔断器熔丝熔断后的处理

电压表指示值发生上述变化，是对熔断器熔丝熔断的初步判断，还应进一步用仪表判断确定。

运行中的电压互感器，当熔丝熔断后（通过观察电压表的指示值判断），应首先用仪表确定故障点（熔丝熔断点）是在一次侧还是二次侧，应先检查二次侧的熔断器，将万用表的档位开关置于交流电压 250V 档（量限为 0 ～ 250V），通过测量二次侧各相熔丝两端电压来确定，如果没有电压值，说明该熔丝是完好的；如果有电压值，说明该熔丝已熔断。二次侧如无熔丝熔断（三个熔丝两端均无电压），说明一次侧熔断器熔丝熔断。

低压二次侧熔丝熔断后，应更换符合规格的熔丝试送电。如再次熔断，说明二次回路有故障，应进一步排查并排除故障。

高压熔丝熔断的处理：10kV 及以下的电压互感器运行中发生高压熔丝（一次侧装设的熔丝）熔断故障时，应首先将电压互感器退出运行，即拉开电压互感器高压侧隔离开关，为防止互感器返送电应取下二次侧低压熔断器中的熔丝管。经验证电压互感器一次侧、二次侧绕组两端确实无电后，才可进行检查。仔细检查一次侧引线及瓷套管部位有无明显故障点（如异物短路、瓷套管破裂、漏油等），注油塞处有无喷油现象以及有无异常气味等，必要时应摇测绝缘电阻。在确认无异常情况下，应戴高压绝缘手套和使用绝缘夹钳进行更换高压熔丝工作，更换合格的熔丝，进行试送电。如再次熔断，说明互感器内部及一次侧引线部分有短路故障，应进一步检查并排除故障。

4. 电压互感器的熔断器高压熔丝更换的安全注意事项

电压互感器的熔断器高压熔丝更换应遵守如下安全注意事项：

（1）应有专人监护，工作中注意身体各部位保持与带电部分的安全距离（不小于

0.7m），防止发生人身触电事故。

（2）停用电压互感器应事先取得有关负责人的许可，应考虑对继电保护、自动装置和电能计量的影响，必要时将有关保护、自动装置暂时停用，以防误动作。

（3）更换熔丝必须采用符合标准的熔断器，不能用普通熔丝代替，否则电压互感器一次侧一旦发生故障，普通熔丝不能限制短路电流和熄灭电弧，很可能发生烧毁设备和大面积停电的重大事故。

4.3.3　电压互感器的绝缘监察

在中性点不接地系统中，任何一处发生接地故障都会使零序电压不再等于零。利用零序电压产生信号，实现对系统故障的监视的装置称为绝缘监察装置。

1. 电压互感器的绝缘监察原理

10kV中性点不接地系统正常运行时，三相对地电压对称，零序电压等于零，三个相电压表指示值基本相等。开口三角形接线的二次辅助绕组两端电压不大于10V（可认为是0伏）。当系统任何一相发生金属性接地故障时，开口三角形接线的二次辅助绕组两端出现约为60V的零序电压；如果一次系统发生非金属性接地故障，则开口三角形接线的二次辅助绕组两端出现小于60V的零序电压，通常与其并接的电压继电器KV动作电压整定值为25～40V。这时电压继电器动作，发出告警信号。

2. 电压互感器绝缘监察故障

在中性点不接地的三相电力系统中，发生一相接地故障时，其故障现象如下：

（1）金属性接地时，接地相对地电压为零，非接地两相对地电压升高到正常相电压的1.732倍，即等于线电压，在各相之间电压大小和相位保持不变。可概括为："一低（接地相对地电压低），两高（非接地两相对地电压高），三不变（各相间电压不变）"。

（2）虽然发生一相接地后，三相系统的平衡没有被破坏（相、线电压大小，相间相位均不变），受电器（负载侧设备）可以继续运行，但由于电源中性点未接地，非接地相对地电压升高，在系统中绝缘薄弱的环节有可能发生击穿事故，造成另一相接地故障，导致两相短路，使事故扩大。因此，不允许长时间一相接地运行，一般规定不超过2h。对于电缆线路，一旦发生单相接地，其绝缘一般不可能自行恢复，因此不宜带接地故障继续运行，应尽快切断故障电缆的电源，避免事故扩大。

（3）单相弧光接地具有更大的危险性，因为电弧易引起两相或三相短路，造成事故扩大。此外断续性电弧还能引起系统内过电压，这种内部过电压的大小能达到4倍相电压，甚至更高，容易使系统内绝缘薄弱的电气设备击穿，造成难以修复的故障。

（4）在单相不完全接地故障时，各相对地电压的变化与接地过渡电阻的大小有关，具体情况比较复杂。在一般情况下，接地相对地电压降低，但不到零，非接地两相对地电压升高，但不相等，其中一相对地电压低于线电压，另一相对地电压可略高于线电压。

3. 电压互感器绝缘监察注意事项

在利用电压互感器绝缘监察装置进行监察时还应注意以下几点：

（1）虽然在中性点不接地系统中，单相接地故障并不影响系统继续运行，但必须及早发现并排除，以防止发展成两相或其他形式的短路故障。

（2）绝缘监察装置必须采用 JSJW-10 型或三台组合接线的 JDZJ-10 型电压互感器，为了实现绝缘监察，电压互感器高压侧绕组、低压侧基本绕组接成星形，中性点均应接地。二次侧辅助绕组连接成开口三角形，在开口三角形两端接有过电压继电器。

（3）目前有些地区（如北京市区）的 10kV 系统采用经小电阻（约 10Ω）接地方式，为了达到单相接地故障保护的目的，用户 10kV 主进线电缆及出线电缆均应加装零序电流互感器及电流继电器构成单相接地保护，当 10kV 系统任一相接地时，零序电流互感器就有电流流过，电流继电器动作，作用于跳闸回路并发出事故信号。

4.3.4 电压互感器的常见故障及处理

电压互感器和电流互感器一样，在使用过程中也会出现各种故障，为了保证电压互感器使用过程的稳定与安全，我们需要了解出现故障的原因，然后及时解决，这样才能确保电压互感器正常工作。

电压互感器的常见故障现象以及产生故障的原因主要包括以下几方面。

1. 电压互感器铁芯层间绝缘损坏

电压互感器铁芯层间绝缘损坏的故障现象为运行中温度升高，并通过试验检查发现空载损耗增大，误差加大。产生故障的可能原因是：铁芯片间绝缘不良，使用环境恶劣或长期高温下运行，促使铁芯片间绝缘老化。

2. 电压互感器接地片与铁芯接触不良

电压互感器接地片与铁芯接触不良的故障现象为铁芯与油箱有放电声。产生故障的原因是：接地片没有插紧，安装螺栓没有拧紧。

3. 电压互感器铁芯松动

电压互感器铁芯松动的故障现象为有不正常的振动和噪声。产生故障的原因是：铁芯夹件未夹紧，铁芯片间有铁片。

4. 电压互感器匝间短路

电压互感器匝间短路的故障现象为温度升高，有放电声响，高压熔丝熔断，二次电压表指示值不稳定（忽高、忽低），通过试验检查发现三相直流电阻不平衡，耐压试验泄漏电流增大，不稳定。产生故障的原因可能是：制造工艺不良，系统过电压，长期过载，绝缘老化。

5. 电压互感器绕组断线

电压互感器绕组断线的故障现象为断线处可能产生电弧，有放电声响，断线相的电压表指示值降低，通过试验检查发现，用万用表电阻档测量线圈不通。产生故障的原因可能是：生产时导线焊接工艺不良，或机械强度不足及引出线接线不合理。

6. 电压互感器绕组对地绝缘击穿

电压互感器绕组对地绝缘击穿的故障现象为高压熔丝连续熔断，可能有放电声响，通过试验检查发现绝缘电阻不合格，交流耐压试验不合格。产生故障的原因可能是：绝缘老化有裂纹缺陷，绝缘油受潮，绕组内有导电杂物，系统过电压击穿或严重缺油。

7. 电压互感器绕组相间短路

电压互感器绕组相间短路的故障现象为高压熔丝熔断，更换后再次合闸立即熔断，油温剧增，甚至喷油冒烟，通过试验检查发现三相间绝缘电阻降低，直流电阻降低，不平衡。产生故障的原因可能是：绝缘老化，绝缘油受潮，严重缺油或绕组制造工艺有缺陷，通常是由对地弧光击穿转化为相间短路。

8. 电压互感器套管间放电闪络

电压互感器套管间放电闪络的故障现象为高压熔丝熔断，套管闪络。产生故障的原因是：电流互感器二次开路，一次负载电流过大。

第 5 章　高压电气

电气是电能的生产、传输、分配、使用和电工装备制造等学科或者工程领域的统称，是指电力电网系统中的发电、供电设备，比如发电机、升压变压器、输电线路、降压变压器、高低压配电屏、高低压开关等电气设备。高压电气是在额定电压 1000V 以上的电力系统中，用于接通和断开电路、限制电路中的电压或电流以及进行电压或电流变换的电气。而电器是指电路上的负载，以及用来控制、调节或保护电路、电机等的设备，现多指家用电器，比如电视机、洗衣机、电冰箱等。

5.1　交流电弧

交流电弧对供电系统的安全运行有很大的影响。电弧的高温可能烧损开关的触头，烧毁电气设备及导线电缆，还可能引起电路的弧光短路，甚至引起火灾和爆炸事故，危及工作人员的人身安全。只有彻底熄灭电弧，不使电弧重燃，电路才是真正断开。

5.1.1　交流电弧的形成及熄灭

电弧实际上是一种能量集中、温度很高、亮度很大的气体放电现象，是一种具有强光和高温的电游离现象。其形成的内因在于触头本身和周围介质中存在着大量可被游离的电子，外因为分断的触头间存在足够大的电压，当同时具备上述两个条件时，触头间便可能产生强烈的电游离而形成电弧。

从另一方面来看，电弧是一束游离的气体，它的质量很轻，在电动力、热力或其他外力作用下能迅速移动、伸长、弯曲和变形，其运动速度可达每秒几百米。

例如，高压开关触头在分断电流时之所以会产生电弧，根本原因在于触头本身及触头周围的介质中含有大量可被游离的电子，在分断的触头之间存在足够大的外施电压的条件下，就有可能发生强烈的电离而产生电弧。

电弧的熄灭就是要使触头间电弧中的去游离率大于游离率。所谓"游离"就是本来不导电的物体（例如空气和绝缘油等），在强电场及高温作用下，使它们表面稳定的电子脱离原有的轨道，形成电弧电流，本来的绝缘体变成了导电体；所谓"去游离"就是恢复绝缘介质的内绝缘强度。

由于交流电流每半个周期要经过一次零值，而电流过零时，电弧将暂时熄灭，电弧熄灭的瞬间，弧隙温度骤降，热游离中止，去游离大大增强。因此熄灭交流电弧可利用交流电流过零时电弧暂时熄灭这一特点，采用优异的灭弧介质使电弧彻底熄灭。

5.1.2　开关设备中常用的灭弧方法

要迅速地熄灭电弧，就必须创造有利条件，促进去游离作用，如冷却电弧、减小单位长度的电弧电压以及利用固体介质帮助离子复合等措施。在开关电器中，除在触头间隙采用不同的灭弧介质（如空气、油、六氟化硫、真空等）外，还可采用以下几种常用的基本灭弧方法。

1. 吹弧——拉长电弧

例如，在油断路器中，利用油在电弧高温作用下分解出大量高压气体的特点，强烈吹动电弧。

2. 利用多断口灭弧

在高压断路器中，常将每相制成两个或更多个断口，以使电弧分割成多个小电弧段，电弧拉长的速度快，从而使弧隙电阻迅速增大，介质强度的恢复加快，加在每个断口的电压减小，因而灭弧性能良好。

3. 速拉灭弧

以较快的速度将开关的动、静触头断开，可以迅速拉长电弧，从而使弧隙的电场强度骤降，从而加速电弧的熄灭。这种灭弧方法是开关电器中普遍采用的灭弧法，高压开关中装设强有力的断路弹簧，目的就在于加快触头的分断速度，迅速拉长电弧。

4. 电弧与固体介质接触灭弧

在高压熔断器内充有石英砂填料，利用电弧与石英砂接触的方法灭弧，可以迅速冷却电弧，提高介质击穿电压。

上述几种灭弧方法的最终目的是使触头间介质击穿电压大于触头间恢复电压，并利用交流电流过零时，将电弧彻底熄灭。

5.2 高压电气的基础知识

常见的高压电气有高压熔断器、高压断路器、高压负荷开关、高压隔离开关等。这些电器的正常工作都是在各自的技术性能下完成的，因此作为运维人员，我们必须要了解它们的主要技术性能，才能更好地保障运行设备和线路及人身的安全。

5.2.1 高压电气的主要技术参数

高压电气的技术参数是高压电气在规定的检测条件下得出的相对数据，是设计或生产时做出的性能测试报告。

高压电气的主要技术参数如下：

（1）额定电压 U_n（kV，有效值）：开关在长期正常工作时具有最大经济效益的电压。

（2）最高工作电压 U_{max}（kV，有效值）：电网上能长期工作的最高工作电压。高压电器额定电压和最高工作电压有效值的对应关系如表 5-1 所示，对于 220kV 及以下设备，其最高工作电压为额定电压的 1.15 倍。

表 5-1 高压电器额定电压与最高工作电压有效值对应表

额定电压 /kV	3	6	10	15	20	35
最高工作电压 /kV	3.5	6.9	11.5	17.5	23	40.5

（3）额定电流 I_n（A，有效值）：高压电器在额定电压、额定功率下能长期工作的电流，是高压电器金属导电部分和绝缘部分的温升不超过允许温升的最大标称电流。

（4）额定绝缘水平（kV）：表征产品绝缘耐受能力的一组电压值。

（5）额定开断电流 I_{nbr}（kA）：断路器在额定电压下能正常开断的最大短路电流的有效值。

（6）额定短路关合电流 I_{pm}（kA）：在规定条件下，开关能顺利关合的最大短路峰值电流。

（7）额定短时耐受电流 I_k（kA）：又称热稳定电流，是指在规定的使用和性能条件下，在确定的时间内，高压电器的闭合回路能承受的电流值。

（8）额定峰值耐受电流 I_p（kA）：高压电器在闭合位置能承载的峰值电流。

（9）额定短时耐受时间 t_k（s）：高压电器在闭合位置能通过额定短时耐受电流的时间。

5.2.2 高压电气操动机构

操动机构是高压开关设备不可缺少的重要组成部分，其作用是使开关设备准确地合闸、分闸。高压电气操动机构的类别、操动原理、特点及适用范围如表 5-2 所示。

表 5-2 高压电气操动机构的类别、操动原理、特点及适用范围

类别	操动原理	特点	适用范围
手动	人力直接驱动开关合闸,人力或储能弹簧分闸	结构简单,经济,无须辅助设备。操作性能与操作者的技巧、体力有关,不能遥控合闸及自动重合闸	负荷开关、隔离开关
人力储能	人力为弹簧储能分合闸,无合闸保持装置	结构较手动式复杂,操作性能与操作者的技巧、体力无关,不能遥控合闸及自动重合闸	小容量断路器及负荷开关
电动机	电动机经减速装置带动开关分合闸	需要交流操作电源并具有一定容量且可靠。操作平稳,动作较慢	隔离开关
电磁	直流电源储能,电磁铁驱动合闸,弹簧分闸	能遥控分合闸、自动重合闸,但需要大功率直流电源	具有大型直流电源的电站,110kV 及以下断路器
重锤	重锤自由落下推动触头合闸	结构简单,合闸力矩特性好,能遥控及自动重合闸。操作功耗小,耗材多,尺寸大	小容量断路器
弹簧	弹簧储能驱动触头分合闸	可使用交直流操作电源,能遥控及快速自动重合闸,结构紧凑,但制造要求较高	广泛应用于断路器和负荷开关
气动	压缩空气推动活塞使开关分合闸	控制方便,操作功率大,能遥控及自动重合闸,可连续多次操作,但需要压缩空气装置,噪音大	各种开关电器
液压	气体储能,通过液体介质推动使开关分合闸	操作功率大,快速平稳,能遥控及自动重合闸,结构复杂,制造难度大	高压和超高压电器

5.3 高压断路器

高压断路器(High Voltage Circuit Breaker)又叫高压开关,是一种极复杂、重要的电器,它配置有完善的灭弧装置,能接通和承受一定时间的短路电流。在正常情况下,高压断路器可通过操作控制开关来接通和切除正常的负荷电流。而在电力线路或设备发生短路故障时,高压断路器能在继电保护装置的作用下自动跳闸,切除故障电路。大多数断路器在自动装置的控制下,还可以实现自动重合闸。

5.3.1 高压断路器的分类

高压断路器的种类很多,有多种不同的分类方法。按照其安装场所的不同,可以分为户内式和户外式。按照其灭弧介质的不同,可以分为油断路器、真空断路器、六氟化硫断路器等。高压断路器全型号的表示和含义如图 5-1 所示。

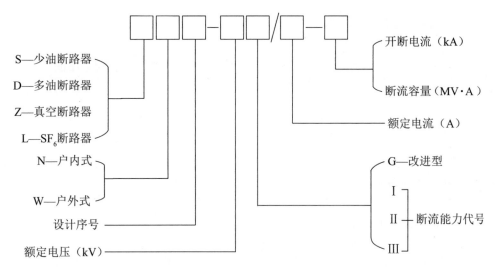

图 5-1　高压断路器全型号的表示和含义

5.3.2　高压断路器的主要技术参数

高压断路器在工作过程中，要经受电、热、机械等各种因素的作用，还要受大气环境的影响，因此断路器的性能必须能够耐受这些因素的作用。断路器的性能可用它的技术参数来表征。

高压断路器的技术参数主要包括：

（1）额定电压（kV）：指允许断路器连续运行的工作电压。

（2）额定电流（A）：指允许断路器长期通过的最大电流。

（3）额定开断电流（kA）：指断路器在额定电压下，能够可靠切断的最大电流。

（4）额定遮断容量（MV·A）：又称为额定断流容量或额定开断容量，是表征断路器开断能力的参数。断路器的额定遮断容量 = $\sqrt{3}$ × 额定开断电流 × 额定电压。

（5）热稳定电流（kA）：断路器在一定的时间内（1s、4s、5s、10s）所允许通过的最大电流值。

（6）动稳定电流（kA）：当断路器在闭合状态时，在一定的时间内所容许通过的最大短路电流值，在断路器通过这一电流时，不会因为电动力的作用而发生任何机械损坏。

（7）合闸时间（s）：自发出合闸信号起，到断路器的主触头刚刚接触为止的一段时间，称为合闸时间。目前断路器的合闸时间一般在 0.2s 以内。

（8）分闸时间（s）：由分闸线圈刚刚接通电路开始，至断路器三相电弧完全熄灭为止的一段时间，称为分闸时间。目前断路器的分闸时间一般在 0.06s 以内。

5.3.3 高压真空断路器

利用真空作为灭弧和绝缘介质的断路器称为真空断路器。真空断路器的体积小、重量轻、动作快、寿命长、维护工作量小且无火灾及爆炸危险。真空断路器触头的分、合是在密封的真空灭弧室内完成的，由于真空中不存在气体游离的问题，所以这种断路器的触头断开时很难发生电弧，因此特别适合频繁操作。但其缺点是在感性电路中灭弧速度过快，容易产生操作过电压，这对供电系统是不利的，因此在真空断路器的应用中一般应采取有效的抑制操作过电压的措施。

1. 高压真空断路器的结构

高压真空断路器主要由三部分组成：真空灭弧室、操动机构、支架及其他部件。为适应在高压开关柜中安装使用，真空断路器有固定式和手车式两种形式。如图 5-2 所示为手车式 VD4 高压真空断路器。

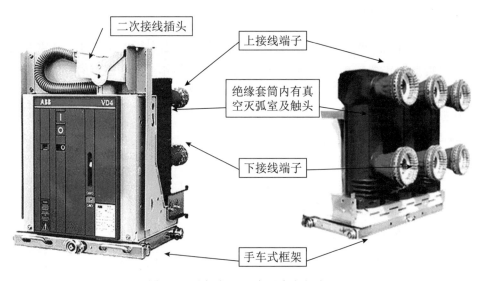

图 5-2　手车式 VD4 高压真空断路器

1）真空灭弧室

真空灭弧室又名真空开关管，是真空断路器的核心部件，其结构如图 5-3 所示。其主要作用是通过管内真空优良的绝缘性能，使中高压电路切断电源后能迅速熄弧并抑制电流，避免事故和意外的发生。真空灭弧室按外壳材质不同可分为玻璃真空灭弧室和陶瓷真空灭弧室。

真空灭弧室主要由气密绝缘外壳、导电回路、屏蔽系统、触头、波纹管等部分组成。

气密绝缘系统：由玻璃或陶瓷制成的气密绝缘外壳、动端盖板、定端盖板、不锈钢波纹管组成。为了保证玻璃、陶瓷与金属之间有良好的气密性，除了封接时要有严格的操作工艺外，还要求材料本身的透气性尽量小，内部放气量限制到极小值。不锈钢波纹管不仅能将真空灭弧室内部的真空状态与外部的大气状态隔离开来，而且能使动触头连同动导电杆在规定的范围内运动，以完成真空开关的接通与分断操作。

导电系统：由定导电杆、定跑弧面、定触头、动触头、动跑弧面、动导电杆构成。其中定导电杆、定跑弧面、定触头合称定电极；动触头、动跑弧面、动导电杆合称动电极。由真空灭弧室组装成的真空断路器、真空负荷开关和真空接触器合闸时，操动机构通过动导电杆的运动使两触头闭合，完成了电路的接通。为了使两触头间的接触电阻尽可能小且保持稳定使灭弧室承受动稳定电流时有良好的机械强度，真空开关在动导电杆一端设置有导向套，并使用一组压缩弹簧，使两触头间保持有一个额定压力。 真空开关分断电流时，灭弧室两触

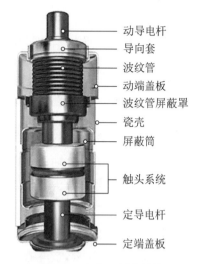

动导电杆
导向套
波纹管
动端盖板
波纹管屏蔽罩
瓷壳
屏蔽筒
触头系统
定导电杆
定端盖板

图 5-3 真空灭弧室结构

头分离并在其间产生电弧，直至电流自然过零时电弧熄灭，便完成了电路的分断。

屏蔽系统：主要由屏蔽筒、屏蔽罩和其他零件组成。屏蔽系统的主要作用是：（1）防止触头在燃弧过程中产生大量金属蒸汽和液滴喷溅，污染绝缘外壳的内壁，造成绝缘强度下降或产生闪络；（2）改善真空灭弧室内部的电场分布，有利于真空灭弧室绝缘外壳的小型化，尤其是对于高电压的真空灭弧室小型化有显著效果；（3）吸收一部分电弧能量，冷凝电弧生成物，特别是真空灭弧室在开断短路电流时，电弧所产生的热能大部分被屏蔽系统所吸收，有利于提高触头间的介质恢复强度。屏蔽系统吸收电弧生成物的量越大，说明它吸收的能量也越大，这对增加真空灭弧室的开断容量有良好作用。

触头系统：触头是产生电弧、熄灭电弧的部位，对材料和结构的要求都比较高。其中，断路器用真空灭弧室的触头材料大多采用铜铬合金，铜与铬各占50%。在上、下触头的对接面上各焊上一块铜铬合金片，一般厚度为3mm。触头系统中除触头外的其余部分称为触头座，用无氧铜制造即可。触头结构对灭弧室的开断能力有很大影响，采用不同结构的触头产生的灭弧效果有所不同，常采用的有螺旋槽型结构触头、带斜槽杯状结构触头和纵磁场杯状结构触头三种，其中以采用纵磁场杯状结构触头为主。

波纹管：真空灭弧室的波纹管的主要作用是保证动电极在一定范围内运动和长期保持高真空，并用来保证真空灭弧室具有很高的机械寿命。真空灭弧室的波纹管是由厚度为0.1～0.2mm的不锈钢制成的薄壁元件。真空开关在分合过程中，灭弧室波纹管受伸缩作用，波纹管截面上受变应力作用，所以波纹管的寿命应根据反复伸缩量和使用压力来确定。波纹管的使用寿命和工作条件的受热温度有关，真空灭弧室在分断大的短路电流后，导电杆的余热会传递到波纹管上，使波纹管的温度升高，当温升达到一定程度时，就会造成波纹管的疲劳，影响波纹管的使用寿命。

2）操动机构

真空断路器采用成熟的、性能可靠的电动储能弹簧操动机构，具有电动关合、电动

开断、手动储能、手动关合、手动开断和过电流（或短路）自动脱扣开断六种功能。操动机构由棘轮、凸轮、合闸弹簧、分闸弹簧、手动脱扣连杆、脱扣器和辅助开关等部分组成。

2. 高压真空断路器的原理

高压真空断路器的核心部件——真空灭弧室是利用高真空度的绝缘灭弧介质，通过密封在真空中的一对触头来实现电力电路通断功能的一种电真空器件。当其断开一定数值的电流时，动静触头在分离的瞬间，电流收缩到触头刚分离的某一点或某几点上，导致电极间电阻剧烈增大、温度迅速提高，直至发生电极金属的蒸发，同时形成极高的电场强度，导致剧烈的电场强发射和间隙击穿，产生真空电弧。当工作电流接近零时，同时触头间距增大，真空电弧的离子体很快向四周扩散，电弧电流过零后，触头间隙的介质迅速由导电体变为绝缘体，于是电流被分断。由于触头的特殊构造，燃弧期间触头间隙会产生适当的纵向磁场，这个磁场可使电弧均匀分布在触头表面，维持低的电弧电压，从而使真空灭弧室具有较高的弧后介质强度恢复速度、小的电弧能量和小的腐蚀速率。这样就提高了真空灭弧室开断电流的能力和使用寿命。

3. 高压真空断路器的特点

真空断路器多应用在高压开关柜中，它凭借卓越的性能和突出的特点，在高压开关柜中应用越来越广泛。高压真空断路器在电力系统应用中存在以下优缺点。

1）高压真空断路器的优点

高压真空断路器在应用过程中的主要优点如下：

（1）在密封的容器中熄弧，电弧和炽热气体不外露。灭弧室作为独立的元件，安装调试简单方便。

（2）触头间隙很小，一般在10mm左右，合闸功率小，结构简单，使用寿命长。

（3）熄弧时间短，弧压低，电弧能量小，触头损耗小，开断次数多。

（4）动导电杆的惯性小，适合频繁操作。

（5）操动机构小，整体体积小，重量轻。

（6）控制功率小，开关操作时动作噪音小。

（7）灭弧介质或绝缘介质不用油，没有火灾和爆炸的危险。

（8）触头部分为完全密封结构，不会因潮气、灰尘、有害气体等影响而降低其性能，工作可靠，通断性能稳定。

（9）开断后断口间介质恢复快，介质不需要更换。

（10）在真空开关管的使用年限内，触头部分不需要维修检查，一般可达20年左右不需检修。维护工作量小，维护成本低。

（11）具有多次重合闸功能，符合配电网中的应用要求。

2）高压真空断路器的缺点

高压真空断路器在应用过程中的主要缺点如下：

（1）开断感性小电流时，断路器灭弧能力较强的触头材料容易产生截流，引起过电压，应采取相应的过电压保护。

（2）不便于测量其真空度，只能靠高压试验来间接检测其真空灭弧室的情况，或使用专门的仪器（磁控放电法）进行检查。

（3）价格较高，主要取决于真空灭弧室的专业生产及机构可靠性的要求。

4. 高压真空断路器的运行与巡检

高压真空断路器的制造技术在近些年来取得了比较明显的发展，同时已经具备了免维修的条件。但是真空断路器在运行的过程中，由于灭弧室真空度降低和其他方面存在的一些原因，其在使用的时候要制定相应的防范措施，避免真空断路器在运行中出现危害人身安全的情况。

高压真空断路器运行与巡检的主要规定和要求如下：

（1）真空断路器应按规程要求定期进行维护与试验。

（2）运行中的真空断路器应经常巡视其有无声响，外部有无明显的放电现象。

（3）断路器所在回路的电流和电压是否正常。

（4）断路器的合（分）闸信号灯指示、操作机构的合（分）闸机械指示器指示、弹簧操作机构的储能指示、手车位置指示是否正确，操作方式选择开关的所在位置是否正确，柜内照明是否正常。

（5）运行中的断路器每次合（分）闸后，尤其是继电保护或自动装置动作使断路器故障跳闸或合闸后，值班人员一定要观察、确认断路器的实际位置。观察断路器的位置可从以下几个方面进行：合、分闸信号灯的指示（合闸状态为红灯亮，分闸状态为绿灯亮），电流表或电压表的指示情况，断路器操作机构指示牌的指示位置，对有高压带电显示器的还应注意观察其显示情况。

（6）开关柜内应保持干燥清洁，绝缘瓷瓶无裂纹损坏、无放电痕迹。

（7）操动机构应动作灵活可靠，各机械连接部分无断裂、开口销脱落、拉杆变形损坏等现象。

（8）二次回路熔断器应完好。

5.3.4　高压六氟化硫断路器

六氟化硫断路器是利用 SF_6 气体作为灭弧和绝缘介质的断路器。六氟化硫是由硫元素与氟元素组成的惰性气体，它无色、无嗅、无毒、不燃，比空气重 5 倍，六氟化硫气体的灭弧能力比空气强 100 倍。六氟化硫气体在常态下无腐蚀、燃烧或爆炸危险，可频繁操作，不维护周期长，是目前最优异的绝缘与灭弧介质。

六氟化硫气体在高温时会分解产生低氟化合物并有腐蚀性。水分是产生腐蚀性、毒性的主要促成剂，故六氟化硫断路器必须配吸附剂。当气体中存在水分和杂质时会使绝缘下降，同时六氟化硫在电弧作用下会分解为低氟化合物和低氟氧化物，会腐蚀内部部件且威胁工作人员的人身安全，故必须有压力监视和净化系统。

当六氟化硫开关遇到意外爆炸或严重漏气时，应立即投入通风系统，必须进入室内时要穿防护衣、戴防毒面具。

1. 六氟化硫（SF$_6$）断路器的结构

六氟化硫断路器的三相装于同一个底箱上，且内部相通。箱内有一个三相联动轴，通过三个主拐臂上的三个绝缘拉杆来操动导电杆。断路器的每相由上下两个绝缘筒构成断口对地的外绝缘，其内绝缘则用六氟化硫气体。箱体有两个自封阀，其中一个供充放气用，另一个则安装电接点真空压力表。

2. 六氟化硫断路器的运行与巡检

六氟化硫断路器的运行与巡检的主要内容如下：

（1）六氟化硫断路器应按规程要求定期进行维护与试验。

（2）运行中的六氟化硫断路器应经常巡视其有无声响，外部有无明显的放电现象。

（3）断路器所在回路的电流和电压是否正常。断路器故障跳闸或自动装置动作后，观察确认断路器状态的方法与真空断路器相同。

（4）巡视断路器管道有无异常气味及漏气声音，并记录六氟化硫气体压力与温度。

（5）新装的 SF$_6$ 断路器投入运行前应检测内部气体的含水量和漏气率。运行中也应定期检测以上两项内容，检测周期为每年一次。

（6）运行中应密切注意 SF$_6$ 气体压力表的指示变化，在不正常情况下应及时补气或停止运行。需要补气时，应使用合格的 SF$_6$ 气体，严禁向大气排放 SF$_6$ 气体，应使用专用气体回收装置进行回收。

（7）出现严重漏气或不能及时补气时，应采取必要的安全措施，及时将 SF$_6$ 断路器退出运行。在室内出现严重湿气或爆炸事故时，值班人员在处理时应注意自身防护，并启动通风设备。

5.3.5 高压断路器的操动机构

高压断路器的操动机构是用来使断路器合闸、维持在合闸状态以及分闸的设备。因此断路器的操动机构包括合闸机构、合闸保持机构和分闸机构。其中，合闸指在各种规定的使用条件下，操动机构均应能使断路器可靠地关合电路；合闸保持指断路器合闸完毕后，操动机构应能使断路器触头可靠地保持在合闸位置；分闸指操动机构接到分闸命令后，应能使断路器快速地分闸，并能做到尽可能省力；防跳跃指要求断路器操动机构具有防跳措施，以避免再次或多次分、合故障线路而造成断路器事故。

按照操动机构的电源类型，可将断路器操动机构分为直流操动机构和交流操动机构两种。对于 10kV 配电系统来说，目前应用最为普遍的断路器操动机构有电磁式和弹簧储能式两种。

CD10 型电磁操动机构是用电磁铁将电能转变为机械能来实现断路器的分、合闸的一种动力机构，它由自由脱扣机构、电磁系统和缓冲系统三部分组成。电磁操动机构的型号是 CD，电磁操动机构的分、合闸线圈均按短时通电设计。调试时，电动分、合闸连续操作不应超过 10 次，每次间隔时间不小于 5s，以防烧毁线圈。

CD 电磁操动机构采用直流供电，电磁合闸线圈合闸瞬间电流可达 190～290A，合闸线圈短路保护的熔丝应按合闸线圈额定电流的 1/4～1/3 选择。

CD 电磁操动机构的主要优点是结构简单，工作可靠，使用成本较低；缺点是在合闸操作瞬间需要的电功率比较大，对直流电源的容量要求较高。

CS 是手动操动机构的型号，手动操动机构是指靠人力来直接分、合开关的机构，机构外部装有手动合闸操作手柄，检修时套入 500～800 mm 长的铁管即可进行手动缓慢合闸。CS 手动操动机构的主要优点是结构简单，价格低廉，无须附属设备；缺点是其操作性能对操作者的要求较高（与操作者的操作技巧、精神状态以及操作者的体力等因素有关），安全性差，一般不应继续使用。

电磁式断路器控制回路一般应满足以下几方面的要求：能监视分闸回路和合闸回路的完好性，能监视电源电压，能指示断路器的分闸与合闸状态，应有防止断路器多次合闸的"跳跃"闭锁装置，自动重合闸或跳闸后应有明显的信号，合闸或分闸后应使命令脉冲自动解除。

断路器合闸与分闸操作通常是在配电装置前就地进行的，一般通过控制开关来实现。控制开关 SA （原称为 KK）装于配电装置的面板上。SA 控制开关共有六个位置，即"分闸后""预备分闸""分闸""合闸""预备合闸""合闸后"。

对于各种类型的操动机构，控制回路接线的分闸电流差别不大，一般不大于 5A，但合闸电流的差别甚大，如弹簧储能操动机构的合闸电流很小，而电磁操动机构是利用电磁力来直接合闸的，其合闸电流很大，可达几十安至上百安。因此电磁操动机构的合闸回路不能直接利用控制开关的触点来接通合闸线圈，而必须采用合闸接触器来过渡。

弹簧储能操动机构可采用交流操作或直流操作。弹簧储能操动机构有 CT8、CT9、CT11、CT17、CT19a 等型号。这些既可应用于固定式高压开关柜，又可应用于手车式高压开关柜。

CT8 弹簧操动机构主要由储能机构、锁定机构、分闸弹簧、断路器主转轴、缓冲装置及控制装置组成，外形如图 5-4 所示。

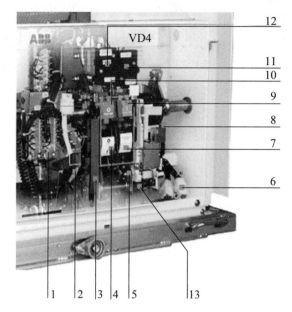

1-分合闸辅助开关　2-储能马达　3-内置的储能杆　4-断路器分合闸机械指示　5-计数器
6-电气附件的插头　7-储能状态指示　8-脱扣器　9-合闸按钮　10-分闸按钮　11-合闸闭锁电磁铁
12-第二分闸脱扣器　13-弹簧储能 / 未储能信号触点
图 5-4　CT8 弹簧储能操动机构外形图

　　弹簧操动机构采用夹板式结构，机构的储能驱动部分、合闸驱动部分、合闸电磁铁等布置在左右侧板之间，两根合闸弹簧分别布置在左右侧板外边，右侧板外面还布置着切换电机回路的行程开关、过电流脱扣器、由独立电源供电的分闸电磁铁、欠压脱扣器，左侧板外面布置着接线端子。储能电机和辅助开关布置在机构下部。"分""合"按钮布置在机构正面上方的左右两边，储能指示与"分""合"指示也布置在机构正面。

　　弹簧操动机构既可电动储能，也可手动储能。弹簧操动机构是利用强力弹簧瞬间释放的能量来完成断路器合闸操作的，一般多用电动机对弹簧拉伸储能，但也可手动储能。这种操动机构分、合闸所需电源功率很小，因此对直流电源的容量要求大大降低，同时还可以实现在没有操作电源的情况下，手动储能后进行合闸操作。

5.4　高压负荷开关

　　高压负荷开关具有简单的灭弧装置，因而能通断一定的负荷电流，但它不能断开短路电流，因此它必须与高压熔断器串联使用，以借助熔断器来切断短路故障。负荷开关断开后，具有明显可见的断开间隙，因此，它也具有隔离电源、保证安全检修的功能。高压负荷开关的类型较多，主要有产气式、压气式、真空式和 SF_6 式，这里着重介绍真空式和 SF_6 式高压负荷开关。

5.4.1　FZN25-12系列真空负荷开关

FZN25-12系列真空负荷开关为三相交流50Hz、额定电压12kV的户内装置，适用于10kV配电系统，作为电气设备的控制和保护用。该开关采用弹簧储能式操作机构，可手动和电动操作，便于实现电力系统的遥控要求，配装的接地开关具有承受／关合短路电流的能力。为保证安全可靠性，在负荷开关、接地开关、活门、开关柜之间有机械联锁装置，如图5-5所示。

图5-5　FZN25-12真空负荷开关

真空负荷开关的工作原理：真空负荷开关是运用真空灭弧室作为灭弧设备的负荷开关，开断电流大，适宜开关柜中连续操作。真空负荷开关的灭弧室较真空断路器的灭弧室简略、管径小。真空灭弧室固定在阻隔刀上，真空断口与阻间隔口串联。熄弧由真空灭弧室结束，主要由阻间隔口承担。关合时，阻隔刀关合，真空灭弧室活络关合；开断时，真空灭弧室先分断后，阻隔刀翻开，经过换向设备，阻隔刀持续运动至恰当方位。灭弧断口与阻间隔口的协作有两种构造，即联动和联锁。真空负荷开关联动式工作原理图如图5-6所示。

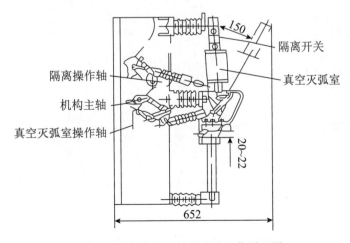

图5-6　真空负荷开关联动式工作原理图

5.4.2　FLN36-12六氟化硫高压负荷开关

FLN36-12 六氟化硫高压负荷开关是引进国外技术并按照国内电力系统要求研制的 10kV 高压开关设备，其各项性能指标达到或超过相关国家标准，已广泛应用于 10kV 变配电系统中，常作为环网柜、户外电缆分接箱、户外开闭所、箱变等高压设备中的进出线主开关。

FLN36-12 系列是一种以 SF_6 气体为绝缘和灭弧介质的双断口旋转型负荷开关，每个开关充以 0.045 MPa 气压的 SF_6 气体后永久密封，其外形如图 5-7 所示，结构尺寸如图 5-8 所示。它将原来的负荷开关、隔离开关、接地开关的功能，合并为一个采用双断口、旋转式动触头的"三位置开关"，其触头位置如图 5-9 所示，兼有通断负荷、隔离电源和接地三种功能，这样可以缩小环网柜占用的空间；当内部发生燃弧故障时，开关壳体后部设计有防爆泄压通道，保障操作人员在极端状态下不受高温高压爆炸气体伤害。此开关配有弹簧操作机构、气体压力监测和带电显示装置。

图 5-7　FLN36-12 六氟化硫高压负荷开关外形图

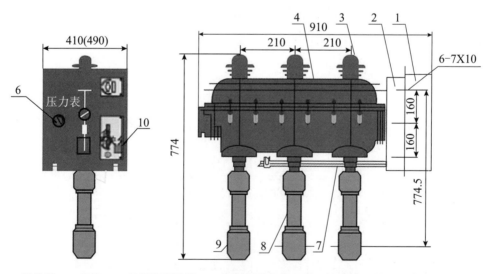

1-机构罩　2-机构　3-上接线端屏蔽　4-负荷开关本体　5-下接线端屏蔽或熔断器上触头座
6-SF_6 压力表　7-撞击脱扣系统　8-熔断器　9-熔断器下触头座　10-分闸按钮
图 5-8　FLN36-12 六氟化硫高压负荷开关结构尺寸图

六氟化硫高压负荷开关的灭弧原理：SF_6 气体具有良好的灭弧性能，为了使电弧迅速熄灭，开关在开断电流过程中，动静触头刚分离时便产生电弧，此时，由于永久磁铁的磁场作用，驱动电弧围绕动静触头迅速去游离和冷却，在电流过零时熄灭，熄弧后形成双断口开距，具有隔离断口的绝缘水平。这种永磁式旋弧原理，灭弧能力很强，触头烧伤很轻，延长了电气寿命。六氟化硫高压负荷开关工作过程中的开关触头位置如图 5-9 所示。

触头闭合　　　　　触头断开　　　　　触头接地

图 5-9　六氟化硫高压负荷开关触头位置图

5.5　高压隔离开关

高压隔离开关是发电厂和变电站电气系统中重要的开关电器，需与高压断路器配套使用。隔离开关是适用于三相交流 50Hz、额定电压 12kV 的户内装置。供高压设备在有电压而无负载的情况下接通、切断或转换线路之用。

5.5.1　隔离开关的用途及分类

隔离开关在结构上没有特殊的灭弧装置，不允许用它带负载进行拉闸或合闸操作。隔离开关拉闸时，必须在断路器切断电路之后才能再拉隔离开关；合闸时，必须先合入隔离开关后，再用断路器接通电路。

1．高压隔离开关的用途

高压隔离开关的主要用途如下：

（1）隔离电源：通过高压隔离开关可以造成一个明显的断开点，使工作人员有安全感。

（2）倒换母线：在主接线为双母线的系统中，可以用高压隔离开关将电源或负荷由一组母线倒换到另一组母线上。

（3）在系统正常的情况下，利用高压隔离开关还可以拉、合小电流回路，其允许的具体操作范围是：①可以拉、合电压互感器和避雷器；②可以拉、合母线的充电电流和开关的旁路电流；③可以拉、合变压器的中性点直接接地点；④可以拉、合一定容量的空载变压器；⑤室内隔离开关可以拉、合 315kVA 以下的空载变压器和 5km 的空载线路；⑥室外隔离开关可以拉、合 500kVA 以下的空载变压器和 10km 的空载线路。

2. 高压隔离开关的分类

高压隔离开关的类型很多，有多种不同的分类方法，按照其安装地点的不同可分为户内式和户外式。在 6 ～ 10kV 的配电系统中使用的户外式单极隔离开关，可作为由架空线路引入用电单位的分界开关，即供电部门与用电单位的产权分界开关。

在 6 ～ 10kV 配电系统中，户内式高压隔离开关主要有 GN19-10 型、GN22 型、JN15-12 型（接地开关）等。高压隔离开关全型号的表示和含义如图 5-10 所示。

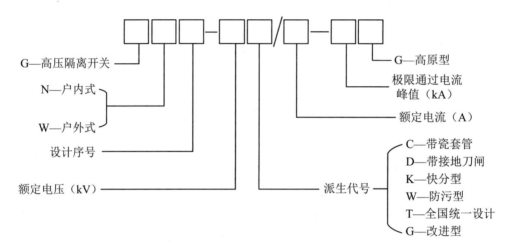

图 5-10   高压隔离开关全型号的表示和含义

5.5.2   户内式高压隔离开关

户内式高压隔离开关一般为三相联动型手动操作，在成套配电装置内，装于断路器的母线侧和负荷侧或作为接地开关用。

1. GN19-10 系列隔离开关

GN19-10 系列隔离开关的每相导电部分通过两个支柱绝缘子固定在底架上，三相平行安装，如图 5-11 所示。

2. GN22-10 系列隔离开关

GN22-10 系列隔离开关的结构形式与 GN19-10 系列隔离开关基本相同，不同点在于，合闸过程采用两步动作原理，即合闸与锁紧。

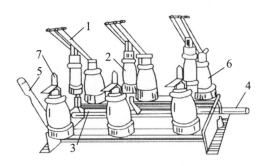

1-动触头　2-拉杆绝缘子　3-拉杆　4-转动轴　5-转动杠杆　6-支持绝缘子　7-静触头

图 5-11　GN19-10 系列隔离开关

3. JN15-12 型户内高压接地开关

JN15-12 型接地开关用于 10kV 配电系统中，作为检修作业时保证人身安全、用于接地的装置，它是 10kV 金属铠装手车柜或其他金属封闭式开关柜的配套元件之一，其结构如图 5-12 所示。JN15-12 型接地开关由支架、接地刀、静触头、电压显示传感器、主轴、拐臂、压簧、导电套管、软连接组成，该接地开关有一定的短时耐受电流和短路关合电流的能力。

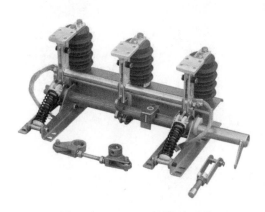

图 5-12　JN15-12 型接地开关

4. 隔离开关操动机构

利用操动机构来分、合隔离开关，使操作人员与带电设备能够保持足够安全的距离。它使隔离开关的操作简单化，并便于隔离开关与断路器之间实现机械联锁，从而防止误操作，提高了工作的安全性。

5.5.3　户外式高压隔离开关

户外式高压隔离开关运行中经常受到风雨、冰雪、灰尘的影响，工作环境较差。因此，对户外式隔离开关的要求较高，应具有防冰能力和较高的机械强度。在不同电压等级的系统中，均需使用隔离开关，所以隔离开关也有相应的电压等级。35kV 及以上电压等级采用的隔离开关一般均为三相联动型，操作方式可分为手动操作、电动操作、压缩空气操作和液压操作。隔离开关还可以用来作接地开关用。

10kV 户外式隔离开关分为手动三相联动型和单相直接操作型。

GW9-10（W）型户外式单极隔离开关适用于三相交流 50Hz、10kV 配电系统中，在有电压无负荷的条件下分断和关合电源，如图 5-13 所示。

图 5-13   GW9-10（W）型户外隔离开关

5.5.4   高压隔离开关的安装

高压隔离开关是高压开关中较简单的一种，它的用量很大，约为断路器用量的 3 ～ 4 倍。隔离开关的作用是在线路上基本没有电流时，将电气设备和高压电源隔开或接通。由于有明显的断开点，比较容易判断电路是否已经切断电源。为保障安全检修工作，高压隔离开关的安装也有一些注意事项。

对于 10kV 高压隔离开关，在安装检修时应注意以下几点：

（1）隔离开关的刀片应与固定触头对准，并接触良好，接触面处应涂凡士林油。

（2）隔离开关的各相刀片与固定触头应同时接触，前后相差不大于 3mm。

（3）隔离开关拉开时，刀片与固定触头间的垂直距离应满足下列数值，户外式应大于 180mm，户内式应大于 160mm。

（4）隔离开关拉开时，刀片的转动角度应满足下列数值，户外式为 35°，户内式为 65°。

（5）固定触头端一般接电源。

（6）隔离开关的传动部件不应有损伤和裂纹，动作应灵活。

（7）单极隔离开关的相间距离不应小于下列数值，室内≥450mm，室外≥600mm。

（8）单极隔离开关的背板的角钢不应小于 50mm×50mm×5mm，穿钉≥12mm。

（9）隔离开关的延长轴、轴承、联轴器及曲柄等传动部件应有足够的机械强度，联杆轴的销钉不应焊死。

（10）隔离开关的拉杆应加保护环。

（11）带有接地开关的隔离开关，接地刀片与主触头间应有可靠的闭锁装置。

5.5.5 高压隔离开关运行中的巡视检查及事故处理

高压隔离开关在变电站运行数量多，其导电部位连接点多，传动部件多，动触头行程大，触头长期暴露在空气中，容易发生腐蚀和脏污。为了保证隔离开关的正常运行和操作，必须按规定进行巡视检查，如发现缺陷，应及时消除，以保证隔离开关安全运行。

1. 高压隔离开关正常运行中的巡视检查

高压隔离开关正常运行中的巡视检查的主要项目如下：

（1）巡视检查的周期：变、配电所有人值班的，每班巡视一次；无人值班的，每周至少巡视一次；特殊情况下（雷雨后、事故后、连接点发热未进行处理之前）应增加特殊巡视检查次数。

（2）巡视检查的内容：①瓷绝缘有无掉瓷、破碎、裂纹以及闪络放电的痕迹，表面应保持清洁；②连接点有无过热、变色以及腐蚀的痕迹，示温腊片有无熔化，空色漆是否变色，或采用远红外测温仪测试；③检查有无异常声响；④动静触头的接触应良好，不应有发热的现象；⑤操动机构和传动装置是否完整，有无断裂、开焊的现象，操作杆的卡环和支持点应无松动和脱落的现象。

2. 高压隔离开关异常运行和事故处理

隔离开关在运行中一旦出现下述现象，应立即停止运行，采取必要的措施：①接触部位温度过高，当温度达到 75℃时；②瓷瓶破裂；③瓷瓶表面严重放电。一般应降低负荷、转移负荷或停下负荷，设法减轻发热，并停电处理。

3. 高压隔离开关发生误操作的处理

当隔离开关发生误操作时应遵守"将错就错"的原则。如发生错拉或错合隔离开关时的处理原则如下：

（1）错拉隔离开关时，如在刀片刚刚离开闸口就有弧光出现时，应将隔离开关迅速合上，如已拉开，不管是否发生事故，均不准再合，应报告有关领导。

（2）错合隔离开关时，无论是否造成事故，均不得再次拉开，应迅速采取措施，报告有关领导。

（3）对于单极隔离开关，当操作一相后发现错位，对另两相则不允许继续操作。

5.5.6　高压隔离开关的操作顺序

说到开关操作，大家都不陌生，家里的电源开关我们都能操作，但是高压隔离开关没有家里的电源开关那么容易操作，它需要按照一定顺序操作，否则会引起安全问题，给线路、设备和人员造成危害。

高压隔离开关的操作顺序规定如下：

（1）高压断路器和高压隔离开关或自动开关及刀开关的操作顺序：停电时，先拉开高压断路器或自动开关，后拉开高压隔离开关或刀开关；送电时，顺序与此相反。严禁带负荷拉、合隔离开关或刀开关。

（2）高压断路器或自动开关两侧的高压隔离开关或刀开关的操作顺序：停电时，先拉开高压断路器开关，然后拉开负荷侧隔离开关或刀开关，再拉开电源侧隔离开关或刀开关；送电时，顺序与此相反。

（3）变压器两侧开关的操作顺序：停电时，先拉开负荷侧开关，后拉开电源侧开关；送电时，顺序与此相反。

（4）单极隔离开关及跌开式熔断器的操作顺序：停电时，先拉开中相，后拉开两边相；送电时，顺序与此相反。

5.6　高压熔断器

高压熔断器是一种当所在电路的电流超过规定值并经一定时间后，使其熔体熔化而断开电路的一种保护电器。高压熔断器在 6～10kV 系统中广泛使用，它对小容量、一般的用电负荷进行过载和短路保护。在供电系统中，室内采用 RN 系列、XRN 系列等高压管式熔断器，室外则采用 RW7、RW10、RW11 等跌开式熔断器。高压熔断器全型号的表示和含义如图 5-14 所示。

5.6.1　户内式高压熔断器

户内式高压熔断器又称为限流式熔断器，它的结构主要由熔管、触头座、绝缘子和底板四部分组成。它的工作原理是，当过电流使熔丝发热以至熔断时，整根熔丝熔化，金属微粒喷向四周，钻入石英砂的间隙中，由于石英砂对电弧的冷却作用和去游离作用，使电弧很快熄灭。由于其灭弧能力强，能在短路电流达到最大值之前将电弧熄灭，因此可限制短路电流的数值，特别是专门用于保护电压互感器的熔断器内的限流电阻，其限流效果非常明显。熔丝熔断后，指示器即弹出，显示熔丝"已熔断"。

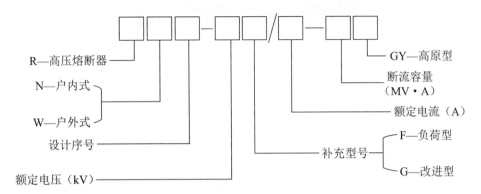

图 5-14 高压熔断器全型号的表示和含义

1. RN 系列熔断器（限流式）

RN 系列熔断器的基本结构是瓷质熔管内填充石英砂填料的密闭管式熔断器。图 5-15 所示为 RN1、RN2 型高压熔断器的外形结构，图 5-16 所示为 RN1、RN2 型高压熔断器的熔管剖面示意图。

这类熔断器的工作熔体（铜熔丝）上焊有溶点低的铜锡合金小锡球，能在较低的温度下熔断，它使得熔断器能在不太大的过负荷电流或较小的短路电流时动作，提高了保护的灵敏度。熔断器的熔管内充填有石英砂，熔丝熔断时产生的电弧完全在石英砂内燃烧，因此灭弧能力很强，能在短路后不到半个周期即短路电流未达冲击值之前即能完全熄灭电弧切断短路电流，从而使熔断器本身及其所保护的电气设备免受短路冲击电流的影响，因此这种熔断器属于高分断能力熔断器。

RN1 型：主要用于高压电路和设备的短路保护（额定电流可达 100A）。

RN2 型：主要用于高压电压互感器一次侧短路保护（额定电流一般为 0.5A）。

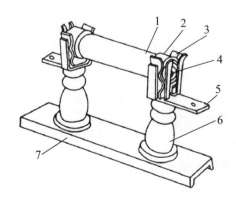

1-瓷熔管　2-金属管帽　3-弹性触座　4-熔断指示器　5-接线端子　6-瓷绝缘子　7-底座

图 5-15　RN1、RN2 型高压熔断器外形结构图

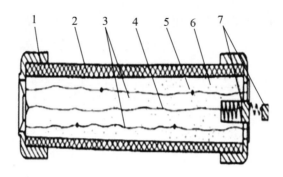

1-管帽　2-瓷管　3-工作熔体　4-指示熔体　5-锡球　6-石英砂
7-熔断指示器（虚线表示熔断指示器在熔体熔断时弹出）
图 5-16　RN1、RN2 型高压熔断器的熔管剖面示意图

2. XRN 系列熔断器

XRN 系列熔断器的工作电压为 3 ～ 35kV，可与其他电器（如负荷开关、真空接触器）配合使用，在电力变压器、电压互感器及高压电动机短路或严重过载时起到保护作用。其外形及内部结构如图 5-17 和图 5-18 所示。

图 5-17　XRN 系
列熔断器外形图

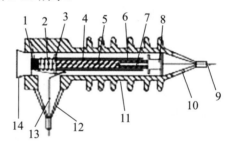

1-绝缘垫　2-弹簧　3-下部电极　4-熔丝管　5-熔丝　6-消弧管
7-消弧棒　8-上部电极　9-进口线　10-上部固件　11-瓷套管
12-下部固件　13-出口线　14-密封盖
图 5-18　XRN 系列熔断器内部结构图

型号释义：X 表示限流式，R 为熔断器，N 表示户内用，T 表示用于保护变压器，P 表示用于保护电压互感器，M 表示用于保护高压电动机。

带有撞击器的 XRN 熔断器常与环网柜和箱变中的高压负荷开关配合使用。若发生短路电流或严重过负荷时，熔断器熔断，则负荷开关靠熔断器撞针触发跳闸，达到一相出故障，三相同时断开的目的，避免线路和设备缺相运行，故而在安装或更换熔断器时，应注意熔断器上所标示的安装方向。

5.6.2　户外式高压熔断器

户外式高压熔断器又称为户外跌落式熔断器，俗称跌落保险，常应用于 10kV 配电线路及配电变压器的高压侧作为短路和过载保护。在一定条件下，它可以分、合一定长度的空载架空线路或一定容量的空载变压器。

1. RW4型户外高压熔断器

图 5-19 为 RW4 型跌落式熔断器的基本结构，其产品外形如图 5-20 所示。该熔断器用于 10kV 及以下配电线路或配电变压器。图示为正常工作状态，通过固定安装板安装在线路中，上、下接线端与上、下静触点固定于绝缘瓶上，下动触点套在下静触点中可转动。熔管的动触点借助熔体张力拉紧后推入上静触点内锁紧，成闭合状态，熔断器处于合闸状态。

线路故障时，熔体熔断，熔管下端触点失去张力而转动下翻，使锁紧机构释放熔管，在触点弹力及熔管自重作用下，回转跌落，造成明显的可见断口。

这种熔断器是靠消弧管产生气吹弧和迅速拉长电弧而熄灭电弧的，还采用"逐级排气"的结构，熔管上端有管帽，在正常运行时封闭，可防雨水滴入。分断小的故障电流时，由于上端封闭形成单端排气（纵吹），使管内保持较大压力，利于熄灭小故障电流产生的电弧；而在分断大电流时，由于电弧使消弧管产生大量气体，气压增加快，上端管幅被冲开，而形成两端排气，以免造成熔断器机械破坏，有效地解决了自产气电器分断大、小电流的矛盾。

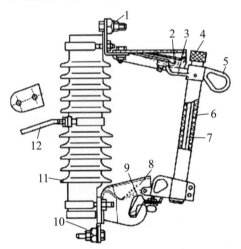

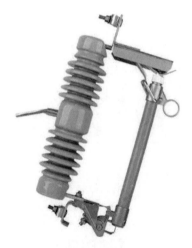

1-上接线端　2-上静触点　3-上动触点　4-管帽
5-操作环　6-熔管　7-熔丝　8-下动触点　9-下静触点
10-下接线端　11-绝缘瓷瓶　12-固定安装板
图 5-19　RW4 型跌落式熔断器基本结构图

图 5-20　RW4 型跌落式熔断器的
产品外形

2. RW7-12系列户外高压交流跌落式熔断器

RW7-12 系列户外高压交流跌落式熔断器用作三相 50Hz、12kV 输电线路及电力变压器过载或短路保护，其主要技术参数如表 5-3 所示，安装尺寸如图 5-21 所示，产品外形如图 5-22 所示。它由单柱式管件及导电系统和熔断件系统组成。合闸前，熔丝将熔断件系统上下活动关节闭锁；合闸时，载熔件上触头扣入上槽形静触头内，上下静触头因合闸行程产生接触压力处于正常合闸位置。当熔丝熔断时，电弧的作用使消弧管产生气体。当电流过零时，由于气吹和去游离作用熄灭电弧。此时，熔断件系统在上下静触头弹性力和自重力的作用下自行跌落，形成明显的断口间隙，使电路断开。绝缘子为中空瓷套。金属件与绝缘子的联合采用机械卡装结构，有利于装配调整，金属件多为冲压件构成。

表 5-3　RW7-12 系列户外高压交流跌落式熔断器的主要技术参数

额定电压 /kV	额定电流 /A	额定开断容量 /MVA
12	50	10 ～ 75
	100	30 ～ 100

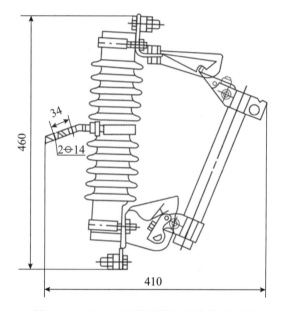

图 5-21　RW7-12 跌落式熔断器安装尺寸图

图 5-22　RW7-12 跌落式熔断器产品外形图

5.6.3　高压熔断器的维护

10kV 线路系统中和配电变压器用的熔断器不能正确动作，熔断器就失去了保护功能，会使线路中发生短路停电的范围扩大，越级到变电所 10kV 出线总断路器跳闸，造成全线路停电。为此我们不但要找到出现故障的原因，提出预防措施，同时也要重视安装和使用过程中的一些注意事项。

1．高压熔断器的故障原因

高压熔断器的故障原因主要包括以下几个方面：

（1）产品工艺粗糙。制造质量差，触头弹簧弹性不足，触头接触不良产生火花过热。

（2）熔管转动轴粗糙不灵活。熔管角度达不到规程要求，配备的熔管尺寸达不到规程要求，熔管过长将鸭嘴顶死，造成熔体熔断后熔管不能迅速跌落，无法及时将电弧切断、熄灭，造成熔管烧毁或爆炸；熔管尺寸短，合闸困难，触头接触不良，产生电火花。

（3）熔断器额定断开容量小。其下限值小于被保护系统的三相短路容量。目前10kV 户外跌落式熔断器分三种型号，即 50A、100A、200A，其中 200A 跌落式熔断器的遮断能力上限是 200MVA，下限是 20MVA。根据遮断能力的容量，短路故障时熔体熔断后不能及时灭弧，也容易使熔管烧毁或爆炸。

（4）尺寸不匹配。有些开关熔管尺寸与熔断器固定部分尺寸不匹配，极易松动，运行中一旦遇到外力、振动或大风，便会自行误动而跌落。

2. 如何避免高压熔断器故障

要避免高压熔断器故障，应主要关注以下两方面：

（1）熔断器的选择。10kV 跌落式熔断器适用于空气中无导电粉尘、无腐蚀性气体的环境，户外场所的年温差在 ±40℃ 范围内。所选熔断器的额定电压必须与被保护设备和线路的额定电压匹配，熔断器额定电流大于或等于熔体的额定电流。还应按被保护系统三相短路容量对熔断器校核，保证被保护系统三相短路容量小于熔断器额定断开容量的上限，大于额定断开容量的下限。如超越上限则可能电流过大，产气过多而使熔管爆炸；若低于下限则有可能电流过小，产气不足而无法熄灭电弧，引起熔管烧毁、爆炸等。选择跌落式熔断器额定容量时，既要考虑上限开断电流与最大短路电流相匹配，还要考虑下限开断容量与最小短路电流的关系。跌落式高压熔断器做配电变压器内部故障的保护时，保护范围是低压熔断器变压器侧到高压熔断器变压器侧，其又做低压熔断器的后备保护时，应以低压出口两相短路作为短路电流最小值来选择其下限开断容量。

（2）熔丝的选择。保证配电变压器内部或高低压出线套管发生短路时能迅速熔断，实际使用中的选择原则是配电变压器容量低于 160kVA，熔丝按变压器额定电流的 2～3 倍；配电变压器容量为 160kVA 及以上，按 1.5～2 倍选择。熔丝的选择还必须考虑熔丝的熔断特性与上级保护时间相配合，这是决定采用熔丝保护能否生效的关键问题。配电线路的速断保护动作时间很短，约 0.1s。根据熔丝特性曲线，在 0.1s 内使熔丝熔断的电流应大于额定电流的 20 倍。这些是保证熔丝与首端断路器配合的必要条件。

3. 高压熔断器的安装

高压熔断器的安装要求如下：

（1）安装时应将熔体拉紧，即熔体受拉力约 24.5N，否则容易引起触头发热。

（2）熔断器安装在横担上应牢固可靠，不允许任何的晃动或摇晃。

（3）熔管应有向下 15°～30° 的倾角，能确保熔体熔断时熔管依靠自身重量迅速跌落。

（4）熔断器应安装在离地面垂直距离高于 4.5m 的横担上，若安装在配电变压器上方，应与配变的最外轮廓边界有 0.5m 以上的水平距离，以防熔管掉落引发其他事故。

（5）熔管长度应调整适中，要求合闸后鸭嘴舌头能扣住触头长度的 2/3 以上，以免在运行中发生自行跌落的误动作，熔管亦不可顶死鸭嘴，以防止熔体熔断后熔管不能及时跌落。

（6）所使用的熔体必须是符合标准的产品，具有一定的机械强度，一般要求熔体最少能承受拉力 147N。

（7）10kV 跌落式熔断器要求相间距离大于 60cm。

4. 高压熔断器的操作注意事项

一般情况下不允许带负荷操作跌落式熔断器，只允许其操作空载设备或线路。但在农网 10kV 配电线路分支线和额定容量小于 200kVA 的配电变压器中，允许按下列要求带负荷操作：

（1）操作时由两人进行（一人监护，一人操作），但必须戴经试验合格的绝缘手套，穿绝缘靴，戴护目眼镜，使用电压等级相匹配的合格绝缘拉杆操作，在雷电或者大雨的气候下禁止操作。

（2）在拉闸操作时，一般规定为先拉断中间相，再拉断下风的边相，最后拉断上风的边相。这是因为配电变压器由三相运行改为两相运行，拉断中间相时所产生的电弧火花最小，不致造成相间短路。其次是拉断下风边相，因为中间相已被拉开，下风边相与上风边相的距离增加了一倍，即使有过电压产生，造成相间短路的可能性也很小。最后拉断上风边相时，仅有对地的电容电流，产生的电火花已很轻微。

（3）合闸时的操作顺序与拉闸时相反，先合上风的边相，再合下风的边相，最后合上中间相。

（4）拉合跌落熔断器时，要站在相应跌落的熔断器正前方，速度要快，不得侧拉。拉跌落熔断器时，力道要大一些。合跌落熔断器时，力道则要适中。

（5）操作熔断器是一项频繁的工作，注意不到便会造成触头烧伤引起接触不良，使触头过热，弹簧退火，促使触头接触更为不良，形成恶性循环。所以，拉、合熔断器时要用力适度，合好后，要仔细检查鸭嘴舌头能紧紧扣住舌头长度三分之二以上，可用绝缘拉杆钩住上鸭嘴向下压几下，再轻轻试拉，检查是否合好。合闸时未能到位或未合牢靠，熔断器上静触头压力不足，极易造成触头烧伤或者熔管自行跌落。

第 6 章　高压成套配电装置

高压成套配电装置是由制造厂根据用户的要求成套制造的符合国家标准 GB/T 3906—2020《3.6 ～ 40.5kV 交流金属封闭开关设备和控制设备》要求的设备，运抵现场后通过组装可形成完整的高压配电装置。由多个高压开关柜在发电厂、变电所或配电所安装后组成的电力装置称为高压成套配电装置。

6.1　认识高压开关柜

高压开关柜（High-Voltage Switchgear）是按一定的线路方案将有关的高压系统一、二次设备组装为成套设备的产品，供供配电系统做控制、监测和保护之用。其中安装有开关电器、监测仪表、保护和自动装置以及母线、绝缘子等。了解高压开关柜的组成、功能及接线方式，掌握高压开关柜的一、二次设备的结构、工作原理及其电气设备的选型，弄清高压开关柜全型号的表示和含义是学习高压成套配电装置的基础。

6.1.1　高压开关柜的主要特点

高压开关柜内的空间用隔板分成很多独立的小间，使高压开关、隔离刀闸、继电保护和测量仪表都相互分开，这样有益于限制短路事故的扩大，也便于检修保护。

从构造上来看，高压开关柜内设有一、二次供电方案，一个开关柜有一个确定的主回路（一次回路）方案和一个辅助回路（二次回路）方案，当一个开关柜的主方案不能实现时可以用几个单元方案来组合而成。开关柜具有一定的操作程序及机械或电气联锁机构，即具有"五防功能"。另外，开关柜还具有接地的金属外壳，其外壳有支撑和防护作用，且有足够的机械强度和刚度，保证装置的稳固性，同时，当柜内产生故障时，不会出现变形、折断等外部效应。

6.1.2　高压开关柜的组成

高压开关柜由柜体和电器元件两部分组成。

柜内常用的一次电器元件（主回路设备）有电流互感器（CT）、电压互感器（PT）、接地开关、避雷器（阻容吸收器）、隔离开关、高压断路器、高压接触器、高压熔断器、变压器、高压带电显示器、绝缘件（如穿墙套管、触头盒、绝缘子、绝缘热缩（冷缩）护套）、主母线和分支母线负荷开关、高压单相并联电容器等。

柜内常用的二次电器元件（辅助回路设备）有继电器、电度表、电流表、电压表、功率表、功率因数表、频率表、熔断器、空气开关、转换开关、信号灯、电阻、按钮、微机综合保护装置等。

6.1.3　高压开关柜的分类

高压开关柜有多种分类方式，下面分别介绍三种分类方式，分别是按断路器安装方式、柜体安装地点和柜体结构进行分类。

1. 按断路器安装方式分类

按断路器安装方式可将高压开关柜分为移开式和固定式两种：

（1）移开式或手车式（用 Y 表示）：表示柜内的主要电器元件（如断路器）是安装在可抽出的手车上的。由于手车柜有很好的互换性，因此可以大大提高供电的可靠性。常用的手车类型有隔离手车、计量手车、断路器手车、PT 手车、电容器手车和所用变手车等。

（2）固定式（用 G 表示）：表示柜内所有的电器元件（如断路器或负荷开关等）均为固定式安装的。固定式开关柜较为简单经济。

2. 按柜体安装地点分类

按柜体安装地点可将高压开关柜分为户内式和户外式两种：

（1）户内式（用 N 表示）：表示只能在户内安装使用，如 KYN28A-12 型开关柜。

（2）户外式（用 W 表示）：表示可以在户外安装使用，如 XLW 型开关柜。

3. 按柜体结构分类

按柜体结构可将高压开关柜分为以下四大类：

（1）金属封闭铠装式开关柜（用 K 表示）：是主要组成部件（如断路器、互感器、母线等）分别装在接地的用金属隔板隔开的隔室中的金属封闭开关设备，如 KYN28A-12 型高压开关柜。

（2）金属封闭间隔式开关柜（用 J 表示）：与金属封闭铠装式开关柜相似，其主要电器元件也分别装于单独的隔室内，但具有一个或多个符合一定防护等级的非金属隔板，如 JYN2-12 型高压开关柜。

（3）金属封闭箱式开关柜（用 X 表示）：是开关柜外壳为金属封闭式的开关设备，如 XGN2-12 型高压开关柜。

（4）敞开式开关柜：是无保护等级要求，外壳有部分敞开的开关设备，如 GG1A（F）型高压开关柜。

目前的高压开关柜均为金属封闭式，将高压断路器、负荷开关、熔断器、隔离开关、接地开关、避雷器、互感器以及控制、测量、保护等装置与内部连接件、绝缘支持件和辅助件固定连接后，安装在一个或几个接地的金属封隔室内。金属封闭式高压开关柜以大气绝缘或复合绝缘作为柜内电气设备的外绝缘，柜中的主要组成部分安放在由隔板相互隔开的各小室（隔室）内，隔室间的电路连接用套管或类似方式。

6.2　开关柜的常用类型

目前常用的高压开关柜按断路器安装方式可分为固定式和移开式两种。固定式开关柜主要有 KGN 系列、XGN 系列、GG1A 型和 HXGN-10 型、XGN15-12 型环网柜；移开式开关柜主要有 JYN 系列和 KYN 系列，其中最有代表性的是 KYN28 型移开式高压开关柜。另外，还有一些国外品牌的开关柜，厂家有自己的编号方式，大家可以查询其他资料进行了解。

6.2.1　GG1A-12（F）型固定式高压开关柜

GG1A-12（F）型固定式高压开关柜外形如图 6-1 所示，适合在 3 ～ 10kV 三相交流 50Hz 系统中作为接受与分配电能之用，并具有对电路进行控制、保护和检测等功能，适用于频繁操作的场所，其母线系统为单母线及单母线分段。本柜体为焊接式结构，有完备的机械"五防"功能，经过多年的生产，积累了丰富的技术及运行经验，不断改进柜体断路器开断结构，完善产品性能，现如今柜体最大额定电流可做到 4000A，开断电流最大到 40kA。本开关柜除了配 ZN28A-12 型真空断路器外，还可配

图 6-1　GG1A-12（F）型固定式高压开关柜外形图

VS1-12等机构一体化式真空断路器；隔离开关可采用GN19-12、GN22-12、GN25-12等多种隔离开关。由于该产品电流等级大，母线结构多样，停电检修操作方便，柜内空间大，所以在许多变电站得到了广泛应用。

1. GG1A-12（F）型高压开关柜型号含义

GG1A-12（F）型高压开关柜型号含义如图6-2所示。

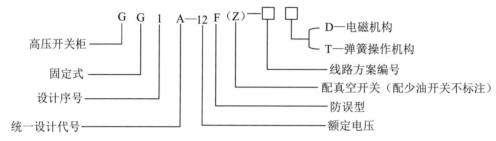

图6-2   GG1A-12（F）型高压开关柜型号含义

2. GG1A-12（F）型高压开关柜基本参数

GG1A-12（F）型高压开关柜的主要技术参数如表6-1所示，各参数说明如下：

（1）额定电压：常用的高压等级有10kV、35kV及更高的电压。

（2）额定绝缘水平：用1min工频耐受电压（有效值）和雷电冲击耐受电压（峰值）表示。

（3）额定频率：我国的标准是50Hz。

（4）额定电流：指柜内母线的最大工作电流。

（5）额定短时耐受电流：指柜内母线及主回路的热稳定电流，应同时指出额定短路持续时间，通常为4s。

（6）额定峰值耐受电流：指柜内母线及主回路的动稳定电流。

（7）防护等级：柜顶主母线为敞开式（无防护）结构。

（8）表6-1中1min工频耐受电压、雷电冲击耐受电压是常见的技术参数。1min工频耐受电压，指工频电压耐压试验操作，将50Hz交流电电压（有效值是指峰值的0.707倍）施加在试验器件两个需要绝缘的电接点上1min，泄漏电流不超标，认为符合耐压试验的要求。另外，设备需要防雷，但并不是增加绝缘耐压值来防止被击穿，防雷是一个静电导除的过程。雷电发生时，设备会感应出极高的静电电压，时间极短，可能是微秒级。雷电冲击耐受电压是人工模拟雷电流波形和峰值以检验设备绝缘耐受雷电冲击电压的能力，只是测量模拟的过程。

表 6-1　GG1A-12（F）型高压开关柜主要技术参数

项目			单位	技术参数
额定电压			kV	12
额定电流			A	630、1250、2000、2500、3150、4000
操作方式				电磁式、弹簧储能式
额定绝缘水平	1min 工频耐受电压（有效值）	相间及对地	kV	42
		隔离断口间		48
	雷电冲击耐受电压（峰值）	相间及对地		75
		隔离断口间		85
额定短路开断电流			kA	20、31.5、40
额定短路关合电流（峰值）			kA	50、80、100
额定峰值耐受电流			kA	50、80、100
额定短时耐受电流（4s）			kA	20、31.5、40
额定短路电流开断次数			次	30
机械寿命			次	10 000（VS1 为 20 000）
二次回路 1min 工频耐压			kV	2
防护等级				柜顶主母线为敞开式（无防护）结构
母线系统				单母线、单母线带旁路、双母线

3. GG1A-12（F）型高压开关柜隔离开关（GN19-12C）的基本参数

GG1A-12（F）型高压开关柜隔离开关（GN19-12C）的基本参数如表 6-2 所示。

表 6-2　隔离开关（GN19-12C）的基本参数

项目	单位	GN19-12C/400-12.5	GN19-12C/630-20	GN19-12C/1000-31.5
额定电压	kV	12		
1min 工频耐受电压（额定绝缘水平）	kV	42（相对地及相间）		
		48（隔离断口间）		
雷电冲击耐受电压（额定绝缘水平）	kV	75（相对地及相间）		
		85（隔离断口间）		
额定电流	A	400	630	1000
额定峰值耐受电流	kA	31.5	50	80
额定短时耐受电流（4s）	kA	12.5	20	31.5

4. GG1A-12（F）型高压开关柜外形尺寸

GG1A-12（F）型高压开关柜外形尺寸如下：

（1）小电流柜电缆进出线柜标准方案：宽 1200× 深 1200× 高 2800，单位 mm。

（2）架空进出线柜标准方案：宽 1200× 深（1200+600）× 高 2800，单位 mm。

（3）大电流柜电缆进出线柜标准方案：宽 1540（或 1400）× 深 1200× 高 2800，单位 mm。

注：小电流柜的相间距为 250mm，大电流柜的相间距为 275mm，侧封板单面厚度 18mm。

5. GG1A-12（F）型高压开关柜机械联锁

GG1A-12（F）型高压开关柜机械联锁简介如下：

（1）用带红绿翻牌的防误型转换开关可以防止误分误合断路器，紧急情况下可以利用紧急解锁分合断路器。

（2）用操动机构上的机械联锁装置来实现隔离开关不能带负荷分闸，只有当断路器分闸后，才可以操作上、下隔离开关。

（3）隔离开关与前门（上、下），前门与后门（上、下）之间的联锁是通过扇形板传动机构的联锁装置和止动装置来实现的，如果柜体为靠墙安装则可相应取消前后门之间的联锁，此联锁可以防止误入带电间隔。

6. GG1A-12（F）型高压开关柜结构及特性

GG1A-12（F）型高压开关柜为防误型开关柜，装设防止电气误操作和保障人身安全的闭锁装置，即所谓"五防"——防止误分、误合断路器，防止带负荷误拉、误合隔离开关，防止带电误挂接地线，防止带接地线或在接地开关闭合时误合隔离开关或断路器，防止人员误入带电间隔，其内部结构如图 6-3 所示。

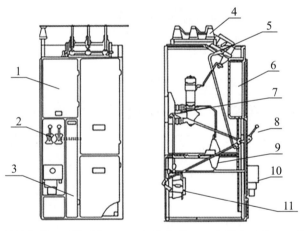

1-仪表室　2-联锁装置　3-端子室　4-三相主母线　5-上隔离开关　6-继电器室
7-真空断路器　8-操动机构　9-电流互感器　10-电磁操动机构　11-下隔离开关
图 6-3　GG1A-12（F）型高压开关柜内部结构图

GG1A-12（F）型高压开关柜的结构特性如下：

（1）侧封板改流水槽结构为固定板焊接，柜体拼合后外形美观。

（2）柜体的"五防"联锁机构均采用机械联锁方式，安全可靠性高。

（3）主母线在柜体前有眉头板（带观察窗），对主母线有隔离防护作用。

（4）柜内绝缘子全部采用大爬距瓷瓶，主母线可以用绝缘护套，绝缘性能好。

（5）因开关柜内空间较大，不会因为元器件外形大而影响元器件的选用，此柜体特别适合变电站今后的改造。

（6）结构简单，维护与操作都很方便，便于用户熟练掌握操作规程，因此本柜型在激烈的市场竞争中仍有很强的生命力。

（7）价格低廉，与同类产品相比便宜，特别适合对占用空间要求不高、投资少、见效快的工程。

（8）柜体既可靠墙安装，从柜前操作和维护，又可离墙安装。

7. GG1A-12（F）型高压开关柜操作程序

GG1A-12（F）型高压开关柜的操作程序如下：

（1）送电操作：①关好后上门及后下门；②关好前上门及前下门；③先合母线进线侧隔离开关；④再合母线出线侧隔离开关；⑤最后合断路器。

（2）停电操作：①先分断路器；②再分母线出线侧隔离开关；③再分母线进线侧隔离开关；④打开前下门及前上门；⑤打开后下门及后上门。

（3）紧急解锁操作：将紧急解锁钥匙插入紧急解锁孔内，先分断路器，再开前门。

6.2.2　XGN2-12（Z）型固定式高压开关柜

XGN2-12（Z）型固定式高压开关柜外形如图6-4所示，适合在3～10kV三相交流50Hz系统中作为接受与分配电能之用，并具有对电路进行控制、保护和检测等功能，特别适用于频繁操作的场所，其母线系统为单母线，并可派生出单母线带旁路和双母线结构。经过多年的改进完善，产品最大额定电流可做到4000A，可在海拔4000m以下正常运行。由于该产品电流等级大，母线结构多样，所以在变电站得到广泛应用。

图 6-4　XGN2-12（Z）型固定式高压开关柜外形图

1. XGN2-12（Z）型高压开关柜型号含义

XGN2-12（Z）型高压开关柜型号含义如图6-5所示。

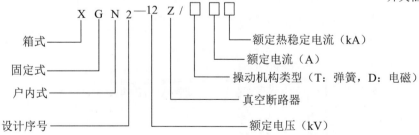

图 6-5　XGN2-12（Z）型高压开关柜型号含义

2. XGN2-12（Z）型高压开关柜的结构

XGN2-12（Z）型高压开关柜为金属封闭箱型结构，如图 6-6 所示，柜体骨架由型钢和优质冷轧钢板焊接而成，柜内分为断路器室、母线室、电缆室、继电器室，室与室之间用钢板隔开。

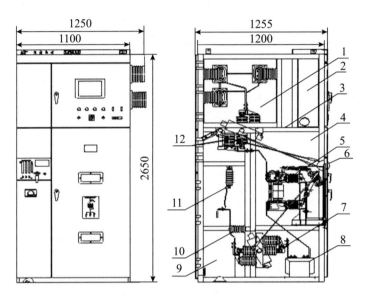

1-母线室　2-仪表室　3-压力释放通道　4-断路器室　5-断路器　6-JSXGN 机械闭锁
7-下隔离开关　8-电流互感器　9-电缆室　10-绝缘支柱　11-避雷器　12-上隔离开关

图 6-6　XGN2-12（Z）型高压开关柜内部结构图

断路器室在柜体下部，真空断路器的传动拉杆与操动机构连接，真空断路器下接线端子与电流互感器连接，电流互感器与下隔离开关的接线端子连接，真空断路器上接线端子与上隔离开关的接线端子连接。母线室在柜体后上部。电缆室在柜体后下部，电缆室内支持绝缘子设有监视装置。继电器室在柜体上部前方，顶部可装二次小母线。

本开关柜采用相应的"JSXGN"箱式柜用强制性的闭锁装置，用机械连锁方式控制各个操作程序，满足开关设备"五防"功能的要求，可操作各种隔离开关、接地开关和负荷开关，并能与断路器、前后柜门锁、电磁锁、程序锁、微机挂锁及辅助开关联锁，实现防误操作系统。JSXGN 操动机构面板如图 6-7 所示。

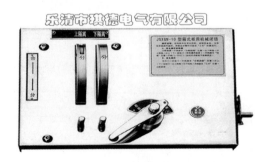

图 6-7　XGN2-12（Z）型高压开关柜中 JSXGN 操动机构面板图

1）JSXGN 操动机构机械联锁的操作程序

JSXGN 操动机构机械联锁的操作程序如下：

（1）停电操作（运行—检修）时，开关柜处于工作位置，即上、下隔离开关、断路器处于合闸状态，前后门锁上，并处于带电运行之中，这时 JS 操动机构上的小手柄处于"工作"位置。具体的操作程序如下：①断路器分断；②将小手柄扳到"分断闭锁"位置；③将专用操作手柄插入 JS 操动机构上的隔离开关操作孔内；④从上往下拉，分隔离开关，如是馈线柜，则先分下隔离开关，后分上隔离开关；⑤将专用操作手柄插入 JS 操动机构上的接地开关操作孔内；⑥从下往上推，合接地开关；⑦将小手柄扳到"检修"位置；⑧打开前门，取出钥匙；⑨打开后门。

（2）送电操作（检修—运行）时，具体的操作程序如下：①后门关好锁定；②钥匙取出后关好前门；③小手柄从"检修"位置扳到"分断闭锁"位置；④将专用操作手柄插入 JS 操动机构上的接地开关操作孔内；⑤从上往下拉，分接地开关；⑥将专用操作手柄插入 JS 操动机构上的隔离开关操作孔内；⑦从下往上推，合隔离开关，如是馈线柜，则先合上隔离开关，后合下隔离开关；⑧将小手柄扳到"工作"位置；⑨合断路器。上、下隔离开关与断路器之间（出线柜方案）的闭锁停电时，先分断路器，再分出线侧隔离开关（下），后分母线侧隔离开关（上）；送电时，先合母线侧隔离开关（上），后合出线侧隔离开关（下），再合断路器。

2）JSXGN 操动机构机械联锁的注意事项

JSXGN 操动机构机械联锁的注意事项如下：

（1）当一次主方案为进线柜方案时，必须按如下步骤进行：停电时，在断路器分闸后，先分母线侧隔离开关，再分进线侧隔离开关。反之，在送电时，先合进线侧隔离开关，再合母线侧隔离开关。

（2）JS 操动机构上的手柄位置非常重要。在手柄处于"工作"位置时，因机械闭锁原因隔离开关会被禁止操作；在手柄处于"分合闸闭"锁位置时，断路器会被禁止合闸，手动合闸后也会立即断开，也就是说在开关运行时，如此时操作手柄至"分合闸闭锁"位置，开关会断开；在手柄处于"检修"位置时，前柜门才能被打开，手柄在其他位置时，前柜门是打不开的。

3. XGN2-12（Z）型高压开关柜的特性

XGN2-12（Z）型高压开关柜的特性如下：

（1）柜体结构可改为全组装式，整体强度好，外形美观。

（2）柜体对断路器的适应能力强，可配柜的断路器有 ZN28A、ZN28D、ZN63（VS1）、ZN65、ZN12、VD4。

（3）结构合理，断路器室、母线室、电缆室、继电器室都有独立的小室，并且用钢板隔开。

（4）采用机械"五防"联锁机构，安全性、可靠性高。

（5）柜体为双面维护型，前面可检修继电器室的二次元件，维护操动机构、机械联锁及传动部分和检修断路器，柜后可维护电缆终端和主母线。本柜体一般不靠墙安装。

（6）性能价格比好，价格适中，目前在市场上的占有率仍然较高。

（7）根据特殊要求，柜体也可以靠墙安装。

（8）柜体外壳的防护等级为IP2X。

4. XGN2-12（Z）型高压开关柜防误闭锁方式

XGN2-12（Z）型高压开关柜的常规防误闭锁方式主要有四种：机械闭锁、程序闭锁、电气闭锁和微机闭锁。

1）机械闭锁

机械闭锁是在开关柜或户外闸刀的操作部位之间用互相制约和联动的机械机构来达到先后动作的闭锁要求。机械闭锁在操作过程中无须使用钥匙等辅助操作，可以实现随操作顺序的正确进行，自动地步步解锁。在发生误操作时，可以实现自动闭锁，阻止误操作的进行。机械闭锁可以实现正向和反向的闭锁要求，具有闭锁直观，不易损坏，检修工作量小，操作方便等优点。然而机械闭锁只能在开关柜内部及户外闸刀等的机械动作相关部位之间应用，与电器元件动作间的联系用机械闭锁无法实现。对两柜之间或开关柜与柜外配电设备之间及户外闸刀与开关（其他闸刀）之间的闭锁要求也鞭长莫及。所以在开关柜及户外闸刀上，只能以机械闭锁为主，还需辅以其他闭锁方法，方能达到全部"五防"要求。

2）程序闭锁

程序闭锁（或称机械程序锁）是用钥匙随操作程序传递或置换而达到先后开锁操作的要求。其最大的优点是钥匙传递不受距离的限制，所以应用范围较广。程序闭锁在操作过程中有钥匙的传递和钥匙数量变化的辅助动作，符合操作票中限定开锁条件的操作顺序的要求，与操作票中规定的行走路线完全一致，所以也容易为操作人员所接受。

3）电气闭锁

电气闭锁是通过电磁线圈的电磁机构动作来实现解锁操作，在防止误入带电间隔的闭锁环节中是不可缺少的闭锁元件。电气闭锁的优点是操作方便，没有辅助动作，但是在安装使用中也存在突出问题。

4）微机闭锁

微机防误闭锁系统一般由防误主机、电脑钥匙、遥控闭锁控制单元、机械编码锁、电气编码锁及智能锁具等功能元件组成，完全满足电气设备"五防"功能的要求。系统建立闭锁逻辑数据库，将现场大量的二次电气闭锁回路变为计算机中的防误闭锁规则库，防误主机使用规则库对模拟预演操作进行闭锁逻辑判断，记录符合防误闭锁规则的模拟预演操作步骤，生成实际操作程序。防误主机按照实际操作程序，根据设备闭锁方式的不同采用以下三种方式进行解锁操作：

（1）电脑钥匙解锁。

（2）通过遥控闭锁控制单元等直接控制智能锁具解锁。

（3）通过通信接口对监控系统执行解锁。

运行人员按照防误主机及电脑钥匙的提示，依次对设备进行操作。对不符合程序的操作，设备拒绝解锁，操作无法进行，从而防止误操作的发生。通过跟踪现场设备的实际状态、接收电脑钥匙的回传信息，防误主机对当前操作进行确认后，进行下一步操作，直到操作任务结束。

随着计算机及网络通信技术的发展，变电站自动化技术对电气"五防"系统的要求进一步提高，传统电气防误闭锁方式已不能满足要求，而作为变电站综合自动化运用发展方向的微机防误闭锁系统，在功能方面还有待进一步完善和提高。从目前的运行情况来看，为了安全可靠起见，在大力推广应用微机防误闭锁系统的同时，适度保留传统闭锁方式，或将微机防误闭锁系统接点引入到电动操作回路中，应该是比较有效的防误闭锁措施。

6.2.3　KYN28A-12型移开式高压开关柜

KYN28A-12 型移开式高压开关柜是户内金属铠装移开式开关柜，简称中置柜，主要用于发电厂、工矿企事业配电以及电力系统的二次变电站的受电、送电及大型电动机的起动等，作为控制、保护、实时监控和测量之用。它有完善的"五防"功能，柜体由柜架和可抽出式手车两部分组成，柜体外壳和各功能的隔板均采用敷铝锌钢板栓接而成。外壳防护等级达 IP4X，单元防护等级为 IP2X。各种手车均采用蜗杆摇动使手车推进和退出，其操作轻便、灵活，目前在 12kV 市场上使用量很大。

1. KYN28A-12 型高压开关柜型号含义

KYN28A-12 型高压开关柜型号含义如图 6-8 所示。

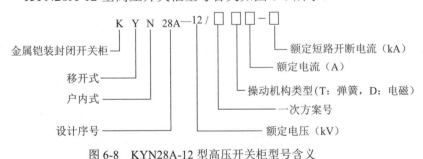

图 6-8　KYN28A-12 型高压开关柜型号含义

2. KYN28A-12 型高压开关柜的结构

KYN28A-12 型高压开关柜的基本结构为"四室、七车、一通道"，其外形如图 6-9 所示，内部结构如图 6-10 所示。

图 6-9　KYN28A-12 型高压开关柜外形图

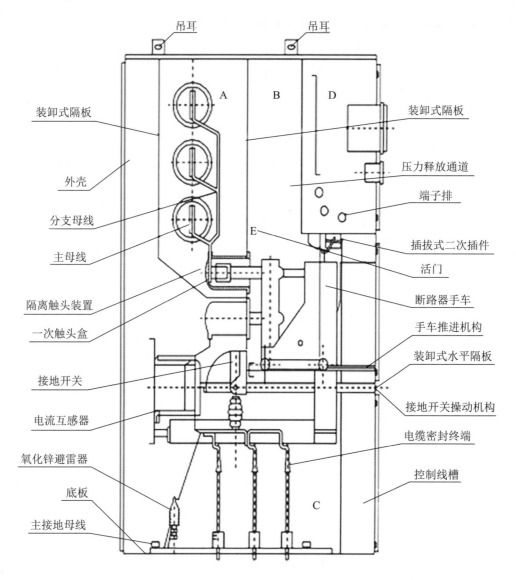

图 6-10 KYN28A-12 型高压开关柜内部结构图

3. KYN28A-12 型高压开关柜"五防"联锁

KYN28A-12 型高压开关柜"五防"联锁简介如下：

（1）当手车在柜体的工作位置合闸后，在底盘车内部的闭锁电磁铁被锁定在丝杠上，而不会被拉动，以防止带负荷误拉断路器手车。

（2）当接地开关处在合闸位置时，接地开关主轴联锁机构中的推杆被推入柜中的手车导轨上，于是所配断路器手车不能被推进柜内。

（3）断路器手车在工作位置合闸后，出线侧带电，此时接地开关不能合闸，接地开关主轴联锁机构中的推杆被阻止，其操作手柄无法操作接地开关主轴。

（4）对于电缆进线柜、母线分段柜和所用变方案，由于进线电缆侧带电，在下门上装电磁锁，来确保电缆侧带电时不能进入电缆室。

（5）通过安装在面板上的防误型转换开关（带红绿牌），可以防止误分、误合断路器。

4. KYN28A-12型高压开关柜断路器操作程序

KYN28A-12型高压开关柜断路器操作程序如下：

（1）送电操作：①先装好后封板，再关好前下门；②操作接地开关主轴并且使之分闸；③用转运车（平台车）将手车（处于分闸状态）推入柜内（试验位置）；④把二次插头插到静插座上（试验位置指示器亮）；⑤关好前中门；⑥用手柄将手车从试验位置（分闸状态）推入到工作位置（工作位置指示器亮，试验位置指示器灭）；⑦合闸断路器手车。

（2）停电（检修）操作：①将断路器手车分闸；②用手柄将手车从工作位置（分闸状态）退出到试验位置（工作位置指示器灭，试验位置指示器亮）；③打开前中门；④把二次插头拔出静插座（试验位置指示器灭）；⑤用转运车将手车（处于分闸状态）退出柜外；⑥操作接地开关主轴并且使之合闸；⑦打开后封板和前下门。

注意：下避雷器手车和中（下）PT手车可以在母线运行时直接拉出柜外。

5. KYN28A-12型高压开关柜四室的功能

KYN28A-12型高压开关柜的四室分别为母线室、手车室、电缆室和继电器仪表室。四室的功能介绍如下：

（1）母线室。主母线为分段母线，通过支母线和静触头盒固定，主母线、联络母线、支母线均为矩形截面铜排。相临柜间用母线套管隔开，能有效地防止事故蔓延，同时对主母线起到辅助支撑作用。

（2）手车室。手车室两侧装设了导轨，对手车在断开/试验位置和工作位置间的平稳运动起导向作用。静触头盒前装有活门机构，上下活门在手车从断开/试验位置运动到工作位置过程中自动打开，如图6-11所示。当手车反方向运动时，上下活门自动关闭形成有效隔离，如图6-12所示。在断路器室门关闭时，手车同样能被操作。门上开有紧急分闸操作孔，在故障情况下能手动分闸。通过门上的观察窗可以观察到手车所处位置及断路器的分、合指示、储能的状态。

图6-11　活门开启露出静触头　　图6-12　小车拉出后，上下活门自动关闭

（3）电缆室。检修人员对其内部的电流互感器、接地开关和避雷器等元部件进行检修安装。柜底配置开缝的可拆卸式封板，以便电缆的施工。电缆室结构如图6-13所示。

图6-13　电缆室

（4）继电器仪表室。继电器仪表室内可安装继电保护控制元件、仪表以及有特殊要求的二次设备。二次线路敷设在线槽内并有金属盖板，可使二次线与高压部分隔离。继电器仪表室顶部可装设二次小母线。继电器仪表室结构如图6-14所示。

（a）仪表门　　　　　　　　　　（b）继电器仪表室内视图

图6-14　继电器仪表室

6. KYN28A-12型高压开关柜手车

KYN28A-12型高压开关柜手车由断路器（或其他功能元件）、底盘车两部分组成。转运断路器手车如图6-15所示。根据用途的不同，手车分为断路器手车、隔离手车、计量手车、电压互感器手车等七种。同规格手车可以互换使用，手车装的接地装置与柜体有可靠的接地连接。

底盘车中装有丝杠螺母推进机构、超越离合器和联锁机构等。丝杠螺母推进机构可轻便地操作手车在断开/试验（备用）位置和工作（运行）位置之间移动，借助丝杠螺母的自锁性可使手车可靠地锁定在工作（运行）位置。联锁机构可保证手车及其他部件必须按照规定的操作程序进行操作，这样就使得开关柜满足"五防"要求。

（a）手车　　　　　　　　（b）用手车运载断路器图

图 6-15　转运断路器手车

手车断路器与柜体之间有三种位置关系：

（1）工作（运行）位置。断路器与高压柜内一次设备相连接（手车的上下触头与柜体内的静触头相连接），一经合闸后，母线经断路器与馈出线路成导通状态。断路器在工作（运行）位置时，二次插头被锁定不能拔除。

（2）试验（备用）位置。断路器与一次设备没有相连接（手车的上下触头与柜体内的静触头保持有安全距离），手车断路器在此位置时，二次插头可以插在插座上，断路器可以进行合闸、分闸、检验断路器及二次系统的各项功能是否正常等各项操作，所以称为试验位置。

（3）检修位置。断路器位于高压柜之外，其一次触头和二次插头与高压柜彻底分开，断路器在此位置时，在做好安全措施的前提下，可以对断路器或高压柜的停电设备进行检修。

7. KYN28A-12 型高压开关柜"一通道"泄压装置

在断路器室、母线室和电缆室上方均设有泄压盖板，泄压盖板的一端用金属螺栓紧固，另一端由塑料螺栓固定。当柜内发生故障时，内部的高压气体能很容易地将泄压盖板冲开，经通道释放压力，防止事故进一步扩大，以确保操作人员的安全。

8. KYN28A-12 型高压开关柜辅助装置

KYN28A-12 型高压开关柜辅助装置主要有以下几种：

（1）带电显示装置。开关柜一般需要装设监测一次回路带电状态的带电显示装置，该装置不但可以提示高压回路的带电状况，还可以与电磁锁配合实现强制闭锁手柄、门，从而提高了开关柜的防误性能。DXN 系列带电显示器通过电压传感器抽取几十伏电压接至带电显示器上，可分为一般型 DXN-T 和强制闭锁型 DXN-Q。T 型是提示性安全装置；Q 型通常与高压开关柜内的电磁锁配合使用，即在高压柜内有电的情况下，无法打开柜门。

（2）DSN 系列户内电磁锁。它是防止工作人员误操作、误入带电间隔的电控机构联锁装置，在高压柜内有电时，电磁锁机械部分锁住柜门，使柜门无法打开，避免各类事故的发生。其外观如图 6-16 所示。

图 6-16　DSN 系列户内电磁锁

（3）柜内照明灯。通常安装在开关柜的柜后下门处，供运行值班人员巡视设备时使用。

（4）加热器。防止凝露的措施，开关柜在高湿度或温度变化较大的环境中会产生凝露，为了防止凝露所带来的危险，可在断路器室和电缆室内分别装设电加热器。

6.2.4　高压环网开关柜

环网是指环形配电网，即供电干线形成一个闭合的环形，供电电源向这个环形干线供电，从干线上再一路一路地通过高压开关向外配电。这样的好处是，每一个配电支路既可以由它的左侧干线取电源，又可以由它的右侧干线取电源。当左侧干线出了故障，它就从右侧干线继续得到供电；而当右侧干线出了故障，它就从左侧干线继续得到供电。这样，尽管总电源是单路供电的，但从每一个配电支路来说却得到类似于双电源供电的效果，提高了供电可靠性。

在工矿企业、住宅小区和高层建筑等 10kV 配电系统中，可采用环形网供电方式，在每个配电支路上设一台出线开关柜，这台开关柜的母线同时就是环网干线的一部分，一般习惯上把这种出线开关柜称为环网柜。因其各支路负载容量不大，所以一般不采用结构复杂的断路器，而采取结构简单的带高压熔断器的高压负荷开关。也就是说，环网柜中的高压开关一般是负荷开关。环网柜用负荷开关操作正常电流，而用熔断器切除短路电流，这两者结合起来在一定容量的负荷范围内取代了断路器。

环网柜除了向本配电所供电外，其高压母线还要通过环形供电网的穿越电流（即经本配电所母线向相邻配电所供电的电流），因此环网柜的高压母线截面要根据本配电所的负荷电流与环网穿越电流之和选择，以保证运行中高压母线不过负荷运行。

上述环网开关柜也完全可以应用到非环网结构的配电系统中，因而"环网柜"就跳出了环网配电的范畴，而是泛指以负荷开关为主开关的高压开关柜。

1. HXGN15-12型高压环网柜的型号含义

高压环网柜的型号含义如图 6-17 所示。

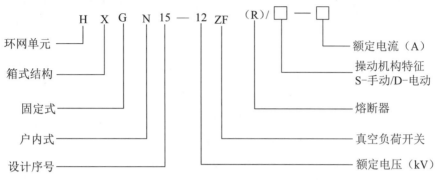

图 6-17　HXGN15-12型高压环网柜型号含义

2. HXGN-10型高压环网柜

HXGN-10 型高压环网柜安装的负荷开关为产气式的，配备的手动、电动操作机构为扭力弹簧储能机构，结构简单，操作力小。负荷开关、接地开关及正面板之间设有机械联锁装置，它们之间的操作关系如下：

（1）接地开关合闸后，负荷开关不能操作，正面板可以打开。

（2）接地开关分闸后，负荷开关可以操作，正面板不能打开。

（3）负荷开关分闸后，接地开关可以操作，正面板可以打开。

（4）负荷开关合闸后，接地开关不能操作，正面板不能打开。

3. XGN15-12型单元式六氧化硫空气绝缘环网柜

XGN15-12 型单元式六氧化硫空气绝缘环网柜以六氟化硫开关作为主开关而整柜采用空气绝缘，也有的采用 FLN36-12D 负荷开关、SFG 型负荷开关或 HAD/US 型 SF_6 断路器。柜内安装的三工位 SF_6 负荷开关具有三种工作状态，即合闸、分闸、接地（可选），其操作方式分为手动、电动两种，并具有可靠的机械联锁和防误操作功能。

XGN15-12 型单元式六氧化硫空气绝缘环网柜中的六氟化硫负荷开关可以关合和开断额定负载电流、开断变压器空载电流；负荷开关与熔断器组合电器还可以开断短路电流，在电力系统中起控制和保护作用。

XGN15-12 型单元式六氟化硫空气绝缘环网柜结构如图 6-18 所示，外形如图 6-19 所示。它由以下四个部分组成：母线室，开关室，电缆室，操动机构、联锁机构和低压控制室。

（1）母线室：母线室布置在柜的上部，在母线室中，主母线连接在一起，贯穿整排开关柜。

（2）开关室：开关室内装有一个三工位负荷开关，如图 5-7、图 5-9 所示，负荷开关或隔离开关、接地开关被密封在充满 SF_6 气体的气室内，"密封压力"符合标准要求。负荷开关的外壳为环氧树脂浇注而成，充六氟化硫（SF_6）气体作为绝缘介质；在壳体上设有观察孔。开关室内可根据使用要求装设 SF_6 气体密度表或带报警触点的气体密度器。

（3）电缆室：主要用于电缆连接，使单芯或三芯电缆可以采用最简单的非屏蔽电缆头进行连接，同时充裕的空间还可以容纳避雷器、电流互感器、下接地开关等元件。按标准设计，柜门有观察窗和安全联锁装置。电缆室底板配密封盖和带支撑架电缆夹，电缆室底板和门前框可以拆下，方便电缆安装。

（4）操动机构、联锁机构和低压控制室。操动机构：手动操作时操作杆按操作程序手动旋转传动杆，机构弹簧即可储能，使负荷开关和接地开关分合闸。电动操作时只需按仪表板上的指示按钮使负荷开关和接地开关分合闸。联锁机构：开关柜设"五防"功能，防误分、误合负荷开关，防带负荷分、合隔离开关，防带电合接地开关，防接地开关处于接地位置时合隔离开关，防误入带电间隔。负荷开关由主触刀、隔离刀、接地刀互相联动，即主开关、隔离开关、接地开关不能同时关合，接地开关与柜门也设有机械联锁，只有当接地开关闭合时，柜门才能打开。低压控制室：带联锁的低压控制室内装有带位置指示器的弹簧操动机构和机械联锁装置，也可装设辅助触点、跳闸线圈、紧急跳闸机构、电容式带电显示器、钥匙锁和电动操作装置，同时还可装设控制回路、计量仪表和保护继电器。

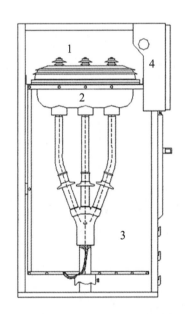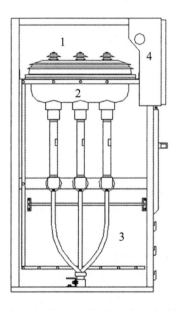

1- 母线室　2- 负荷开关　3- 电缆室　4- 操动机构、联锁机构和低压控制室

图 6-18　XGN15-12 型单元式六氟化硫空气绝缘环网柜结构图

图 6-19　XGN15-12 型单元式六氟化硫空气绝缘环网柜外形图

4. Safe Ring-12 型六氟化硫绝缘金属封闭开关柜

Safe Ring-12 型六氟化硫绝缘金属封闭开关柜是固定式单元组合型的金属封闭柜，用在三相交流 50Hz、10kV 配电系统中作为控制和保护使用。该柜由四部分组成：开关母线室、操作机构室、熔断器室和电缆室。其外观如图 6-20 所示。

开关母线室置于不锈钢密封气箱内，三相负荷开关经调试后装入气箱内，开关结构为旋转式三工位，兼具隔离和接地功能。操作机构室位于充气柜的上半部分，机构分单弹簧（进线机构）和双弹簧（出线机构），分别组成了环网回路和变压器回路开关。熔断器室位于充气柜中部，置于充满 SF_6 的气箱中，前门上有熔断器动作指示器，方便观察和维护。电缆室内的电缆连接采用预制式电缆接件，还可加装电流互感器和避雷器。

图 6-20　Safe Ring-12 型六氟化硫绝缘金属封闭开关柜外观图

Safe Ring-12 型六氟化硫绝缘金属封闭开关柜具有可靠的连锁装置。负荷开关与接地开关具有双重连锁：电缆室门（熔断器室门）与接地开关均有连锁，只有接地开关合闸，电缆室门（熔断器室门）才能打开，防止误入带电间隔或带电更换熔断器；只有电缆室门（熔断器室门）关上，接地开关才能分闸，负荷开关才能进行合闸操作，防止电缆室门（熔断器室门）未关而送电。

泄压室呈敞开式，位于充气柜下部后侧，并与其他隔室隔离。该柜配有压力表指示气体压力，在 20℃ 下，SF_6 气体的额定压力为 1.4bar（绝对压力，$1bar=10^5Pa$）。为便于故障定位，还可安装短路 / 接地故障指示器。

Safe Ring-12 型六氟化硫绝缘金属封闭开关柜使用随柜配备的专用手柄进行操作。

负荷开关加熔断器组合电器的操作：先顺时针旋转操作手柄，以储能"分 / 合"弹簧。然后再按合闸按钮，以闭合开关。

在负荷开关加熔断器组合电路中，若发生短路电流或严重过负荷时，熔断器熔断，则负荷开关由熔断器撞针触发跳闸，在运行中应定期巡视并查看和记录气体压力。

6.3　预装式变电站

预装式变电站又称箱式变电站，俗称箱变。箱式变电站将高压开关设备、配电变压器和低压配电装置按一定接线方案有机地组合在一起，具有高压受电、变压器降压、低压配电等功能，其优点是组合灵活、占地面积小、便于运输、迁移、施工周期短、运行费用低、无污染、少维护。箱式变电站有组合式箱变和预装式箱变之分。

6.3.1　组合式箱变与预装式箱变

组合式箱变（美式箱变）按照油箱结构分为共箱式和分箱式两种。油箱内充有燃点达 312℃ 的高燃点绝缘油。采用油浸式双熔断器串联保护，其中插入式熔断器为双敏（温度、电流）熔丝，用于保护箱变二次侧发生的短路故障、过负荷、油温过高；而后备限流保护熔断器则保护箱变内部发生的故障，用于保护高压侧。美式箱变的变压器采用油浸式，由于采用一体化安装，故体积较小。

预装式箱变（欧式箱变）有环网型和终端型两类。该类箱变从结构上采用高、低压开关柜、变压器组成方式，由于内部安装常规开关柜且设有独立的变压器室，故安装体积较大。在欧式箱变中，变压器既可选用油浸式变压器，也可采用干式变压器。

箱变的高压侧一般采用负荷开关加限流熔断器保护，熔断带有击发装置，当发生一相熔断器熔断时，熔断器的撞针会使高压负荷开关三相同时分闸，避免电气设备缺相运行。

1. 组合式箱变与预装式箱变的特点

组合式箱变与预装式箱变的主要特点如下：

（1）组合式箱变的高压部件内置，结构紧凑，安装方便，环境适应性强，变压器通风散热条件较好。

（2）预装式箱变的保护较为全面，成套性强，安装方便，但体积较大。预装式箱变的特殊形式（也称"华变"）是变压器外露，有独立的高压、低压室，紧凑型欧式箱变的环境适应性强，通风散热条件好。

2. 组合式箱变与预装式箱变的区别

组合式箱变与预装式箱变的主要区别如下：

（1）欧式箱变有单独的高压开关柜，通常配置熔断器真空负荷开关带接地。美式箱变一般采用高压负荷开关，开断能力差，一般安装在变压器的油箱内。

（2）欧式箱变配置的高压负荷开关，任意一相熔断器动作可联动切断变压器电源，并可提供二次动作信号。美式箱变的负荷开关只能在空载状态下投切，且这个过程会在变压器油箱内产生乙炔含量。

（3）欧式箱变的变压器有一个单独的变压器室。目前，一般变压器是干式变压器，而油浸式变压器可以在室外运行，于是欧式箱变把变压器移到外壳的外面，称为"华变"。这样既节约了成本，又解决了变压器的散热问题。

（4）欧式箱变的外壳多采用阻燃复合材料或非金属玻璃纤维水泥材料。美式箱变外壳一般为钢板喷漆材料。

6.3.2　YB系列预装式变电站

YB系列预装式变电站是将高压开关设备、配电变压器、低压开关设备、电能计量设备和无功补偿装置等按一定的接线方案组合在一个或几个箱体内的紧凑型成套配电装置。它适用于额定电压 10/0.4kV 三相交流系统中，作为接受和分配电能之用。其产品型号含义如图 6-21 所示。

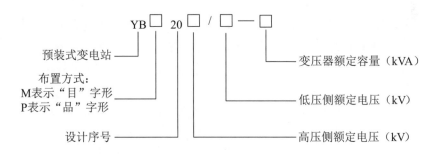

图 6-21　YB 系列预装式变电站型号含义

YB 系列预装式变电站箱体结构主要有"目"字形和"品"字形两种："目"字形布置是一种用骨架焊接成"目"字形的布置结构，高压室较宽，便于实现环网或双电源接线的环网供电方案，如图 6-22 所示；"品"字形布置是一种无骨架成"品"字形的布置结构，如图 6-23 所示。

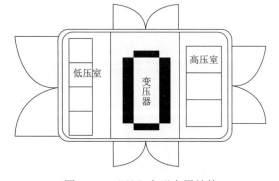

图 6-22　"目"字形布置结构

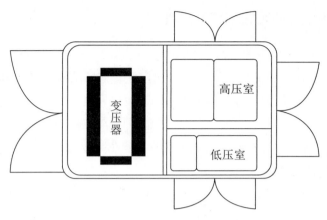

图 6-23   "品"字形布罩结构

6.3.3   箱式变电站的使用

箱式变电站无论采用哪种材料做壳体，都必须满足防火、防晒、防雨、防锈、防尘、防小动物等要求，并应对箱内湿度、温度进行自动调节控制，有条件时宜设智能监控、信号上传以及远方烟雾报警或装设图像远程监控，满足无人值守的要求。

箱式变电站在投入运行前应仔细核对以下内容：箱内电器符合设计要求，元件选用符合现行规范，各类设备应有试验合格报告，需要接地的部分应连接可靠，接地电阻值应符合规程，周围环境应能满足设备安全运行的要求。

箱式变电站在运行时要特别注意温度和湿度，箱内电器因通风散热条件有限，运行中应注意观察是否需要降容使用；箱式变电站所有进出线的电缆孔、洞应采用防火材料封堵，防止水、潮气和小动物进入造成事故；箱式变电站的门必须牢固可靠地关好，以防各种意外的发生，门上应有明显的高压危险警告标志及电气设备的铭牌编号。

第 7 章　高压电力线路

高压电力线路是电力网的重要组成部分，担负着输送和分配电能的任务。目前，我国电力线路的最高电压已达 1000kV。一般将 220kV 及以上的线路称为输电线路；35～110kV 的线路称为高压配电线路；10kV 则为中压配电线路；1kV 以下为低压配电线路。

7.1　高压电力线路的种类

按照高压电力线路的结构不同，可将其分为架空线路和电缆线路两大类。

7.1.1　高压架空线路

架空线路架设在杆塔上，裸露在空气中，容易受外界气候和环境条件的影响，故障率高，运行可靠性差，同时架空线路不能跨越大江海域，影响城市环境美化。但它具有投资少，施工、维修和检修方便的优点，所以电力网中绝大多数的电力线路都采用架空线路。与电缆线路相比，架空线路存在着明显的优缺点，具体如下所述。

1. 高压架空线路的优点

架空线路由于是利用杆塔架设的高、低压电力线路，且每个杆塔之间的档距超过 25m，因此架空线路与电缆线路相比具有以下优点：

（1）所用设备材料简单，易于加工制造，造价低，维修费用低。

（2）便于施工安装，工程建设速度快。

（3）全部线路设置在地面以上，易于发现缺陷和故障点，便于巡视、检修和维护。

（4）事故查找和处理时间短，可减少停电时间，尽快恢复送电。

2. 高压架空线路的缺点

架空线路由于是露天架设，与电缆线路相比存在如下缺点：

（1）受外界气候条件和周围环境干扰的影响较大，容易受自然灾害和外力破坏，易遭受雷击，发生事故的机会较多，供电可靠性较差。

（2）因导线裸露在空气中，与地面建筑物、树木等其他设施均需保持一定的安全距离，故占用廊道的空间比较大，影响（制约）土地的开发利用。

7.1.2　高压电缆线路

高压电缆线路是将电缆埋入地下，可避免外力破坏和气候环境的影响，故障概率低，运行可靠性高，电缆线路无须架设杆塔，还可以跨海传送电能。但电缆线路投资大，施工期长，出现故障后故障点难于查找，维护检修不方便，所以只在一些特殊地区才采用电缆线路。电缆线路与架空线路相比具有以下优缺点。

1. 高压电缆线路的优点

高压电缆线路一般都是埋入地下、水下或敷设于管道、沟道、隧道中，因此与架空线路相比，电缆线路具有以下优点：

（1）电缆线路受外界气候条件和周围环境干扰的影响较小，不受雷击、风害、覆冰、风筝和鸟害等影响，不存在架空线路常见的断线倒杆、绝缘子闪络破碎，以及因导线摆动所造成的短路和接地事故等，因此具有供电可靠的优点。

（2）电缆线路一般埋设于土壤中或敷设于室内、隧道里，从安全方面看，相对于架空线路能减少对人的危害，并使市容整齐美观。

（3）电缆线路受路面建筑物的影响较小，适合在城市繁华地区敷设。

（4）电缆线路运行简单方便，维护工作量小，一般只需定期进行路面观察，定期做预防性试验即可。

（5）电缆的结构可以看成一个电容，有利于提高电力系统的功率因数，提高线路输出容量，降低损耗。

2. 高压电缆线路的缺点

高压电缆线路虽然有上述若干优点，但是也有诸多不足之处，具体包括：

（1）成本高，一次性投资费用较大。

（2）因散热问题，同样的导线截面下，电缆线路的送电容量要小于架空线路。

（3）敷设后不易再变动，不适宜做临时性使用。

（4）电缆线路的分支接头不易解决。

（5）地下电缆寻找故障困难，必须使用专门仪器进行测量，电缆线路发生故障后进行修复及恢复供电的时间是架空线路的多倍，因为电缆线路埋设在地下，修复工艺难度大。

（6）电缆线路接头的制作工艺要求较高，需要由受过专门训练的技工操作。

7.2　高压架空线路的构成

高压架空线路主要由导线、避雷线、金具、绝缘子、杆塔、拉线和基础构成，其结构如图 7-1 所示。

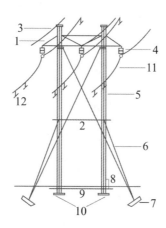

1-横担　2-横梁　3-避雷线　4-绝缘子　5-砼杆　6-拉线　7-拉线盘
8-接地引下线　9-接地装置　10-底盘　11-导线　12-防振锤
图 7-1　高压架空线路的组成元件（双杆）

7.2.1　电杆

电杆是支持导线的支柱，是架空线路的重要组成部分。电杆在架空线路中用于固定横担、绝缘子、导线及其相连接的金属附件，保持导线与地面、导线与导线、不同电压等级线路之间的安全距离。

1．电杆的分类

电杆按材质分为木结构杆、钢筋混凝土杆、金属杆三种。

（1）木结构杆（木杆）：木杆的优点是绝缘性能好、质量轻、便于运输和施工。但是木杆的机械强度低、易腐烂、维护工作量大、使用年限短。另外，由于实际资源的制约以及出于环境保护等角度的考虑，目前木杆在国内已经不被推广使用。

（2）钢筋混凝土杆（水泥杆）：水泥杆的优点是经济耐用、寿命长、不易腐蚀、不受气候影响。但是由于水泥杆较为笨重，运输极为不方便，在山区之中特别明显。但是排除环境因素的制约，该类型的杆塔经济耐用，在我国架空电力线路中应用极为广泛。水泥杆使用最为广泛的是拔梢杆，即环状锥形杆。10kV 及以下配电线路大多采用锥形杆，15m 以下都是整根杆，15m 以上可用两段或三段组成接杆。

（3）金属杆：金属杆的优点是牢固可靠、使用寿命长，但耗用钢材多、投资大，且易腐蚀，因此维护费用比水泥杆高，但由于其坚固可靠，较水泥杆轻，可安装脚钉，上下方便，特别是钢电杆抗弯矩比水泥杆大得多，因此在高压输电线路和城市架空线路中多有采用。

2. 电杆的杆型

电杆按其在架空线路中的位置和功能可分为以下几种杆型：

（1）直线杆塔（亦称中间杆塔）：用于线路直线段，在线路运行正常时可承受各种垂直荷载（如绝缘子、导线、线路金具等重量）及水平荷载（如风压力等）。

（2）分段杆塔（亦称耐张杆塔）：多用于线路分段处，不仅承受与直线杆相同的荷载，还承受导线的不平衡张力，特别是承受导线断线张力，能将线路倒杆、断线控制在本耐张段内。

（3）转角杆塔：用于线路的转角处，在承受各种垂直荷载和风压力的同时，还承受导线的转角合力。

（4）终端杆塔：用于线路的始、末端处，可承受单侧导线的各种垂直荷载和风压力及单侧导线张力。

（5）分支杆塔：用于线路分支处，有直线分支杆塔和转角分支杆塔。

（6）跨越杆塔：用作跨越公路、铁路、河流、架空管道、电力线路、通信线路等的电杆，施工时，必须满足规范规定的交叉跨越要求。

如图 7-2 所示是上述各种杆型在架空线路中的应用。

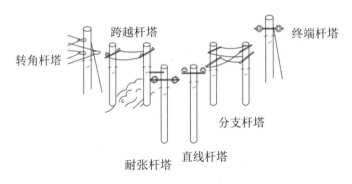

图 7-2   各种杆型在架空线路中的应用

3. 钢筋混凝土电杆基础的构成

钢筋混凝土电杆基础的构成可简称为线路"三盘"，即底盘、卡盘、拉盘，如图 7-3 所示。线路"三盘"的具体选用应根据杆坑的土壤情况、线路受力特点和运行环境决定。其作用分别表述如下：

（1）底盘是埋在电杆底部的钢筋混凝土盘，承受电杆的下压力，防止电杆下沉。

（2）卡盘是紧靠杆身埋在地面以下的钢筋混凝土盘，承受电杆的横向力，防止电杆倾斜。

（3）拉盘是埋在土中的钢筋混凝土盘，承受拉线的上拔力，稳住电杆。

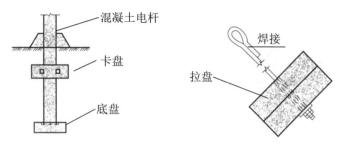

图7-3　钢筋混凝土电杆基础

7.2.2　横担和拉线

横担安装在电杆的上部，用来安装绝缘子以及架设导线，常用的横担有木横担、铁横担和瓷横担（现在普遍采用的是铁横担和瓷横担）。直线杆的横担应安装在负荷侧，分支杆和终端横杆上的单横担应安装在拉线侧。

瓷横担具有结构简单、安装方便、便于维护的优点，但其最大的缺点是脆而易碎。同时，由于瓷横担具有良好的电气绝缘性能，一旦发生断线故障，它能做相应的转动，以避免事故的扩大，所以瓷横担在10kV及以下的高压架空线路中被广泛应用。图7-4为10kV电杆上安装的瓷横担。

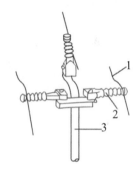

1-10kV导线　2-瓷横担　3-水泥杆
图7-4　10kV电杆上的瓷横担

拉线是为了平衡电杆各方面的作用力，并抵抗风压以防止电杆倾倒而使用的，在架空电力线路中，凡承受不平衡荷载比较显著的电杆都应安装拉线，以保证电杆的稳定。如终端杆、转角杆、分段杆等往往都装有拉线。拉线由上把、中把和下把三部分组成，如图7-5所示。

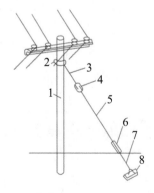

1-电杆　2-抱箍　3-上把　4-拉紧绝缘子　5-中把　6-花兰螺栓　7-下把　8-拉盘
图7-5　拉线结构

7.2.3　绝缘子和金具

　　绝缘子又称瓷瓶。线路绝缘子用来将导线固定在电杆上，并使导线与电杆绝缘。因此既要求绝缘子具有一定的电气绝缘强度，又要求它具有足够的机械强度。架空线路常用的绝缘子有针式绝缘子、悬式绝缘子、蝶式绝缘子等，如图 7-6 所示。

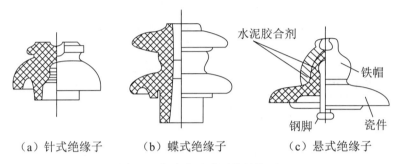

（a）针式绝缘子　　　（b）蝶式绝缘子　　　（c）悬式绝缘子

图 7-6　架空线路常用的绝缘子

　　线路金具是用来连接导线、安装横担和绝缘子等的金属附件，按其性能和用途大致可划分为悬垂线夹、耐张线夹、连接金具、接续金具、防护金具和拉线金具六大类。

1．悬垂线夹

　　悬垂线夹用于悬挂或支托导线，是主要承受垂直荷重的金具，用来将导线固定在绝缘子串上或将避雷线悬挂在直线杆塔上，亦用于在分支杆塔上支持换位导线，在耐张、转角杆塔上固定跳线。常见的悬垂线夹如图 7-7 所示。

U形螺丝式　　　碗头挂板式　　　U形挂板式　　　铝合金　　　预绞式
悬垂线夹　　　　悬垂线夹　　　　悬垂线夹　　　悬垂线夹　　悬垂线夹

图 7-7　悬垂线夹图

2．耐张线夹

　　耐张线夹是用于固定导线的端头，并承受导线张力的金具，用来将导线或避雷线固定在非直线杆塔耐张绝缘子串上，起锚定作用，也可用于地线、光缆及拉线上。常见的耐张线夹如图 7-8 所示。

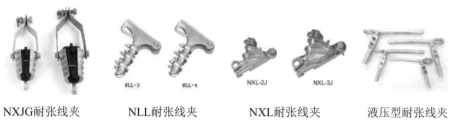

| NXJG耐张线夹 | NLL耐张线夹 | NXL耐张线夹 | 液压型耐张线夹 |

图 7-8　耐张线夹图

3. 连接金具

连接金具是将绝缘子、悬垂线夹、耐张线夹及防护金具等连接组合成悬垂或耐张串（组）的金具，又称为挂线零件，它承受机械载荷。常见的连接金具如图 7-9 所示。

图 7-9　连接金具图

4. 接续金具

接续金具专用于各种裸导线、地线的接续。接续金具承担与导线相同的电气负荷及机械强度。常见的接续金具如图 7-10 所示。

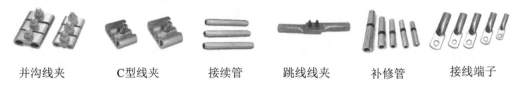

并沟线夹　　　C型线夹　　　接续管　　　跳线线夹　　　补修管　　　接线端子

图 7-10　接续金具图

5. 防护金具

防护金具是用于对导线、地线、各类电气装置或金具本身起到电气性能或机械性能防护作用的金具。常见的防护金具如图 7-11 所示。

防震锤　　　铝包带　　　均压屏蔽环　　　重锤片　　　间隔棒

图 7-11　防护金具图

6. 拉线金具

拉线金具是指由杆塔至地锚之间连接、固定、调整拉线的金具。拉线材料为镀锌钢绞线，拉线金具包括心形环、花兰螺丝、PD 挂板、钢线卡子、U 型挂环、楔型线夹等金具。常见的拉线金具如图 7-12 所示。

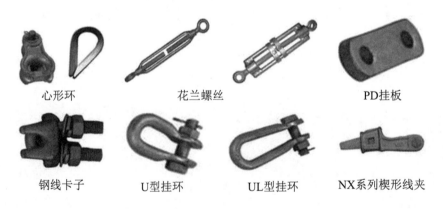

心形环　　　　花兰螺丝　　　　PD挂板

钢线卡子　　　U型挂环　　　UL型挂环　　　NX系列楔形线夹

图 7-12　拉线金具图

7.2.4　导线

导线是线路的主体，担负着输送电能的功能。它架设在电杆上边，经常承受自身重量和各种外力的作用，并承受大气中各种有害物质的侵蚀。因此，导线必须具有良好的导电性，同时要具有一定的机械强度和耐腐蚀性。

架空线路允许用裸导线，因其散热好，与同截面电缆相比载流量大。配电线路常用
LJ 型裸铝绞线（如图 7-13 所示）和 LGJ 型钢芯铝绞线（如图 7-14 所示）。另外还有
HLJ 型铝合金线，但其价格昂贵、施工麻烦，配电线路很少使用。GJ 型钢绞线常用于
防雷架空地线和拉线的制作。城市配电网为提高线路供电安全，采用额定电压为 10kV
的 JKLYJ 型架空绝缘导线，如图 7-15 所示，其型号含义是：架空铝芯、交联聚乙烯绝
缘单芯电缆。

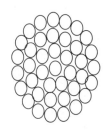 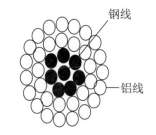 

图 7-13　铝绞线截面图　　图 7-14　钢芯铝绞线截面图　　图 7-15　JKLYJ 型架空绝缘导线

7.3　架空线路的安装、巡视检查与运行维护

本节主要阐述了架空线路敷设、设计和安装等方面的规范要求，同时为了确保电力
系统传输电力的质量，提高电力传输的安全性和可靠性，需要不断加强架空输电线路运
行的巡视检查力度，及时发现问题和解决问题。

7.3.1　架空线路的安装

架空线路的安装主要包括立杆、架线、导线连接绑扎、检查施工质量等工作。安装
过程中要严格遵守有关技术规程的规定，如在无建筑物屏蔽地区应采取防雷击断线措施，
特别是立杆、组装和架线时，更要注意人身安全，防止发生事故。

1. 电杆的安装

电杆的安装应符合下列要求：

（1）电杆埋深：应根据电杆长度、受力情况、土质情况等因素来设计确定。10kV
及以下电力线路，一般采用 15m 以下锥型电杆，埋深可按杆长的 1/10+0.7m 确定（参
考值），不小于 1.5m，变台电杆不小于 2m，城市道路照明规程规定为 2.5m。

（2）档距：架空线路的档距（又称跨距）是同一线路上相邻两根电杆之间的水平
距离。不同电压等级和不同地区的架空线路档距如表 7-1 所示。

表 7-1　不同电压等级和不同地区的架空线路档距

地区	配电线路电压	
	10kV、3.6kV	1kV 及以下
城镇	40～50m	40～50m
郊区	60～100m	40～60m

2. 拉线的安装

拉线是用绝缘镀锌钢绞线制成的，用于平衡电杆所承受的导线张力和水平风力，以防电杆倾倒及断线引起的倒杆事故。

拉线按作用可分为张力拉线与风力拉线；按拉线形式可分为普通拉线、水平拉线、V 形拉线、共同拉线和弓形拉线等。

安装拉线时规定拉线对地夹角最好成 45°，但在城市中由于地面限制，标准施工图集都采用与电杆成 30°，即与水平地面成 60°布置拉线。同时还要求承力拉线应与线路方向中心线相对正；分角拉线应与分角线方向相对正；防风拉线应与线路方向相垂直。如图 7-16 所示为导线、电杆、拉线受力方向示意图。

10kV 绝缘架空线路，其拉线亦用绝缘镀锌钢绞线，一般可不装拉线绝缘子，但小区柱上变台低压引出线，当拉线穿过导线时，多数都装有拉线绝缘子。带绝缘子的拉线如图 7-17 所示。拉线坑的深度宜为 1.2～1.5m，拉线绝缘子距地面的高度不应小于 2.5m。

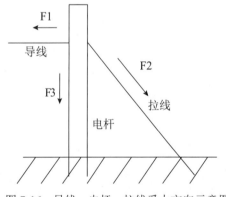
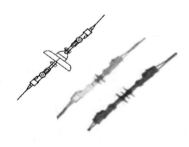

图 7-16　导线、电杆、拉线受力方向示意图　　图 7-17　带绝缘子的拉线

以前打拉线先作下把，再作上把，最后作中把，按顺序拉紧，完成打拉线工作。现在大量采用拉线金具，依次拉紧即可完成拉线的安装工作，减小了施工难度，加快了施工进度。

3. 导线的安装

架空线路导线及地线的安装，总体上要求选择具有良好的电气性能和机械性能强的材料，保证安全可靠的运行参数（限距、弧垂等），采用合理的施工工艺。

导线的安装应符合如下几方面的要求：

（1）导线在电杆上的排列方式如图 7-18 所示。三相四线制低压架空线路的导线一般都采用水平排列，如图 7-18（a）所示。由于中性线的电位在三相对称时为零，而且其截面也较小，机械强度较差，所以中性线一般架设在中间靠近电杆的位置，面向负荷从左至右为 A、N、B、C。

三相三线制架空线路的导线可三角形排列，如图 7-18（b）、图 7-18（c）所示，也可水平排列，面向负荷从左至右为 A、B、C，如图 7-18（f）所示。

多回路导线同杆架设时，可三角、水平混合排列，如图 7-18（d）所示，也可全部垂直排列，如图 7-18（e）所示。电压不同的线路同杆架设时，电压较高的线路应架设在上面，电压较低的线路则架设在下面。

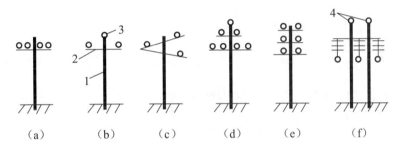

1-电杆 2-横担 3-导线 4-避雷线

图 7-18 导线在电杆上的排列方式

（2）架空线路导线的各种距离。根据运行经验得知，导线截面越小越容易发生断股，小区配电支线一般都选不小于 70 mm² 绝缘铝线。10kV 架空线路应根据线路供电规划选择导线规格，宜选用 70 mm²、185 mm²、240 mm² 等导线截面。同杆架设横担之间最小垂直距离如表 7-2 所示。

表 7-2 同杆架设横担之间最小垂直距离

（单位：m）

横担与横担	直线杆	分支杆或转角杆
高压与高压（10kV/10kV）	0.8	0.45/0.6
高压与低压（10kV/1kV）	1.2	1.0
低压与低压（1kV/1kV）	0.6	0.3

导线的弧垂（又称弛垂）是架空线路一个档距内导线最低点与两端电杆上导线悬挂点间的垂直距离，如图 7-19 所示。导线的弧垂是由于导线存在荷重所形成的。弧垂不宜过大，也不宜过小，过大则在导线摆动时容易引起相间短路，而且可造成导线对地或对其他物体的安全距离不够；过小则使导线内应力增大，在天冷时可能收缩绷断。

架空线路与地面、建筑物、树木的最小距离如表 7-3 所示。

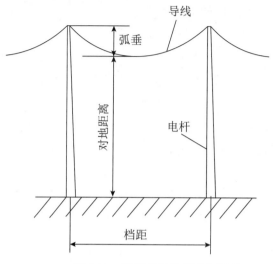

图 7-19 架空线路的档距和弧垂

表 7-3 高低压架空线路与地面、建筑物、树木的最小距离

（单位：m）

距离物体	架线场所	电压	
		1kV 及以下	3-10kV
距地面	人口密集地区	6.0	6.5
	人口稀少地区	5.0	5.5
	交通困难地区	4.0	4.5
距建筑物	最大弧垂时的最小垂直距离	2.5	3.0
	最大偏移时的最小水平距离	1	1.5
距树木	最大弧垂时的最小垂直距离	1	1.5（0.8）
	最大偏移时的最小水平距离	1	2.0（1.0）

　　架空线路的线间距离、架空线路与各种设施接近和交叉的最小距离等，在有关技术规程中均有规定，在设计和安装时必须遵循。

　　（3）相关组件的安装与耐张绝缘子串的安装。10kV 架空线路通常采用两片悬式绝缘子，如图 7-20（a）所示；为防止倒挂而采用如图 7-20（b）所示的安装方式；小截面、小档距（不超过 30m）接户线也可采用一片悬式加一个碟式瓷瓶，可不用耐张线夹，采用绑扎法固定，较简单经济，如图 7-20（c）所示，值得注意的是顶端导线与两边导线所用金具不同，上导线采用 U 形环，边导线采用直角挂板，施工中应注意材料表中的型号数量（不同截面导线、拉板规格是不相同的）。

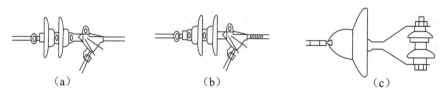

图 7-20 耐张绝缘子串的安装

（4）导线的连接。架空线路导线承力连接的一般规定为：不同金属、不同规格、不同纹向的导线严禁在档距内承力连接；导线接头距导线固定点不应小于 0.5m；在一个档距内每根导线只允许有一个接头（10kV 及以下接户线档距内不应有接头）；铝绞线或钢芯铝绞线在档距内承力连接可采用钳压接续管或采用预绞式接续条；10kV 绝缘线在档距内承力连接可采用液压对接接续管。

现在 10kV 架空线路的导线连接处多采用楔形线夹（安普线夹，如图 7-21 所示）并外加绝缘护套或绝缘包封，可起到绝缘和防水的作用。

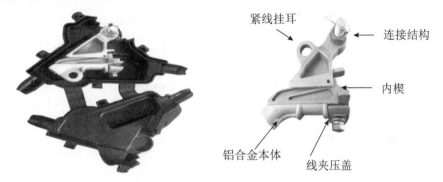

图 7-21　楔形线夹

4. 架空线路接地装置

小接地短路电流系统中，无避雷线的高压电力线路，在居民区的钢筋混凝土电杆宜接地。金属杆应接地，接地电阻不宜超过 30Ω；中性点直接接地的电力网和高、低压线路共杆的电力网，其钢筋混凝土杆的钢筋、铁担以及金属杆应接零，接零的电杆可不另作接地；沥青路面上的高低压线路钢筋混凝土电杆和金属杆，可不另设人工接地装置，钢筋混凝土电杆的钢筋、铁横担和金属杆也可以不接零。

杆上装有电气设备的混凝土杆必须接地。原则上工作接地与保护接地应分开，独立设置，工作接地采用绝缘导线引出后接地，保护接地设置在变压器安装处。工作接地和保护接地两者接地体之间应无电气联接，相距应不小于 5m，接地电阻值不大于 4Ω。当变压器保护接地、工作接地以及低压线路重复接地的并联等效电阻小于 0.5Ω 时，工作接地、保护接地可不分开独立敷设。

5. 接户线与进户线

接户线是指从配电系统供电至用户进线处第一个支撑点之间的一段架空导线，由供电部门负责运行维护。成套居民住宅小区或数据中心的用户如采用电缆进线，就只有进户电缆，没有接户线与进户线了。

进户线就是从接户线末端至用户受电设备之间（计量设备）的一段线路，也就是从供电部门与用户责任分界点起接至计量设备之间的一段线路，进户线归用户（或用户房屋的管理部门）运行维护。

在线路检查中，通常是对高压线路和低压线路的检查，忽视或很少对接户线、进户线检查，而大多数的电气事故往往出自接户线和进户线线路中，因此在线路维护工作中，一定要重视对接户线和进户线的维护和管理。

接户线和进户线的安装维护相关规定如下：

（1）进户线与电线杆衔接处应装隔离开关或装用户分界负荷开关，俗称看门狗。

（2）第一支撑点与电线杆的距离不应大于30m。

（3）当采用架空线接户线长度大于30m时，或用电缆引入，负荷在1500kV·A以下时，在第一支撑点处应装跌开式熔断器。

（4）架空线路长度不大于30m时，导线相间距离应不小于450mm，应采用多股绝缘线，铜芯大于25mm²导线不许有接头，线芯不许外露。导线对地不小于4.5m、临街小于5.0m。

（5）电缆引出需经隔离开关与架空线连接，属于用户维护电缆头应单独设杆。

（6）架空引入一般采用悬式、碟式各一片，架空引入尽量不跨越建筑物，必须跨越时距屋顶应不小于3m，但不许跨易燃物品屋顶、变压器室大门上方；两路电源引入，不准同杆架设；变电所墙上固定临近两侧导线间距不小于2.2m。

6. 架空线路的其他设备

架空线路的其他设备主要包括用户分界负荷开关、验电接地环、线路故障显示器以及驱鸟器等。

用户分界负荷开关安装在10kV馈电架空线路上（可替代用户分界刀闸），其主要作用是减少发生故障的用户线路对无故障用户线路的连带性事故停电、缩小故障停电范围、缩短非故障用户停电时间，从而提高用户连续供电的可靠性。

用户分界负荷开关由开关本体及测控单元构成，如图7-22所示。分界负荷开关的灭弧是采用真空管灭弧，真空管与隔离刀闸串联实现联动保护，箱体内充SF₆气体作为相间及相对地绝缘，内置电压互感器、电流互感器，并有CPU处理器和通信模块，故障跳闸时具有电压判断、故障记忆和跳闸闭锁功能。分界负荷开关适用于10kV中性点不接地、经消弧线圈接地或经低电阻接地系统的10kV架空配电线路与用户的分界。分界负荷开关具有自动切除用户侧单相接地故障、自动隔离用户侧相间短路故障、拉合正常负荷电流等功能。

验电接地环用于10kV架空绝缘导线上，解决绝缘导线验电困难和检修时无法挂地线的问题，宜选用有绝缘护罩包封的接地环。

线路故障显示器在10kV线路运行正常时显示白色，当线路故障时，在故障区域内的显示器均显示为红色，待故障消失后，经一定时间自动恢复原状。故障显示器的安装极大地提高了线路运行人员排查故障的效率，使抢修工作得以迅速展开，缩短了事故停电时间。

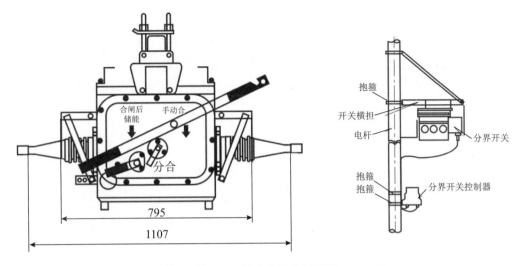

图 7-22 用户分界负荷开关

线路驱鸟器为红色，外形类似风车，安装在 10kV 线路横担上，目的是减少小鸟筑巢对线路安全运行带来的不利影响。

7.3.2 架空线路的巡视检查和运行维护

架空线路具有点多、面广、线长的特点，长期暴露在野外，极易遭受各种外力的损害，因此对架空线路的运行维护和巡视检查成为电力系统可靠运行的关键。

1. 架空线路运行前的检查、验收

架空线路在投入运行前需做如下检查、验收工作：

（1）按隐蔽工程记录，进行隐蔽工程验收、电杆埋深，铁杆现浇基础、底盘、卡盘、拉线盘规格及埋设情况，导线连接所用连接管、线夹型号、规格正确、连接质量符合要求。接地装置敷设、连接质量、接地电阻测量符合要求。

（2）摇测绝缘电阻，用 2500～5000V 摇表，测 5min，最好用电动摇表，阻值要不小于 1000MΩ。

（3）核定线路相位、相序，线路保护装置整定符合要求。

（4）以额定电压进行三次冲击合闸，经空载运行 72h 后，可带负荷。

2. 架空线路的巡视检查

架空线路的巡视检查内容如下：

（1）定期巡视：要由专职人员进行巡视。巡视方式有：①特殊巡视：如在气候恶劣、冬末春初、秋末冬初时和雨夹雪灾害时的巡视；②一般巡视：如夜间巡视、负荷高峰巡视、阴霾大雾巡视等，主要检查导线连接点是否过热、瓷瓶闪络是否有放电现象等；

③故障巡视：主要是检查继电保护动作情况，查找故障点，以便及时处理。

（2）巡视检查周期：10kV线路每季度至少一次。

（3）巡视检查内容：①电杆：电杆不倾斜、弯曲，零部件不变形，基础不下沉，螺栓、销子无松动、退扣、脱扣，金具铁件无锈蚀，杆上无鸟巢、风筝，钢筋混凝土杆无裂纹、露筋、结冰冻涨，电杆路名、杆号标志、接地引下线完好，连接牢固。②导线：导线无锈蚀、断股、烧伤，连接点线夹、跌落保险接线柱接触良好，无过热；三相弧垂一致，与各种导线、建筑物交叉、跨越时，绑线、线夹、弓子线间、线对地等符合要求。在环境温度25℃时，裸铝线正常运行的最高温度不应超过70℃。③绝缘子：针式绝缘子无损伤、烧黑、闪络放电、脱母、倾斜；陶瓷横担固定螺栓不松动，倾斜角符合规定；悬式瓷瓶开口销、弹簧销无缺件、脱出或变形；瓷绝缘都无脏污，大雾、阴霾天气不闪络放电。④拉线、拉桩、戗杆：拉线先从下往上看，拉线棒埋设、地上拉紧程度符合要求，UT、楔型线夹紧固，线夹回头线不松脱，带拉线绝缘子不破损，过街拉线对地、板桩角度符合要求，拉线被撞、塑料保护管完整。

3. 架空线路的运行维护

架空线路在运行中时常出现各种故障，这就要求巡视维护人员要做到及时发现、及时处理。架空线路的常见故障与应对措施如下：

（1）线路绝缘子遭受雷击、污闪时，可提高绝缘子耐压水平，将绝缘子额定电压等级提高一级；10kV线路可选用针式绝缘子，但目前很多线路已改用放电钳位柱式瓷绝缘子，以减少10kV架空线路绝缘导线遭受雷击断线的事故。

（2）导线损伤、断股、接头过热时，导线截面、支线线路都可选70mm²以上的导线，以防断股；各种线夹型号、规格与线径相匹配，并按规定施工，其接触电阻不大于1.2倍同长导线电阻，既有足够强度又不致发热。

（3）一相断线接地、两相短路时，应做好防止外力破坏和雷击的保护，在线路建设（改造）中选用合格的、质量好的绝缘子，并在安装前进行耐压试验，保证安装质量。

7.4 高压电力电缆

高压电缆是指用于传输1～1000kV的电力电缆，多应用于电力传输和分配。其中，1.8kV及以下为低压电缆，3.6～35kV为中压电缆，66～220kV为高压电缆，330～750kV为超高压电缆，1100kV以上为特高压电缆。

7.4.1 高压电力电缆的基本结构

高压电力电缆的类型很多，供电系统中常用的高压电力电缆，按其采用的绝缘介质不同，分为油浸纸绝缘和塑料绝缘两大类。目前我国生产的塑料电缆有两种：一种是聚氯乙烯绝缘及护套电缆；另一种是交联聚乙烯绝缘聚氯乙烯护套电缆，其电气性能更优越。高压电力电缆一般由导体（线芯）、绝缘层、保护层和屏蔽层构成。三芯交联绝缘钢带铠装电力电缆截面图如图 7-23 所示，单芯交联绝缘电力电缆截面图如图 7-24 所示，单芯交联绝缘钢带铠装电力电缆实物结构图如图 7-25 所示。

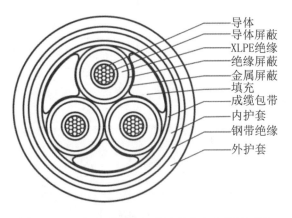

图 7-23 三芯交联绝缘钢带铠装电力电缆截面图

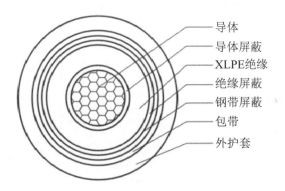

图 7-24 单芯交联绝缘电力电缆截面图

1-线芯 2-交联聚乙稀绝缘层 3-导体屏蔽 4-绝缘 5-金属屏蔽
6-包带 7-内护套 8-钢带铠装 9-外护套

图 7-25 单芯交联绝缘钢带铠装电力电缆实物结构图

1. 高压电力电缆的型号表示和含义

高压电力电缆全型号的表示和含义如图 7-26 所示。

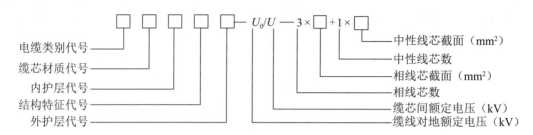

图 7-26　高压电力电缆全型号的表示和含义

例如：YJLV22-8.7/10kV-3×185+1×95 表示交联聚乙烯绝缘钢带铠装聚氯乙烯护套电力电缆，额定电压 8.7/10kV。其中 YJ 是交联聚乙烯绝缘；L 是铝芯（铜芯的可以省略）；V 是 PVC 内衬层；第一个"2"是双钢带铠装；第二个"2"是 PVC 外护套（聚氯乙烯护套）；8.7/10kV 是电压等级，8.7kV 是缆线对地的额定电压（相电压），10kV 是缆芯间电压（线电压）；"3"表示有三根相线芯；"185"表示每一根相线芯的截面为 185mm²；"+1×95"表示带一根截面为 95mm² 的中性线。

2. 绝缘层及材料

电缆绝缘层的作用是将线芯与大地以及线与线间在电气上彼此隔离，电缆的绝缘层材料有油浸纸、橡胶、纤维、塑料等。电缆绝缘结构分相绝缘和带绝缘两种。相绝缘是每个线芯的绝缘；带绝缘是将多芯电缆线芯合在一起，然后施加的绝缘，这样可使线芯相互绝缘，并与外皮隔开，同时将电缆线芯导体相互之间以及与防护层之间保持一定的绝缘。

3. 保护层

为使电缆适应各种使用环境的要求，在电缆绝缘上施加的保护覆盖层叫作电缆保护层，简称护层。护层一般可分为内护层和外护层两类，紧包在电缆绝缘层上的护套称为内护层，内护层外面的覆盖物则称为外护层。外护层主要由内衬层、铠装层及外衬层组成。

（1）内衬层：用来防止在装铠装层过程中内护层被铠装层碰伤，防止金属护套（内护层）与外界腐蚀介质接触，延长电缆的使用寿命。

（2）铠装层：用来减少机械力对电缆的影响，以确保内护层的完整性，同时起到屏蔽电场和防止外界电磁波干扰的作用。

（3）外衬层：用来防止铠装层在敷设过程中受到损伤，同时对铠装层起到防腐蚀的保护作用。

4. 保护层的材料

保护层主要有金属护层、橡胶塑料护层和组合护层三大类。橡、塑护套多用于橡、塑类绝缘电缆。

5. 屏蔽层

6kV 及以上的电缆一般都有导体屏蔽层和绝缘屏蔽层。导体屏蔽层的作用是消除表面的不光滑引起导体表面电场强度的畸变,使绝缘层和电缆导体之间的电场强度均匀化。为了使绝缘层和金属护套有较好的接触,一般在绝缘层外表面均包有外屏蔽层。

对于有金属护套的塑料、橡胶绝缘电缆,绝缘屏蔽材料分别采用半导电塑料和半导电橡胶。对于无金属护套的塑料、橡胶绝缘电缆,在绝缘屏蔽外还包有屏蔽铜带或铜丝。

7.4.2 常用高压电力电缆的类型及适用范围

塑料绝缘电力电缆由于制造工艺简单,并具有工作温度高,敷设、维护、接续比较简便等优点,已经成为最常用的电缆类型。塑料绝缘电力电缆有聚氯乙烯电力电缆(简称 PVC 电缆)、聚乙烯电力电缆(简称 PE 电缆)、交联聚乙烯电力电缆(简称 XLPE 电缆)。

目前高低压电力电缆以交联电缆为主,适用范围列举如下:

(1)VV,0.6/14-3×120+1×70:聚氯乙烯绝缘聚氯乙烯护套电力电缆,可敷设在室内、隧道及管道中,电缆不能承受机械外力作用。

(2)VV22,0.6/14-3×120+1×70:聚乙烯绝缘钢带铠装聚氯乙烯护套电力电缆,可敷设在室内、地下、隧道及矿井,电缆不能承受拉力。

(3)YJV,0.6/1.4-3×120+1×70:交联聚乙稀绝缘聚氯乙烯护套电力电缆,固定敷设在空中、室内、电缆沟、隧道或者地下。

(4)YJV22,8.7/15-3×240:交联聚乙烯绝缘钢带铠装聚氯乙烯护套电力电缆,固定敷设在有外界压力作用的场所。

(5)ZRYJV22,8.7/15-3×240:交联聚乙烯绝缘聚氯乙烯护套钢带铠装阻燃电力电缆,敷设在阻燃场所、室内、电缆沟、隧道或者地下。

7.4.3 高压电缆截面的选择

在电力系统中,对于需要长时间工作的电缆而言,当电缆中有电流流过时,电缆会有一定的温升。当电缆流过的电流小于此工况下的额定载流量时,电缆的温升不会影响绝缘层的绝缘效果,因此电缆可以正常工作;而当电缆中流过的电流大于其额定载流量时,电缆温升会加大,会使绝缘损坏,甚至燃烧,危及工作人员安全,导致设备损坏,造成很大的经济损失。因此，电缆截面的选择显得尤为重要。

1. 高压电缆截面选择的原则

为了供电系统安全、可靠、经济、合理地运行，高压电缆选择时须满足以下四个条件：

（1）发热条件：导线电缆通过正常最大负荷电流时，产生的发热温度不应超过正常运行的最高允许温度。

（2）电压损耗：导线电缆通过正常最大负荷电流时，产生的最大电压损耗不应超过正常运行时允许的电压损耗。

（3）经济电流密度：中压线路和特大电流的低压线路，按经济电流密度选取经济截面，可以减小电能损耗，节省有色金属。10kV 配电系统电缆通常不按经济电流密度选择。

（4）机械强度：导线截面不应小于其最小允许截面。对于电缆，不必校验其机械强度，但要校验短路热稳定度。

2. 高压电缆截面选择的要求

电缆的正常发热温度一般不得超过额定负荷时的最高允许温度。按发热条件选择电缆相线截面时，应使其允许载流量不小于通过相线的计算电流。

所谓电缆的允许载流量就是在规定的环境温度条件下，电缆能够连续承受而不致使其稳定温度超过允许值的最大电流。如果电缆敷设地点的环境温度与电缆允许载流量所采用的环境温度不同时，则电缆的允许载流量应乘以温度校正系数。

这里所说的"环境温度"，是按发热条件选择导线所采用的特定温度。在室外，环境温度一般取当地最热月平均最高气温。在室内，则取当地最热月平均最高气温加 5℃。对土中直埋的电缆，则取当地最热月地下 0.8 ～ 1m 的土壤平均温度，亦可近似地取为当地最热月平均气温。

按发热条件选择的电缆截面，还必须校验它与相应的保护装置（熔断器或低压断路器的过流脱扣器）是否配合得当。如配合不当，则可能发生电缆因过电流而发热起燃但保护装置不动作的情况，这是不允许的。

7.4.4　高压电力电缆的敷设

高压电力电缆的敷设方式有：直接埋地敷设、电缆沟内支架敷设、电缆桥架敷设、电缆管井敷设、地槽敷设、电缆地下隧道内支架敷设、沿建筑物墙壁敷设、在混凝土排管内敷设以及架空敷设及水底敷设。下面以电力电缆直接埋地的敷设方式为例进行简要介绍。

电力电缆直接埋设在地面下 0.7 ～ 1.0 m 深的壕沟中的敷设方式，称为电缆线路直埋敷设方式，如图 7-27 所示。它适用于市区人行道、公园绿地及公共建筑间的边缘地带，是最简便的敷设方式。

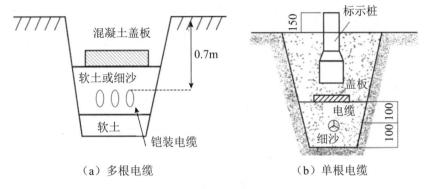

图 7-27　电力电缆直埋敷设图

电力电缆直接埋地敷设前要检查以下内容：电缆规格、型号及长度要符合设计要求；电缆不得扭绞；6kV 及以上电缆用 2500V 兆欧表测试其绝缘电阻，与出厂合格证比较，应无明显下降；6kV 及以上电缆经摇测绝缘电阻无问题后，应进行耐压和泄漏试验；电缆与铁路、厂区道路交叉处应敷设在坚固的保护管内，管的两端宜伸出路基 2m；电缆与各类管道平行、交叉的距离应符合安装规定；电缆接头应牢固可靠，保持绝缘强度，不得受张力；进出建筑物，特别是配电室的电缆保护管必须有防雨、防潮、防小动物并经保护管进入室内的措施，用于封堵保护管管口的材料应采用经国家相关部门认定合格的阻燃材质；并列运行的电力电缆，其长度应相等；电缆各支持点间的距离应符合规定。

电力电缆直接埋地敷设时应避开含有酸、碱强腐蚀或杂散电流电化学腐蚀严重影响的地段，没有防护措施时要避开白蚁危害地带、热源影响和易遭受外力损伤的区段。在施工放缆过程中应分段进行，一般以一盘电缆的长度为一施工段，施工顺序为预埋过路导管，挖掘电缆沟，敷设电缆，电缆上覆盖 10cm 厚的细土，盖电缆保护盖板及标志带，回填土。当第一段敷设完工清理之后，再进行第二段敷设施工。

电力电缆直接埋地敷设的主要优点是电缆散热良好，转弯敷设方便，施工简便，工期短，便于维修，造价低，线路输送容量大。

电力电缆直接埋地敷设的主要缺点是容易遭受外力破坏，巡视、寻找故障点不方便，增设、拆除、故障修理需要开挖路面，影响市容和交通，不能可靠地防止外部机械损伤，易受土壤酸、碱等化合物的腐蚀作用。

7.4.5　高压电缆的连接

高压电缆的连接是指电缆线路中各种电缆的中间连接及终端连接。电缆连接主要是依据电缆结构的特性，既能恢复电缆的性能，又能保证电缆长度的延长及终端的连接。

高压电缆连接附件按其用途可分为终端头和中间接头。其中，终端头又分为户外终端头、户内终端头。按安装方式和使用材料可分为浇注式、绕包式、瓷套式、热缩式、预制式、冷缩式。其中，热缩式和冷缩式连接应用最为广泛。

所谓热缩式连接方式就是套在电缆导体连接起来的外面的绝缘和护套管材是一种热缩材料，当两根电缆的中间导体连接好以后，用热吹风或者其他加热设备加热热缩管，热缩管会缩小，直到紧紧贴在电缆外面，这样两根电缆就安全地连接起来了。热缩电缆附件因弹性较小，运行中热胀冷缩时可能使界面产生气隙，为防止潮气浸入必须严格密封。

所谓冷缩式连接方式就是利用弹性体材料（常用的有硅橡胶和乙丙橡胶）在工厂内注射硫化成型，再经扩径，并衬以塑料螺旋支撑物构成各种电缆附件的部件，取出支撑物就能自动收缩复位，不需加热，故称为冷缩。冷缩电缆附件起连接导体、绝缘、密封和保护作用，如图 7-28、图 7-29 所示。

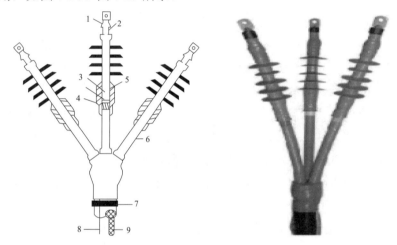

1-绝缘胶带　2-密封绝缘管　3-主绝缘层　4-铜屏蔽层　5-冷缩终端　6-冷缩绝缘管
7-PVC 胶带　8- 小接地编织线　9- 大接地编织线

图 7-28　冷缩电缆头

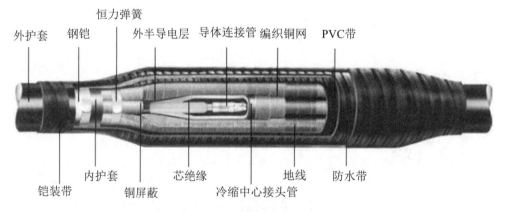

图 7-29　冷缩电缆中间接头

冷缩式连接的主要特点是：冷缩式连接省去了热缩产品采用火焰加热的麻烦和不安全因素，冷缩电缆头在现场安装时，只需将这些预扩张件套在经过处理后的电缆末端或接头处，抽出内部支撑的塑料螺旋条（支撑物），压紧在电缆绝缘上即可。因为制作冷缩电缆附件产品的橡胶材料具有很好的"弹性记忆"效应，且有体积小、操作方便、迅速、无须专用工具、适用范围宽和产品规格少等优点，大大提高了工作效率，因此被广泛使用。

使用冷缩电缆附件连接的基本要求是导体连接良好，绝缘可靠，机械保护性和密封性好。同时还应注意以下几点：①最好不要选择雨天，因为电缆进水严重影响电缆的使用寿命，甚至会出现短路事故；②制作电缆接头前一定要仔细阅读电缆头厂家的产品说明书，这一点对于 10kV 及以上冷缩电缆附件尤为重要，做之前要把所有的工序都想好再做；③ 10kV 以上单芯铠装电缆的冷缩电缆接头，切记只能一端钢带接地；④铜管压制时不能太用力，只要压接到位即可，压接后的铜端面势必会有很多凸起点，这个一定要用锉刀锉平，冷缩电缆附件不能留有任何毛刺；⑤冷缩电缆附件在使用喷灯时，要注意喷灯来回移动，不能只对着一个方向不断供火；⑥冷缩电缆接头的尺寸必须严格按照图纸说明来做，尤其是抽出预留管中的支撑物时，更要小心。

热缩电缆附件与冷缩电缆附件的主要区别如下：

（1）使用方法不同。一个需要加热，一个不需要加热。热缩电缆附件是通过热风枪或者火焰喷枪及其他加热设备加热使用，收缩包覆收缩物体，起到绝缘、密封、防水等效果，用途较广；冷缩电缆附件相对于热缩电缆附件来说，不需要加热也能起到密封绝缘防护的作用，在使用时套在包覆物位置，只需要轻轻抽掉里面的支撑条就可以迅速收缩，安装方便，无须动火，恒久收缩，密封性、耐老化、耐腐蚀性能更强。

（2）地线连接方式不同。冷缩电缆附件使用恒力弹簧；热缩电缆附件使用地线需要焊接。

（3）收缩方式不同。冷缩电缆附件抽取芯部塑料支撑条自然收缩；热缩电缆附件需用火加热收缩。

（4）电场控制不同。冷缩电缆附件使用几何应力锥来控制电场；热缩电缆附件使用热缩应力管来对电场进行控制。

7.4.6　高压电力电缆的安全管理

目前，我国电力系统处于不断扩建规模的时期，高压输电电缆施工也在同步推进，对高压输电电缆安全管理提出了新的要求。因此，要运用合理的技术做好电缆安全管理工作，在保证电缆线路供输电质量的同时，延长电缆正常运行的寿命周期。

1. 高压电力电缆的运行管理

在电力的运输过程中，10kV 电力电缆运输系统一旦出现故障，一般都是不可逆的损伤，将会给社会或企业造成巨大的直接经济损失和事故隐患。由此可见，加强电力电缆的运行管理以及维护电力电缆地下敷设工程是极其必要的。我国传统的电力线缆维护管埋主要就是加强线路敷设段的巡视和试验工作。

1）站内高压电力电缆的日常巡视检查

不论电缆一端在变电所还是两端都在变电所内，在运行中的电缆都要进行日常巡视检查，巡视检查相关规定如下：

（1）日常巡视检查周期：有人值班的变配电所，每班应巡查一次；无人值班的变配电所，每周应巡检一次；遇有特殊情况要根据需要，做特殊巡视检查。

（2）日常巡视检查的主要内容：①观察线路电流，是否超过该电缆线路的额定电流；②电缆终端头连接点无过热变色以及氧化、锈蚀；③并联使用的电缆不因负荷分配不均而导致某根电缆过热；④无打火、放电声响及异常气味；⑤终端接头接地线无松动、脱落等。

2）站外高压电力电缆的定期巡视检查

站外高压电力电缆的定期巡视检查相关规定主要包括以下几方面：

（1）定期检查周期：①敷设在地下、隧道以及沿桥梁架设的电缆、电缆沟、电缆井、电缆支架电缆段等的巡视检查，每三个月至少一次；②敷设在竖井内的电缆，每年至少一次；③室内电缆终端头，根据现场运行情况，每1～3年停电检修一次，室外终端头每月巡视检查一次，每年二月至十一月进行停电清扫检查；④对于有动土工程挖掘暴露出的电缆，按工程情况，随时检查。

（2）直埋电缆线路定期检查内容：①线路标桩是否完整无损；②路径附近地面有无挖掘；③沿路经地而上，有无堆放重物、建筑材料及兴建临时建设工程，有无腐蚀性物质；④电缆引出地面部分的保护设施应齐全，固定件应牢固无锈蚀；⑤电缆进入建筑物外，应无渗漏水现象。

（3）敷设在沟道、隧道、混凝土排管中的电缆线路定期检查内容：①沟盖板应齐全、完整、无渗漏水现象；②电缆井中，积水坑应无积水，墙壁无裂缝、断裂、渗水现象，井盖应齐全、严密；③沟内支架应固定牢固，无锈蚀；④沟道内、隧道中不许有杂物，更不能长时期积水；⑤电缆保护管口及支架处的电缆外护层应无损坏；⑥电缆引出建筑物，保护管口密封应严密，无渗漏；⑦电缆外护层、钢铠应无锈蚀、鼠咬现象。

（4）室外电缆终端头定期检查内容：①终端头的绝缘套管应完整、清洁，无闪络放电痕迹，附近无鸟巢、鼠窝等；②电缆引出线连接点应接触良好，无发热变色现象；③芯线、引线的相间及相对地距离是否符合规定，接地线焊接点无脱焊，接地点应固定牢固，必须形成可靠的电气连接；④芯线相色标志清楚、明显，与系统相位应一致。

3）高压电力电缆的试验

高压电力电缆的试验内容主要包括：

（1）新安装电缆敷设前，每盘电缆均应作绝缘电阻测试和耐压试验。

（2）安装竣工后，在投入运行前，应作交接试验。

（3）接于电力系统的主进电缆及重要电缆，每年应进行一次预防性试验，其他电缆一般每1～3年进行一次试验。预防性试验宜在春、秋季节、土壤水分饱和时进行。

（4）新敷设有中间接头的电缆线路，在投入运行3个月后，应进行一次预防性试验，以后再按试验周期进行。

2. 高压电力电缆常见故障的原因及处置方法

1）高压电力电缆绝缘被击穿

高压电力电缆绝缘被击穿主要存在以下两方面原因：

（1）高压电力电缆本身的品质不良。应选用符合国家标准的电缆，且有数据齐全的试验资料及合格证等。

（2）受高压电力电缆安装质量或运行工况、环境条件的影响，具体包括：①安装时在施工过程中电缆的局部受到多次弯曲，或弯曲半径过小，造成电缆的绝缘或金属铠装等受到损伤。应从施工管理入手，严格按照安装标准施工。②电缆终端头或电缆中间头的制作不符合要求，或制作过程中存在隐患，久之则酿成事故。应从施工管理入手，按照安装标准施工，并全过程监督（必要时进行录像记录）。③电缆长期过负荷运行，加速电缆绝缘老化，对电缆的安全运行有较大的影响。应经常测量和监视电缆的负荷，当出现异常情况时按调整负荷方案迅速降低负荷。④电缆长期处在过电压条件下，甚至在雷雨季节遭到雷电侵入波的伤害，直接威胁到电缆的安全运行。需改善运行条件、完善防雷措施。

2）高压电力电缆保护层被腐蚀

由于腐蚀引起的电缆故障一般发展得较慢，容易被忽视，所以运行中如不及时防止，很可能造成严重后果。电缆被腐蚀的原因主要有以下几个方面：

（1）化学性腐蚀。防止措施包括：①更改电缆线路的路径，敷设电缆要尽量躲开有腐蚀条件的地区；②把电缆敷设在防腐蚀的管道内；③将电缆上、下铺设中性土壤，置换原来具有腐蚀条件的土壤；④在电缆的外护层涂刷防腐蚀材料。

（2）电化腐蚀。对于地下杂散电流引起的电化腐蚀，应用相关的防腐蚀措施处理，具体包括：①将电缆的金属铠装与附近金属物体相绝缘；②装置排流设备；③加装屏蔽管道。

3）高压电力电缆终端头及电缆中间接头故障

电缆终端头、电缆中间接头统称为电缆头。电缆头故障在电缆故障中占有较大的比例，据不完全统计，约占电缆故障总数的40%。究其原因，大多是电缆头制作工艺控制不严格所致，同时，运行中定期巡视检查制度执行也不规范。

在制作过程中，要严格控制每一道工序，采用合格的标准附件，制作过程要防止水分进入，各部位尺寸要准确，包扎应紧密，以保证其密闭性，施工工艺的每一个环节必须逐一认真检查，加强施工质量的监督。必要时，记录制作电缆的全过程以备查。使用中定期巡视检查，及时清除灰尘，采用外部加强绝缘的办法，加强密闭措施。经检查有问题，必须及时处理。

第 8 章　过电压保护与接地装置

过电压保护和接地装置是维护电力系统安全可靠运行、保障人员安全的重要设备，其运行状况对电网的安全稳定运行意义重大。随着我国电力系统的快速发展，电网规模和系统容量不断扩大，对过电压保护和接地装置的运行维护水平提出了越来越高的要求。本章基于这一形势，结合过电压保护设备和接地装置运行的实际情况，阐述了相关的运行维护等问题。

8.1　过电压及雷电的概念

过电压、雷电属于两种不同形式的过电压，如果在电力系统中不加以克服和防范，将对运行的电力系统、设备的安全和人身安全产生巨大危害。

8.1.1　过电压的形成

过电压是指在电气线路或电气设备上出现的超过正常工作要求的电压。在电力系统中，按过电压产生的原因不同，可将其分为内部过电压和外部过电压（雷电过电压）。

1. 内部过电压

内部过电压是由于电力系统本身的开关操作、发生故障或其他原因，使系统的工作状态突然改变，从而在系统内部出现电磁振荡而引起的过电压。

内部过电压有两种基本形式：

（1）操作过电压：是由于系统的开关操作、负荷骤变或由于故障而出现断续性电弧而引起的过电压。

（2）谐振过电压：是由于系统中的电路参数（R、L、C）在不利组合时发生谐振而引起的过电压，包括电力变压器铁芯饱和而引起的铁磁谐振过电压。

运行经验证明，内部过电压一般不会超过系统正常运行时相电压的 3～4 倍，因此对电力线路和电气设备绝缘的威胁比外部过电压小。

2. 雷电过电压

雷电过电压又称外部过电压或大气过电压，是由于电力系统的设备或建筑物遭受来自大气中的雷击或雷电感应而引起的过电压。雷电过电压产生的雷电冲击波，其电压幅值可高达1亿伏，电流幅值可高达几十万安，因此对供配电系统危害极大，必须加以防护。

雷电过电压有两种基本形式：

（1）直接雷击。它是雷电直接击中电气设备、线路或建（构）筑物，其过电压引起强大的雷电流通过这些物体放电入地，从而产生破坏性极大的热效应和机械效应，相伴的还有电磁效应和闪络放电。

（2）间接雷击。它是由雷电对设备、线路或其他物体产生静电感应或电磁感应而引起的过电压。

雷电过电压除上述两种形式外，还有一种是由于架空线路遭受直接雷击或间接雷击而引起的过电压波，沿线路侵入变配电所或其他建筑物，这称为雷电波侵入或闪电电涌侵入。据统计，电力系统中由于雷电波侵入而造成的雷害事故占所有雷害事故的50%～70%，因此对雷电波侵入的防护也应给予足够的重视。

8.1.2 雷电的危害

雷电有多方面的破坏作用，雷电的危害一般分成两种类型：一是直接破坏作用，主要表现为雷电的热效应和机械效应；二是间接破坏作用，主要表现为雷电产生的静电感应和电磁感应。雷电的具体危害表现如下：

（1）热效应。雷电流通过导体时，在极短时间内转换成大量热能，可造成物体燃烧，金属熔化，极易引起火灾、爆炸等事故。

（2）机械效应。雷电流的温度很高，当它通过树木或建筑物墙壁时，被击物体内部水分受热急剧汽化，或从缝隙中分解出的气体剧烈膨胀，因而在被击物体内部出现了强大的机械力，使树木或建筑物遭受破坏，甚至爆裂成碎片。另外，当强大的雷电流通过电气线路、电气设备时也会产生巨大的电动力使其遭受破坏。

（3）电气效应。雷电引起的过电压会击毁电气设备和线路的绝缘，产生闪络放电，以致开关跳闸，造成线路停电；干扰电子设备，使系统数据丢失，造成通信、计算机、控制调节等电子系统瘫痪；绝缘损坏还可能引起短路，导致火灾或爆炸事故；防雷装置泄放巨大的雷电流时，使得其本身的电位升高，发生雷电反击；同时雷电流流入地下，可能产生跨步电压，导致电击。

（4）电磁效应。由于雷电流量值大且变化迅速，在它的周围空间会产生强大且变化剧烈的磁场，处于这个变化磁场中的金属物体会感应出很高的电动势，使构成闭合回路的金属物体产生感应电流，产生发热现象。此热效应可能会使设备损坏，甚至引起火灾。特别是存放易燃易爆物品的建筑物将更危险。

8.2　防雷装置

在科学技术日益发展的今天，人类虽然不可能完全控制暴烈的雷电，但是经过长期的摸索与实践，已积累起很多有关防雷的知识和经验，形成了一系列对防雷行之有效的方法和技术，这些方法和技术对各行各业预防雷电灾害具有普遍的指导意义。本节主要介绍接闪器和避雷器的防雷装置、安装、运行及维护等相关知识。

8.2.1　接闪器

接闪器就是让在一定范围内出现的闪电能量按照人们设计的通道泄放到大地中去，它是专门用来接受直接雷击的金属物体，主要包括避雷针、避雷线、避雷带和避雷网等。

1. 避雷针

避雷针的实质作用是引雷，它能对雷电场产生一个附加电场（由于雷云对避雷针产生静电感应引起），使雷电场畸变，从而将雷云放电的通道由原来可能向被保护物体发展的方向，吸引到避雷针本身，然后经与避雷针相连的引下线和接地装置，将雷电流泄放到大地中去，使被保护物体免受雷击。所以，避雷针的实质是引雷针，它把雷电流引入地下，从而保护了线路、设备和建筑物等。

避雷针一般采用镀锌圆钢或镀锌钢管制成，它通常安装在电杆（支柱）或构架、建筑物上，它的下端要经引下线与接地装置连接。

2. 避雷线

避雷线一般采用截面不小于 $35mm^2$ 的镀锌钢绞线，架设在架空线路的上方，以保护架空线路或其他物体免遭直击雷雷击。由于避雷线既是架空，又是接地，因此它又称为架空接地线。

3. 避雷带

在房屋建筑雷电保护上，用扁平的金属带代替钢线接闪器的方法称为避雷带，它是由避雷线改进而来。在城市的高大楼房上，使用避雷带比避雷针有更多的优点，它可以与楼房顶的装饰结合起来，可以与房屋的外形较好地配合，既美观，防雷效果又好。特别是大面积的建筑，它的保护范围大而有效，这是避雷针所无法比拟的。避雷带的制作采用扁钢，截面积不小于 $48mm^2$，其厚度不应小于 4mm。

4. 避雷网

避雷网是指利用钢筋混凝土结构中的钢筋网作为雷电保护的方法（必要时还可以辅

助避雷网），也叫作暗装避雷网。它是根据古典电学中法拉第笼的原理达到雷电保护的金属导电体网络。

8.2.2 避雷器

避雷器就是将一切从室外来的导线（包括电力电源线、电话线、信号线、天线的馈线等）与接地线之间并联在一起。当直击雷或感应雷在线路上产生的过电压波沿着这些导线进入室内或设备时，避雷器的电阻突然降到低值，近于短路状态，将闪电电流分流入地。

分流是现代防雷技术中迅猛发展的重点，是防护各种电气电子设备的关键措施。近年来频繁出现的新形式雷害几乎都需要采用这种方式来解决。由于雷电流在分流之后，仍会有少部分沿导线进入设备，这对于不耐高压的微电子设备来说仍是很危险的，所以对于这类设备在导线进入机壳前应进行多级分流。

避雷器按放电类型分为阀型避雷器、排气式避雷器、保护间隙和氧化锌避雷器。现在市场上主要应用的有阀型避雷器和氧化锌避雷器两种。

1. 阀型避雷器

阀型避雷器主要由火花间隙和阀片电阻串联而成，与被保护设备相并联。接入电力系统的避雷器正常运行时，火花间隙有足够的绝缘，不会被工频电压所击穿，阀片电阻上也不会有电流。当系统有危险的过电压时，击穿火花间隙，雷电流很快通过阻值已经变小的阀片电阻，泄放入大地。被保护设备（如变压器、电缆头等）承受阀片电阻上的压降，称为残压，残压远低于被保护设备的绝缘击穿强度，使设备得到保护，其结构和工作接线图如图8-1所示。

2. 氧化锌避雷器

氧化锌避雷器是以氧化锌（ZnO）为基体，附加少量铋、锰、锑、钴、硌等氧化物制成的电阻片。氧化锌电阻片开始时是并联在真空开关上使用，来限制截流过电压，近年来被广泛用于配电线路、变压器保护，其既能对操作过电压进行保护，又能对大气雷电过电压进行保护。

氧化锌避雷器的保护原理是基于氧化锌电阻片是优良的非线性电阻元件，它在正常电压下具有极高电阻，呈绝缘状态，与被保护设备相并联。在雷电过电压作用下则呈低电阻状态，泄放雷电流入大地，被保护设备承受残压，雷电过电压被抑制在绝缘允许值以下。雷电冲击过后，迅速恢复高电阻，呈绝缘状态，无工频续流，结构简单，其外形如图8-2所示。

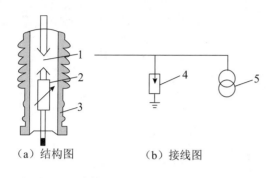

（a）结构图　　　　（b）接线图

1-间隙　2-可变电阻　3-瓷瓶　4-避雷器　5-变压器

图 8-1　阀型避雷器

图 8-2　HY5WZ-10kV 线路用氧化锌避雷器

3. 故障脱离式氧化锌避雷器

某些地区柱上变压器普遍采用氧化锌避雷器代替以前的 FS-10 型阀型避雷器，该产品定名为有机复合绝缘交流无间隙无续流氧化锌避雷器（简称 MOA）。值得一提的是，110kV 以下电压等级可带脱离装置，该装置采用热熔式与避雷器底部接地螺栓焊接在一起，附有一段软铜线，已与底部螺栓连接，用户不需再拧紧，只需将软铜线接地，上引线与电源连接即可。正常运行或雷击避雷器动作都不脱离，只有当避雷器超限泄漏、故障，即将崩溃时，脱离装置动作甩开，用接地软铜线吊起。但在使用时要注意它与周围带电体的距离。它适用于不停电的供电场所，能免去一年一度的拆换检修，做到真正免维护。

4. 避雷器的安装要求

避雷器的安装应执行如下要求：

（1）避雷器存放、运输应立放，不得倒置、碰撞。

（2）避雷器安装前应检查以下内容：①瓷件无裂纹，密封件粘合牢固；②氧化锌避雷器带安全装置的应完整无损；③避雷器连接金属表面，除涂氧化膜、油漆外，还应涂电力复合脂；④避雷器安装前应进行试验合格。

（3）避雷器安装时应注意以下内容：①并列安装三相中心应在同一直线上，铭牌应位于观察的同一侧；②垂直安装，相间距离、对地高度符合设计要求，一般垂直度偏差不大于元件高度的 1.5%，室外安装对地一般不小于 3m，临街 3.5m，相间、带电部分与构架及地不小于 0.35m；③与被保护设备（如变压器、电缆头）越近越好，一般不大于 5m；④避雷器引线，室外安装应使用绝缘线，铜芯不小于 16mm²，室内配电装置按制造厂技术条件规定，一般用不小于 25mm×4mm 的裸母线，连接点要镀锡。

8.2.3　避雷器的运行与维护

避雷器的运行与维护的内容主要包括对避雷器的正常巡检周期、巡检内容、特殊巡检和使用注意事项等。

1. 避雷器的正常巡视检查周期

避雷器的正常巡视检查周期规定如下：

（1）有人值班的变配电所每班一次，无人值班的变配电所每周至少一次。

（2）特殊情况应特殊巡视。

（3）柱上变压器安装的避雷器与架空线路同时巡视，每季一次。

2. 避雷器的巡视检查内容

避雷器的巡视检查内容主要包括以下几方面：

（1）瓷套管有无裂纹、破损和闪络放电的痕迹。

（2）内部有无异常声响。

（3）避雷器引线及接地引下线有无烧伤痕迹和断股现象。

（4）绝缘套表面有无严重污秽。

3. 避雷器的特殊巡视检查内容

遇雷雨等恶劣天气情况对避雷器的巡视检查内容要求如下：

（1）雷雨后应检查避雷器表面有无放电痕迹。

（2）避雷器上引线及引下线有无松动。

（3）避雷器本体有无摆动。

4. 避雷器使用注意事项

避雷器使用注意事项如下：

（1）避雷器应定期做预防性试验，在运行中的避雷器每隔 1 ～ 2 年应做一次预防性试验，其项目有：①泄漏电流的测量；②绝缘电阻试验：用 2500V 摇表来测量其绝缘电阻，阻值不做规定，但每次试验结果应相近；③工频放电电压测量。

（2）安装时避雷器顶端引线的水平拉力应不大于 294N（30kgf）。

8.2.4　避雷器的主要故障分析

避雷器故障是由于避雷器的制造质量缺陷或者异常运行条件而造成避雷器失去正常功能的一种现象。避雷器是全密封元件，一般不可以拆卸，使用中一旦出现损坏，基本上没有修复的可能，所以其常见故障和处理与普通的电力设备不同，主要是预防为主。下面介绍两种避雷器的主要故障现象、原因及处理方法。

1. 避雷器爆炸

避雷器爆炸的原因较多，如过电压，避雷器保护性能变差，密封不良，受潮、进水，环境污染等，究其原因主要有以下几方面：

（1）10kV 不接地系统发生单相直接接地。单相直接接地使其他两相相电压升高至线电压，在持续时间较长的过电压作用下，可能使避雷器爆炸。

（2）系统发生铁磁谐振过电压。铁磁谐振过电压可能使避雷器放电，烧毁内部元件而引起爆炸。

（3）避雷器特性差。当线路受雷击时，线路发生雷电过电压，避雷器工作后，由于避雷器的特性差，则重新燃弧，出现工频续流而发生爆炸。为避免避雷器发生爆炸，可应用避雷器脱离器。

（4）环境污染。室外安装的避雷器、瓷套受到环境粉尘的污染，特别是导电粉尘给瓷套造成严重的污染而引起污闪；或因污秽在瓷套表面不均匀，而使沿瓷套表面的电流也不均匀分布；或沿电阻片的电压不均匀分布，使流过电阻片的电流较正常时增大，造成附加温升，使其吸收过电压能力大大降低，也加速了电阻片的劣化。

2. 避雷器的瓷套有裂纹

避雷器的瓷套有裂纹，应根据实际情况采取下列方法处理：

（1）如有备件，并在试验有效期内，向有关部门申请停电，得到批准后，认真执行保证安全的组织措施和技术措施，换掉故障避雷器。

（2）如无备件，在考虑不致威胁系统安全运行的情况下，可采取在较深的裂纹处涂漆或环氧树脂等防潮措施，并安排短期内换掉故障避雷器，遇雷雨天气尽可能不使避雷器退出运行，待雷雨过后处理。

（3）当避雷器因瓷套裂纹而造成放电，但未接地，应设法尽快停用避雷器，以免造成事故扩大。

（4）更换的避雷器应是经试验合格并在有效期内的避雷器。

8.3 电力线路与变配电所的防雷保护

电力线路或设备直接受到雷击，其产生的过电压对电气设备危害最大。架空线路遭到雷击，不仅危害线路本身，而且雷电还会沿导线传播到发、变、配电所，从而危害正常运行，严重时还会引起火灾、房屋倒塌或损坏电气设备。

对于大气电压，要设法防止它侵入电气设备，并采取相应措施将它尽可能降低到不致造成损坏的程度。对于内部过电压，则要了解它产生的原因及其特性，然后针对性地采取相应措施，以防止其危害。

8.3.1　10kV配电线路的防雷保护

随着电力市场对供电的要求越来越高，电力用户对供电可靠性也有了更高的追求。过去因其线路绝缘水平低，不能有效防止雷电过电压，常常造成断线、击穿绝缘子、烧毁避雷器等事故，为避免这类事故造成的危害，目前10kV线路防雷存在的问题越来越受到重视，并采取了积极有效的防护措施来减少雷击事故的发生。

1. 防雷现状

根据目前我国的情况，10kV配电线路是电力系统中公里数较长且与用户关联最为密切的电压等级线路。我国大、中城市10kV配电线路采用绝缘导线作为架空配电线路的情况越来越多，有效地解决了裸导线的走廊和安全问题，但也带来了一些新的技术问题，其中之一就是绝缘导线在运行中的雷击断线，下面从三个方面对此问题进行阐述。

（1）当雷击架空绝缘线路产生巨大雷电过电压，当它超过导线绝缘层的耐压水平时（一般大于139kV）就会沿导线寻找电场最薄弱点将导线的绝缘层击穿（通常在绝缘子两端30公分范围内），形成针孔大小的击穿点，然后对绝缘子沿面放电形成闪络，最后工频电弧向绝缘子根部的金属发展后形成金属性短路通道，工频电弧固定在一点燃烧后熔断导线。

（2）10kV配电网的防雷设施目前有很多缺陷。大多数的配电设备没有按规定安装防雷装置，还有的没有根据地区特点实行有针对性的防雷措施。有些避雷器采用阀式避雷器。有些避雷器和弱电设备与主地网（地极）共用，防雷质量严重低下。由此可见，我国的总体防雷规划严重不足，所以，我们应该根据地区特点，建设有针对性、质量上乘的防雷设施。

（3）10kV配电网中主要有两种接地方式，即中性点非有效接地系统（比如中性点经消弧线圈接地）和中性点经小电阻接地系统。前者占比较大，对于雷击活动频繁的多雷地区、开放型农网供电及配网自动化尚不完善的供电网，选择中性点非有效接地方式是合理的，而对于负荷集中且由电缆供电的市区负荷中心应采用中性点经小电阻接地方式。将架空线路改为电缆线路，以地电位来保护导线，这是最安全可靠的，但由于其价格较高，郊区和用户线路难以实施。目前，城网改造中虽主张电缆入地，但都用于城区，并不是以防雷为目的，而是为了净化市区空间。

从整体上看，我国的防雷资金投入还有不足，同时防雷设备的改造能力也比较落后，没有完善相关的管理工作，10kV配电网防雷设备的管理工作流于形式，工作人员对防雷设施的具体情况很难掌握，因此对可能出现的雷患不能做到有效预防，这些都是亟待解决的问题。

2. 防雷措施的综合应用

根据调查发现，10kV配电网的防雷设施有很多缺陷。近年来雷电活动较为频繁，而 10kV 配电线路绝缘又较为薄弱，除了对防雷薄弱的线路采用相关措施进行防雷改造外，在改造中还应遵循下述原则：

（1）在雷雨季节前，测试线路接地电阻。在每年雷雨季节前，应对线路上变压器接地电阻进行测试，如果发现不符合规定，及时采取补救措施。同时检查防雷设施，尤其是对引下线在土壤交接处的检查和所有的接头的检查，使其达到要求。为了减小测量误差和确保人身安全，应在断开接地引下线的情况下测量接地电阻值。

（2）雷雨季节前线路绝缘子的巡视。每年雷雨季节前，应该对线路上绝缘子进行巡视。污染严重的地区，还要及时对线路上的绝缘子进行清扫。可以抽取部分绝缘子进行耐压实验，如果发现不符合规定，要及时采取补救措施，避免出现问题。

（3）架设架空避雷线。利用架空避雷线的屏蔽作用来保护输电线路是一种传统的有效方法。该方法的效果较好，而且可以免除维护，但缺点是：①投资成本较高；②防止绕击的效果较差，易使线遭受反击。

（4）安装线路过电压保护器。过电压保护器为一种先进的保护电器，主要用于保护发电机、变压器、开关、母线、电动机等电气设备的绝缘免受过电压的损害。这种线路过电压保护器相当于带有外间隙的氧化锌避雷器。安装时，绝缘层不需剥开，在运行中，平时是不承受运行电压的，因而使用寿命较长，也可免维护，缺点是它仅能防护雷电过电压。

（5）定期校试避雷器。为了保护变压器免遭雷击，对于 100kVA 及以上的配电变压器，每年校试一次避雷器，且接地电阻值不得大于 4 欧；100kVA 以下的变压器，每两年校试一次避雷针，且接地电阻值不得大于 10 欧。对于不合格者应及时进行处理。

（6）旷野地区在原电杆上设避雷线，以防直击雷的侵袭。

（7）两条线路交叉跨越防雷。当两条线路交叉跨越时，且上面一条线路受雷击时，可能会击穿空间造成两条线路同时跳闸。另一种情况是，当 10kV 线路跨越 110kV 以上线路时，由于 110kV 线路易受雷击产生感应过电压，对 10kV 线路放电而引起其跳闸。由于交叉处存在空气间隙，其冲击绝缘强度低于各线路对地的冲击绝缘强度。

（8）在线路重要设备处安装保护型绝缘间隙横担。保护型绝缘间隙横担在线路中具有控制闪络位置、释放雷电流、保护邻近设备等诸多功能，在配电线路防雷中具有重要作用。

（9）采用长闪络避雷器（LFA）。研究表明，对于中性点非直接接地的配电系统，当线路的工作电压与闪络路径长度的比值（即电场强度 E，$E=Uph/L$）减小时，由雷电闪络发展为工频续流的可能性将大为减小。采用长闪络避雷器，可解决配电线路绝缘导线的雷击断线问题。

（10）多雷区的线路防雷。对于处于多雷区的架空线路，线路较长时可在线路中间位置加装氧化锌避雷器，改善杆塔接地电阻和杆塔电感，或架设耦合地线。对于个别高的杆塔建议装设避雷器保护，减小雷击对线路的危害。

（11）全线架设避雷线。架设避雷线是送电线路最基本的防雷措施之一。避雷线在防雷方面有以下功能：防止雷电直击导线；雷击塔顶时对雷电电流有分流作用，减少流入杆塔的雷电流，使塔顶电位降低；对导线有耦合作用，降低雷击杆塔时塔头绝缘（绝缘子串和空气间隙）上的电压。

（12）加局部绝缘层的厚度。通过对绝缘导线遭雷击后断线的事故调研，发现了一个十分明显的规律：断线的部位几乎全部都处于离开绝缘（100～300）mm范围内，如果在这个局部范围内增加绝缘厚度，也可以防止击穿。但是，这个方法在实际工作中不易实现。因而，该方法不为人们所采用。

（13）加强电网运行管理。做好基础档案、技术资料的收集、整理工作，对雷电活动情况做好记录和分析，逐步了解和掌握雷电活动规律，根据不同情况制定相应的防雷措施，减少雷害事故，提高供电可靠性。

综上所述，雷电是一个古老而又复杂的自然现象，单纯依靠某项保护措施难以解决绝缘配网的防雷问题，必须采取综合防雷措施才能有效防止雷击事故发生。虽然10kV架空线路雷击跳闸不可避免，但只要予以重视，相关措施到位，绝缘导线的雷击断线问题就可以得到较好地解决。

8.3.2 变配电所的防雷保护

变配电所是电力系统的枢纽，担负着电网供电的任务。由于变配电所和架空线路直接相连，而线路的绝缘水平又比变配电所内的电气设备高，因此沿着线路侵入变配电所的雷电波的幅值很高。如果没有相应的保护措施，就有可能使变配电所内的主变压器或其他电气设备的绝缘损坏。而变配电所一旦发生雷击事故，将使设备损坏，造成大面积停电，给工农业生产和人们的日常生活带来重大损失和严重影响。所以对于变配电所而言，必须采取有效的措施，防止雷电的危害。

1. 变配电所的防雷保护措施

变配电所的防雷保护措施主要有以下几种：

（1）装设避雷针，保护整个变配电所建筑物，以免受直接雷击。避雷针是利用尖端放电原理，避免设置处所遭受直接雷击，同时变压器、其他电气设备或建筑物均在其保护范围内，以防止遭到直击雷的破坏。避雷针可单独立杆，也可利用户外配电装置的构架或投光灯的杆塔，但变压器的门型构架不能用来装设避雷针，以防止雷击产生的过电压对变压器发生闪络放电。

选择独立避雷针的安装地点时，避雷针及其接地装置与配电装置之间应保持以下距离：在地上由独立避雷针到配电装置的导电部分之间，以及到变电所电气设备与构架接地部分之间的空气隙一般不小于5m；在地下由独立避雷针本身的接地装置与变配电所接地网间最近的地中距离一般不小于3m。

（2）装设架空避雷线及其他避雷装置作为变配电所进出线段的防雷保护。这主要是用来保护主变压器，以免雷电冲击波沿高压线路侵入变电所，损坏主变电所的这一关键设备，为此要求避雷器应尽量靠近主变压器安装。

35kV 电力线路一般不采用全线装设架空避雷线的方法来防直击雷，但为防止变电所附近线路上受到雷击时雷电沿线路侵入变电所破坏设备，需在变电所进出线 1～2km 段内装设架空避雷线作为保护，使该段线路免遭直接雷击。

为使保护段以外的线路受雷击时侵入变电所内的过电压有所限制，一般可在架空避雷线的两端装设管型避雷器，其接地电阻不得大于 10Ω。对于电压 35kV、容量 3200kVA 以下的一般负荷变电所，可采用简化的进出线段保护接线方式。对于 10kV 以下的高压配电线路进出线段的防雷保护，可以只装设 FZ 型或 FS 型阀型避雷器，以保护线路断路器及隔离开关。

（3）装设阀型避雷器对沿线路侵入变电所的雷电波进行防护。变配电所的进出线段虽已采取防雷措施，但雷电波在传播过程中也会逐渐衰减，沿线路传入变电所内的部分，其过电压对所内设备仍有一定危害，特别是对价值最高、绝缘相对薄弱的主变压器更是如此。故在变压器母线上，还应装设一组阀型避雷器进行保护。

在 6～10kV 变电所中，阀型避雷器与被保护的变压器间的电气距离一般不应大于 5m。为使在任何运行条件下，变电所内的变压器都能够得到保护，当采用分段母线时，其每段母线上都应装设阀型避雷器。

（4）低压侧装设避雷器。这主要用在多雷区，防止雷电波沿低压线路侵入而击穿电力变压器的绝缘。当变压器的低压侧中性点不接地时（如 IT 系统），其中性点可装设阀型避雷器或金属氧化物避雷器或保护间隙。需要注意的是，防雷系统的各种钢材必须采用镀锌防锈钢材，连接方法要用焊接。圆钢搭接长度不小于 6 倍直径，扁钢搭接长度不小于 2 倍宽度。

在装设避雷针时应注意：①为防止雷击避雷针时雷电波沿导线传入室内，危及人身安全，照明线或电话线不要架设在独立的避雷针上；②独立避雷针及其接地装置，不要装设在人们经常通行的地方，并距离道路大于或等于 3m，否则应采取均压措施，或铺设厚度为 50～80mm 的沥青加碎石层。

2. 变配电所的进线防雷保护

变配电所的进线防雷保护主要有以下几种：

（1）一般变配电所的进线防雷保护。除了直击雷和感应雷外，当线路上遭受雷击时，雷电进行波就会沿着线路向变配电所袭来，由于线路的绝缘水平较高，侵入变配电所的雷电进行波的幅值往往很高，就有可能使主变压器和其他电气设备发生绝缘损坏事故。此外，由于变配电所和线路直接相连，线路分布广，长度较长，遭受雷击的机会也较多，所以对变配电所的进线段必须有完善的保护措施，这是保证设备安全运行的关键。对于未沿全线装设避雷线的 35～110kV 的线路，为了保证变配电所的安全，在变配电所的进线段 1～2km 长度内应采用避雷线保护。

当变配电所有了避雷线保护以后，就可以防止在变电所附近的线路导线上落雷。如果雷落在了保护线的首段，雷电波就会沿着线路侵入变配电所。如果进线端采用钢筋混凝土杆木横担或磁横担等电路，为了限制从进线端以外沿导线侵入的雷电波的幅值，应在进线端的首端装设一组管型避雷器，保护段内的杆塔工频接地电阻不应大于 10Ω。钢塔和钢筋混凝土杆铁横担线路以及全线有避雷线的线路，其进线段的首端可不装设管型避雷器。

（2）35kV 及以上电缆段的变配电所的进线防雷保护。变配电所的进出线方面，35～100kV 均采用电缆，有三芯电缆，也有单芯电缆，其保护线也应不同。在电缆和架空线路的连接处应装设阀型避雷器保护，其接地必须与电缆的金属外皮线连接。

当电缆长度不超过 50m 或根据经验算法装设一组避雷器即能满足保护要求时，可只装设一组阀型避雷器；当电缆长度超过 50m，而且断路器在雨季可能经常短路运行，应在电缆末端装设管型避雷器或阀型避雷器。此外，靠近电缆段的 1km 架空线路上还应架设避雷线保护。

（3）小容量变配电所的简化防雷保护。对于 35kV 负荷不是很重要且容量较小的变配电所，采取简化的防雷保护方式。绝缘正常的变压器绝大部分还是可以保证安全运行的，特别是在雷电不太强烈的地区，采取简化的防雷保护方式是可行的。

（4）6～10kV 变配电所配电装置的防雷保护。6～10kV 变配电所的每段母线上和每路架空进出线上都应装设避雷器。架空进线采用双回路塔杆有同时遭到雷击的可能，在确定避雷器与主变压器的最大电气距离时，应按一路考虑，而且在雷雨季节应避免将其中的一路断开。

综上所述，只要我们正确合理地选择变配电所的防雷保护措施及接地保护方式，保证电力系统的长期安全稳定运行，我们就能尽可能减小和防止雷电的危害。

8.4　接地装置

电气设备或其他物件和地之间构成电气连接的设备称为接地装置，也称接地一体化装置。接地装置由接地极（板）、接地母线（户内、户外）、接地引下线（接地跨接线）、构架接地组成。

8.4.1　人工接地极的制作安装要求

接地极又名接地体，是与大地紧密接触形成电气连接的一个或一组可导电部分，分为自然接地极和人工接地极。接地极应敷设在土壤电阻率低的地方或采用闭合环状形式。常用的接地体有角钢接地体、管形接地体、圆钢接地体和带形接地体等，在一般土壤中采用角钢接地体，在坚实土壤中采用管形接地体。

1. 角钢接地体

角钢接地体一般为 40mm×40mm×4mm 或 50mm×50mm×5mm 角钢，长 2.5m，底部 120mm 处削尖制成 30°尖角，以便打入土中。为防止顶部打裂，可焊一块 100mm×100mm、厚度为 8～10mm 的钢板，接地体的顶部采用 40mm×4mm 扁钢或直径 16mm 圆钢相连。角钢接地体及其安装图如图 8-3 所示。

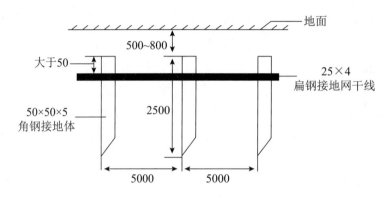

图 8-3　角钢接地体及其安装图

2. 管形接地体

管形接地体一般采用直径 50mm、长 2.5m 的钢管。一端敲扁，对于较坚实的土壤，还必须加装接地体管盖。这个管盖只在安装时使用，将接地体打入土中后，即可将管盖取下，放在另一接地体的端部，再打入土中。因此在一次施工中，仅需一只就够了。对于特别坚实的土壤，接地体还要加装管针。管针打入地下不能再取出，因此管针的数目应和接地体的数目一样。

当埋设接地体时，先挖地沟，然后将接地体打入地下。接地体上面的端部离开沟底 100～200 mm，以便连接接地线。如果接地体安装在有腐蚀性的土壤中，无论是角钢接地体还是管形接地体，都要采用镀锌件。

3. 圆钢接地体

圆钢接地体，即棒形接地体，为尖针形状，目前市场上均为定型产品，直径规格有 18mm、20mm、22mm、25mm 几种，长度 L=2500mm，采用热镀锌件。施工方法与上述管形接地体类似，只是不需用管盖和管针，因此施工方法简单，目前在变配电接地工程中应用较广泛。

4. 带形接地体

带形接地体可采用直径 10mm 镀锌圆钢或采用 25mm×4mm 镀锌扁钢，沿被保护物，如杆塔或建筑物周围埋设成环形，塔接焊牢，圆钢塔接长度为 6 倍直径，扁钢为 2 倍宽度。

带形接地体使用场所：一是表层土壤电阻率极低，不需打垂直接地体；二是土质极差，土壤电阻率极高，如卵石及岩石地带，很难打入垂直接地体，只能开槽挖沟换土，敷设水平接地极。

8.4.2　接地导体的最小截面

接地装置的连接导线应根据应用场合进行选择，接地导体的最小截面通常有以下几种情况。

1. 接地极的最小截面

接地极所用材料不同，要求的截面、长度和厚度也有所不同。材料为角钢的厚度不小于 4mm；材料为钢管的钢管壁厚不小于 3.5mm；材料为圆钢并用于交流回路的，其圆钢直径不小于 10mm，用于直流回路的，其圆钢直径不小于 12mm；材料为扁钢的截面（交直流相同）不小于 100mm²，厚度不小于 4mm。

2. 接地干线的最小截面

接地干线指由一组接地极引出地面的母线，它引入变配电所、生产车间、建筑物成为总接地线。接地干线应在地网由至少不同两点、不少于两条总接地线引入配电所、车间或建筑物。杆上装有的断路器、避雷器都要接地，从接地极引上的接地也要接在接地干线上。具体要求为：①室外：圆钢直径 8mm（相当截面 $S=50.26mm^2$ 或扁钢截面 100mm²）；②室内：圆钢直径 6mm（$S=28.27mm^2$ 或扁钢截面 60mm²）；③地下埋设：圆钢直径 10mm、扁钢 100mm²。接地干线应与水平接地体截面相同。

3. 接地支线的最小截面

接地支线采用裸导体，圆钢、扁钢应比干线略小一规格。采用裸铜导线时截面应不小于 4mm²，采用绝缘导线时铜芯不小于 1.5mm²，这些都指室内低压固定安装的电气设备。地下不得采用裸铝导体作接地线。

8.4.3　接地装置的敷设与连接

为保证接地装置安装工程的施工质量，促进工程施工技术水平的提高，确保接地装置安全运行，在进行接地装置的敷设与连接时应按如下要求进行。

1. 接地装置的施工要点

接地装置的施工要点应符合如下要求：

（1）接地体顶面、接地线的埋设深度应符合设计要求，无明确规定时，一般应不小于 0.6 m。角钢及钢管接地体应垂直配置，扁钢、圆钢带状接地体应水平配置，扁钢作接地体应立放，作接地线也可平放。

（2）垂直接地体的间距不应小于其长度的 2 倍（即 5m），水平接地体的间距也不应小于 5m，接地体距建筑物出入口、人行道一般都不小于 3m，达不到要求时采用沥青碎石地面或在接地体上面敷设 50 ～ 80mm 厚的沥青层，其宽度应超过接地体 2m。

（3）接地极、接地线连接都采用搭接，搭接倍数方面，圆钢为 6 倍直径双面施焊，扁钢为 2 倍宽度四面施焊（两大两小）。扁钢接地线与钢管接地极连接可作卡箍再施焊，或包角不小于 1200，使扁钢与钢管紧密接触后再施焊。接地极上部留出不小于 50mm 距离，焊接段焊缝做好防腐处理。

（4）扁钢、圆钢要进行平直处理，放于地沟中作 S 形施放，以防地面下沉断裂。

（5）垂直接地体可先挖 0.8 m 左右地面，一定要打入地下，接地极与土壤接触越紧密，流散电阻越小，降低土壤电阻率效果越好。水平接地极挖沟回填要采集软黏性土壤，不能覆沙土、石块，并应分层夯实。

（6）地表下 0.15 ～ 0.5m 处是土壤的干、湿交界带，接地导体易腐蚀，引出地面要用玻璃布沥青油包缠，进入建筑物入口墙面涂白底、黑接地符号。室内明敷设接地线涂黄绿相间 15 ～ 100 mm 条纹，中性母线涂淡蓝色标志。室内有设备检修处需设置临时接地卡子。

（7）引入室内的接地干线应在不同的两点及以上与接地网相连接，自然接地体也应在不同的两点及以上与接地干线或接地网相连接。

2. 接地装置的接地电阻要求

接地装置的接地电阻应符合如下规定：

（1）高压电气设备的保护接地电阻值：大接地短路电流系统，一般要求接地电阻值 ≤ 0.5Ω。小接地短路电流系统，当高压设备与低压设备共用接地装置时，要求在设备发生接地故障时对地电压不超过 120V，接地电阻 ≤ 10Ω（高、低压共用接地装置一般取较小值）；当高压设备单独装设接地装置时，对地电压可放宽至 250V，接地电阻 ≤ 10Ω。

（2）低压电气设备的保护接地电阻值 ≤ 4Ω。

（3）防雷接地装置的接地电阻值：独立避雷针接地电阻值（工频接地电阻）≤ 10Ω，防雷保护规程要求的是冲击接地电阻值。变配电所母线上的避雷器接地电阻值（工频接地电阻）≤ 5Ω。

（4）变压器中性点直接接地电阻值（工作接地电阻）≤ 4Ω。

（5）接地保护线（PE）的重复接地电阻值 ≤ 10Ω。

8.4.4 接地装置的检查及测量周期

接地装置同电器设备一样，必须进行定期的检查与维护，以确保接地装置的安全、可靠。摇测接地电阻应在当地干旱季节，土壤电阻率最高的时候进行（如北京每年三、四月份）。

1. 接地装置检测周期

接地装置检测周期的规定如下：

（1）变、配电所接地网，每年检查、检测一次。

（2）车间电气设备的接地线、接零线每年至少检查两次；接地装置的接地电阻与变电所停电清扫相一致，每年测量一次。

（3）各种防雷保护的接地装置，每年检查一次；架空线路的防雷接地装置，每两年测试一次。

（4）独立避雷针的接地装置，每年在雷雨季节前检查一次，接地电阻每五年测试一次。

（5）10kV 及以下杆上变压器接地装置，每两年测试一次。

2. 接地装置运行检查内容

接地装置运行检查内容包括以下几方面：

（1）电气设备的接地线与接地干线连接紧密，无松动、脱落。

（2）接地线无损伤、腐蚀、断股。

（3）有严重腐蚀场所，需挖开局部地面，检查接地线、接地体的连接应牢固，腐蚀严重需补换。

（4）移动用电设备每次使用前，首先检查接地线，不脱落，无断线，接触紧密。

（5）接地线、接地体地上不能存放有严重腐蚀性的物质，如酸、碱、盐等。

第 9 章　继电保护与二次回路

继电保护二次回路是电力系统正常运行的必要保障，是电力系统不可缺少的重要部分。本章简单介绍了继电保护的基本原理、继电保护二次回路的特点，并说明了继电保护二次回路具备的优势，通过对继电保护二次回路出现故障情况的分析，提出了一些继电保护二次回路的维护检修办法，对继电保护二次回路的维护具有一定的指导意义。

9.1　继电保护的基本知识

继电保护装置是指反应电力系统中电气元件发生故障或不正常运行状态，并动作于断路器跳闸或发出信号的一种自动装置。供配电系统中装设继电保护装置的主要作用是通过预报事故或缩小事故范围，来提高系统运行的可靠性，并最大限度地保证供电的安全和不间断。

9.1.1　继电保护的任务

供配电系统在运行过程中，不可避免地会发生一些故障或处于不正常运行状态。为保证供配电系统安全可靠运行，系统中各主要电气设备和线路必须装设保护装置，其基本任务是当发生故障时，自动、迅速、有选择性地将故障元器件从供配电系统中切除，将故障元器件的损坏程度减至最轻，并保证最大限度迅速恢复无故障部分的正常运行；当出现不正常工作状态时，根据运行维护的具体条件和设备的承受能力，发出报警信号、减负荷或延时跳闸；能与供配电系统的自动装置，如自动重合闸装置（ARD）、备用电源自动投入装置（APD）等配合，以进一步提高系统运行的可靠性。

9.1.2　继电保护的要求

一般来说，继电保护装置的作用决定了它的技术措施必须要满足动作发生的选择性、可靠性、速动性以及灵敏性等的要求，这四个要求之间是紧密相关、密切联系的，在发挥的作用上是一种对立统一的关系。具体阐述如下：①选择性。当供配电系统发生故障时，离故障点最近的继电保护装置动作，切除故障，而系统的其他非故障部分仍能正常运行。满足这一要求的动作称为"选择性动作"。如果供配电系统发生故障时，靠近故障点的保护装置不动作（拒动），而离故障点远的前一级保护装置越级动作，称为"失去选择性动作"。②可靠性。保护装置在该动作时就应该动作（不拒动），不该动作时不应误动作。保护装置的可靠程度与保护装置的接线方式、元器件的质量以及安装、整定和运行维护等多种因素有关。③速动性。为了防止故障扩大，减轻短路电流对设备的危害程度，提高电力系统运行的稳定性，当供配电系统发生故障时，继电保护装置应迅速动作，切除故障。④灵敏性。灵敏性指保护装置对其保护范围内故障或不正常运行状态的反应能力。继电保护装置对其保护区内的所有故障都应该正确反应。"灵敏性"通常用灵敏系数 S_P 来衡量。S_P 愈大，灵敏性愈高，愈能反应轻微故障。对过电流保护装置，灵敏系数为

$$S_P = \frac{I_{K.\min}}{I_{OP.1}}$$

式中，$I_{K.\min}$ 为继电保护装置的保护区末端在电力系统最小运行方式下的最小短路电流；$I_{OP.1}$ 为继电保护装置动作电流换算到一次电路侧的值，称其为一次侧动作电流。

以上四项要求，对熔断器保护和低压断路器保护也是适用的。但应当注意，这四项要求对于一个具体的继电保护装置，不一定都是同等重要的，应根据所保护的对象而有所侧重。

例如，对电力变压器，应对继电保护的灵敏性和速动性有所侧重，有时宁可牺牲选择性也要保证快速切断故障。而对一般配电线路，它的保护装置则往往侧重于选择性，对灵敏性的要求则低一些。

9.2 继电保护的原理及常用继电器

继电器是一种在其输入的物理量（电气量或非电气量）达到规定值时，其电气量输出电路被接通（导通）或分断（阻断、关断）的自动电器。

9.2.1 继电保护的基本工作原理

在供配电系统中，发生短路故障之后，总是伴随着电流的增大、电压的降低、线路始端测量阻抗的减小以及电流电压之间相位角等参数的变化。因此，利用这些基本参数的变化，可以构成不同原理的继电保护，如反应电流增大而动作的电流保护，反应电压降低而动作的欠电压保护等。

一般情况下，整套保护装置由测量部分、逻辑部分和执行部分组成。继电保护装置

的原理结构如图9-1所示。

图 9-1   继电保护装置的原理结构图

（1）测量部分：测量从被保护对象输入的有关电气量，如电流、电压等，并与给定的整定值进行比较，输出比较结果。

（2）逻辑部分：根据测量部分输出的检测量和输出的逻辑关系，进行逻辑判断，确定是否应该使断路器跳闸或发出信号，并将有关命令传给执行部分。

（3）执行部分：根据逻辑部分传送的信号，最后完成保护装置所担负的任务，如跳闸、发出信号等操作。

继电保护装置通常是由各种不同类型和功能的继电器组合而成，继电器分别按要求完成测量、逻辑判断和执行的任务。

9.2.2   常用继电器

继电器是构成继电保护的最基本元件，10kV变、配电所常用的保护继电器种类繁多，按不同的分类方法可分成许多类型，主要有电流继电器、电压继电器、时间继电器、中间继电器、信号继电器、瓦斯继电器、综合保护装置等。下面对这几种常用的继电器进行简要介绍。

1. GL型过电流继电器

GL型过电流继电器的外形图如图9-2所示，它是利用电磁感应原理工作的，主要由圆盘感应部分和电磁瞬动部分构成，由于继电器既有感应原理构成的反时限特性部分，又有电磁式瞬动部分，所以又称为有限反时限电流继电器。它具有速断保护和过流保护的功能，这种继电器是以反时限保护特性为主。

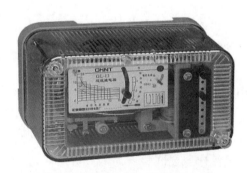

图 9-2   GL型过电流继电器外形图

带时限的过电流保护，按其动作时限特性分为定时限和反时限两种。定时限过电流保护就是保护装置的动作时间为整定的动作时间，是固定不变的，与故障电流大小无关；

反时限过电流保护就是保护装置的动作时间与故障电流大小成反比关系,故障电流越大,动作时间越短。

GL 型过电流继电器的辅助接点动作特点是常开接点先闭合、常闭接点后断开,以保证在过电流保护中不会因接点切换而造成电流互感器二次开路的事故。

2. DL 型电流继电器

DL 型电流继电器是根据电磁感应原理而工作的,电流继电器的文字符号为 KA,其外形如图 9-3 所示。该继电器的接点容量较小,不能直接启动跳闸回路的跳闸元件,而要经过中间继电器进行转换。

图 9-3　DL 型电流继电器外形图

DL 型电流继电器有两个电流线圈,利用连接片可以接成串联或并联,当由串联改为并联时,动作电流增大一倍。动作电流的调整分为粗调和细调,粗调是靠改变两个线圈的串并连接,细调是靠改变螺旋弹簧的松紧力。DL 型电流继电器的构造如图 9-4 所示。

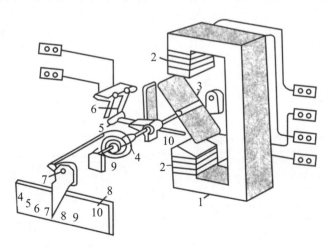

1-电磁铁　2-线圈　3-Z 形舌片　4-弹簧　5-动触点　6-静触点　7-整定值调整把手　8-整定值刻度盘
图 9-4　DL 型电流继电器构造图

3. 信号继电器

信号继电器在继电保护中用来发出指示信号，因此又称为指示继电器，信号继电器的文字符号为 KS。10kV 系统中常用的是 DX 型、JX 型电磁型信号继电器，有电流型和电压型两种。电流型信号继电器的线圈为电流线圈，阻抗小，串联在二次回路内，不影响其他元件的动作；电压型信号继电器的线圈为电压线圈，阻抗大，必须并联使用。信号继电器外形如图 9-5 所示。

(a) DX 型信号继电器   (b) JX 型信号继电器

图 9-5　信号继电器外形图

DX 型信号继电器在继电保护装置中主要有两个作用：一是机械记忆作用，当继电器动作后，信号掉牌落下，用来判断故障的性质和种类，信号掉牌为手动复位式；二是继电器动作后，信号接点闭合，发出事故预告或灯光信号，告诉值班人员，尽快处理事故。

JX 型信号继电器应用于直流操作保护线路中，作为信号指示器用。继电器由电流或电压动作，灯光信号，磁保持，手复归或电复归，可靠性好。可替代原有的 DX-11、DX-11A 系列，DX-8、DX-8G 系列，DXM-2A 系列，DX-30 系列等电磁型信号继电器。

JX 型信号继电器的工作原理：继电器由光电耦合和电阻等器件组成采样检测回路。当被测信号到达一定值时，光耦开通，开通信号经一个运算放大器放大，推动后级出口回路，使出口继电器动作，并由自保持回路进行自保持，在启动回路信号消失后继电器依然处于动作状态，只有在按下复归按钮或在复归端施加复归电压后，继电器方可返回。

4. 电磁型 DZ 型交直流中间继电器

DZ 型中间继电器按照电磁感应原理工作，其外形如图 9-6 所示。它在继电保护装置中，主要用来扩大接点容量和接点数量，该继电器接点容量大，可直接启动断路器跳闸回路。

变配电系统中常用的 DZ 型中间继电器一般采用吸引衔铁式结构，当线圈通电时，衔铁被快速吸合，常闭触点断开，常开触点闭合。当线圈断电时，衔铁又被快速释放，触点全部返回起始位置。

图 9-6 DZ 型中间继电器外形图

5. 电磁型 DS 型时间继电器

电磁型时间继电器在继电保护装置中是用来使保护装置获得所需要的延时（时限）的元件，可根据整定值的要求进行调整，是过电流和过负荷保护中的重要组成部分，文字符号用 KT 表示。DS 型时间继电器的外形如图 9-7 所示。DS 型时间继电器有交流、直流之分，DS-110 系列用于直流操作继电保护，DS-120 系列用于交流操作继电保护，该继电器的接点容量较大，可直接接于跳闸回路。

图 9-7 DS 型时间继电器外形图

6. 电压继电器

电压继电器是继电保护电路中重要的电器元件，在继电保护装置中是一种过电压和低电压及零序电压保护的重要继电器，电压继电器的文字符号为 KA。变配电系统常用的电压继电器是 DJ 型，其外形如图 9-8 所示。

DJ 型电压继电器有两个电压线圈，利用连接片可以接成串联或并联，当由并联改为串联时，动作电压提高一倍。动作电压的调整分为粗调和细调，粗调是靠改变两个线圈的串并连接，细调是靠改变螺旋弹簧的松紧力。

DJ 型电压继电器分为过电压继电器和低电压继电器。DJ-111、DJ-121、DJ-131 为过电压继电器；DJ-112A、DJ-122A、DJ-132A 为低电压继电器。

DJ-131-60CN 为过电压继电器，每个线圈上串一个电阻，一般接于三相五柱式电压互感器开口三角形中，作为绝缘监视用，反映接地时系统的零序电压。

图 9-8　DJ 型电压继电器外形图

7. 瓦斯（气体）继电器

瓦斯继电器接在变压器油箱与油枕之间，其外形如图 9-9 所示。瓦斯保护是针对油浸式变压器内部故障的一种保护装置，当变压器内发生故障时，故障点局部发生高热，

引起附近变压器油的膨胀，分解出大量气体迫使瓦斯继电器动作。

当发出轻瓦斯信号时，值班员应立即对变压器及瓦斯继电器进行检查，注意电压、电流、温度及声音的变化，同时迅速收集气体做点燃试验。如果气体可燃，说明内部有故障，应及时分析故障原因；如果气体不可燃，应对气体及变压器油进行化学分析，以做出正确判断。

重瓦斯动作（瓦斯动作掉闸）后，值班员在未判明故障性质以前，变压器不得投入运行。重瓦斯如接信号时，则应根据当时变压器的声响、气味、喷油、冒烟、油温急剧上升等异常情况，证明其内部确有故障时，立即将变压器停止运行。

图 9-9　瓦斯（气体）继电器外形图

8. 过电流综合保护器

过电流综合保护器与传统继电保护电路相比，具有接线简单、保护功能多、灵敏度高等特点，是一种集保护、测量、控制、监视、通信以及电能质量分析为一体的综合保护器，还可以设定为不同用途的综合保护装置，应用于输变电架空线路、地下电缆、配电变压器、高压电机、电力电容器等不同回路的保护监视。

过电流综合保护器的相关概念主要有以下 16 种，现分别解释如下：

（1）电流三段保护。①过流保护：一般指电路中的电流超过额定电流值后，断开断路器进行保护。又分为：定时限过电流保护，是指保护装置的动作时间不随短路电流的大小而变化的保护；反时限过电流保护，是指保护装置的动作时间随短路电流的增大而自动减小的保护。②延时速断：为了弥补瞬时速断保护不能保护线路全长的缺点，常采用略带时限的速断保护，即延时速断保护。这种保护一般与瞬时速断保护配合使用，其特点与定时限过电流保护装置基本相同，不同的是其动作时间比定时限过电流保护的整定时间短。③速断保护：速断保护是电力设备的主保护，动作电流为最大短路电流的 K 倍（无选择性的瞬时跳闸保护）。

（2）重合闸保护。重合闸保护用于线路发生瞬态故障保护动作后，故障马上消失的再次合闸，也可以二次（或三次）用在线路上，出现永久性故障则不能重合闸，重合闸不能用在终端变压器或电动机上。

（3）后加速。后加速指重合闸后加速保护，是重合于故障线路上的一种无选择性的瞬时跳闸保护。

（4）前加速。前加速指重合闸前加速保护。

（5）低周减载保护。低周减载保护一般指线路发生故障后，频率下降时的一种保护。

（6）差动保护。差动保护是一种变压器和电动机的保护（利用前后级的电流差进行保护）。

（7）非电量保护。非电量保护一般指变压器温度（高温警告，超高温跳闸）、瓦斯（轻瓦斯警告，重瓦斯跳闸）、变压器门误动作等外部因素的保护。

（8）方向保护。方向保护一般指用于发电机组并列运行，对两个不同方向电流差别的一种保护。

（9）低电流保护。低电流保护是采用定时限电流保护，欠电流功能用于检测负荷丢失，如排水泵或传输带。

（10）负序电流保护。任何不平衡的故障状态都会产生一定幅值的负序电流，因此，相间负序过电流保护元件能动作于相间故障和接地故障。

（11）热过负荷保护。热过负荷保护根据正序电流和负序电流计算出等效电流，从而获得两者的热效应电流。

（12）接地电流保护。接地电流保护是三相电流不平衡的一种保护，通常称为零序保护。

（13）低电压保护。低电压保护是利用相电压或线电压的定值，当线路发生故障时，电压低于这个定值的一种保护。

（14）过电压保护。过电压保护是利用相电压或线电压的定值，当线路在减少负荷的情况下，供电电压的幅度会增大，使系统出现过电压的一种保护。

（15）零序电压保护。零序电压保护是电压不平衡的一种保护。

（16）不平衡保护。不平衡保护有电流不平衡保护和电压不平衡保护两种，是当线路发生故障后，用不断出现在线路上的不平衡的电流、电压使开关跳闸的一种保护。

综合保护继电器的基本工作原理如图9-10所示。

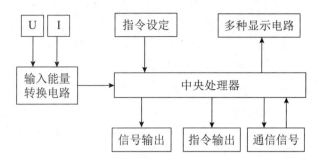

图 9-10　综合保护继电器的基本工作原理

9.3　10kV 变配电所的继电保护及自动装置

本节介绍 10kV 配电系统中出现的主要故障和继电保护的基本类型，着重阐明了目前国内常用的几种电流保护，分析了各类保护装置的基本构成、保护范围及自动装置。

9.3.1　10kV 配电系统的主要故障

在 10kV 配电系统中会发生单相接地故障、两相短路和三相短路故障。产生这些故障的主要原因是电气绝缘被破坏，如由于内部过电压、直接雷击、绝缘材料老化、绝缘配合不当、机械损坏等。某些故障，如导线断裂和杆塔的倒塔事故、带负荷拉合隔离开关、带接地线合断路器等，也可能直接导致短路。

综上所述，从设置继电保护的角度出发，10kV 配电系统中要考虑的主要故障形式为单相接地、两相短路和三相短路三种故障。

9.3.2　10kV 配电系统常用继电保护种类

10kV 配电网的继电保护涉及范围广，系统性和综合性也较强，在实际工作中，工作人员必须灵活应对各种电力故障和继电保护装置问题，从而使得 10kV 配电网继电保护的可靠性和质量大大增强。

10kV 配电系统常用继电保护种类主要有以下三种。

1. 瞬时电流速断保护

瞬时电流速断保护的保护范围限制在线路的某一区段内，即只能保护部分线路，不能保护线路全长。其动作电流按照一定地点的短路电流来选择，在非直接接地配电网中，保护相间短路的瞬时电流速断保护，可采用不完全星形的两相两继电器接线方式。

2. 带时限过电流保护

带时限过电流保护作为线路本身发生短路故障时的主保护，并作为下一级线路的后备保护。通常过电流保护的时限特性分为两种：一种是定时限特性，当短路电流大于保护装置的启动电流时，保护装置动作。保护装置的动作时限是固定的，与短路电流的大小无关，这种特性称为定时限特性。另一种是反时限特性，GL 系列感应式过电流继电器的动作时限不是一个常数，短路电流在一个较小的范围内，保护装置的动作时限与短路电流的大小成反比关系，这种特性称为反时限特性。

定时限过电流保护的优点是：动作时间比较精确，整定简便，不论短路电流大小，动作时间都是定的，不会出现因短路电流小、动作时间长而使故障时间延长的问题。其缺点是：所需继电器多，接线复杂，且需直流操作电源，投资较大。此外，靠近电源处的保护装置，其动作时间较长，这是带时限过电流保护共有的缺点。

反时限过电流保护的优点是：继电器数量大为减少，而且可同时实现电流速断保护，加之可采用交流操作，因此简单经济，投资大大降低，故它在中小用户供配电系统中得到广泛应用。其缺点是：动作时间的整定比较麻烦，因而误差较大。当短路电流较小时，其动作时间可能相当长，从而延长了故障持续时间。

3. 零序接地过电流保护

零序电流保护是利用其他线路接地时和本线路接地时测得的零序电流不同，且本线路接地时测得的零序电流大这个特点，构成有选择性的电流保护。在电缆引出线或经电缆引出的架空线路上，常用零序电流互感器构成零序电流保护。零序电流互感器的一次绕组就是被保护元件的三相导线，二次绕组绕在贯穿三个相的铁芯上。正常及发生相间短路时，零序电流互感器的二次绕组只输出不平衡电流，保护不动作。当电网中发生单相接地时，三相电流之和 $\dot{I}_A+\dot{I}_B+\dot{I}_C \neq 0$，在零序电流互感器的铁芯中出现零序磁通，该磁通在二次绕组产生感应电动势，所以有电流流过继电器，当流过继电器的电流大于动作电流时，则继电器动作。

9.3.3 10kV配电系统的保护配置

关于 10kV 配电系统的保护配置，本文主要介绍电源进线、配电线路和配电变压器的保护配置。

1. 10kV 电源进线的保护配置

10kV 电源进线的保护配置主要包括以下三个方面：

（1）定时限过电流保护（或反时限过电流保护）。作为母线保护和馈线回路短路故障的后备保护。为满足继电保护选择性和可靠性要求，保护采用三相式接线。

（2）失压保护。当 10kV 电源无压后，进线断路器自动跳闸。

（3）零序过电流保护。对于 10kV 中性点采用小电阻接地方式的变电站供电的用电单位，10kV 进线断路器应装设零序过电流保护，保护动作后作用于跳闸。

2. 10kV 配电线路的保护配置

10kV 配电线路的保护配置主要包括如下内容：

（1）电流速断保护。也叫瞬时电流速断保护，其主要作用是作为配电线路主保护，保护装在电源侧，采用完全星形或不完全星形接线。保护范围只能保护线路全长的一部分，在电力系统最大运行方式下，能保护线路全长的 50% 左右；在电力系统最小运行方式下，不小于被保护线路全长的 20%，未保护的部分叫速断保护死区。保护电流的整定原则按躲过被保护线路末端的最大短路电流来整定，即在最大运行方式下发生三相金属性短路电流，动作时间为 0s。

（2）限时电流速断保护。限时电流速断保护是为了补救过电流保护动作时间过长，或与下一级保护配合而设置的，其主要作用是限时电流速断保护也作为被保护线路的主保护，保护装在电源侧，采用完全星形或不完全星形接线，保护范围是线路的全长。保护电流整定原则按躲过下一级相邻线路的瞬时电流速断保护的动作电流来整定，动作时间和该线路电流速断配合。

（3）定时限过电流保护。保护装置的动作时限是固定的，与短路电流的大小无关，其主要作用是作为线路的后备保护，保护装在电源侧，采用完全星形或不完全星形接线，作为被保护线路主保护的后备保护，叫近后备保护，能保护线路的全长；作为下一级相邻线路或电气元件的后备保护时为远后备保护。保护电流整定原则按躲过该线路可能出现的最大负荷电流来整定，包括电动机的自起动电流。动作时间按阶梯形时间特性原则来整定。

（4）反时限过电流保护。反时限过电流保护是指该保护的动作时间与短路电流大小有关，短路电流大，动作时间短；短路电流小，动作时间长，呈反时限特性。反时限过电流保护的其余部分均与定时限过电流保护相同。

（5）零序电流保护。零序电流保护的动作电流与动作时间，与进线断路器的零序保护配合。

3. 10kV 配电变压器的保护配置

10kV 配电变压器的保护配置主要包括如下内容：

（1）配电变压器采用高压跌开式熔断器保护。100kV·A 及以下的配电变压器，其熔丝容量一次侧按变压器一次额定电流的 2～3 倍选择；100kV·A 及以上的配电变压器，其熔丝容量一次侧按变压器一次额定电流的 1.5～2 倍选择；跌开式熔断器的熔管电流应大于熔丝电流；配电变压器二次侧熔丝或空气断路器的热脱扣电流，按变压器二次额定电流的 1.0～1.5 倍选择。

（2）配电变压器采用高压负荷开关串联高压熔断器保护。规程规定：用电单位配电变压器容量在1250kV·A及以下时，当用户采用环网柜时，变压器可采用高压熔断器保护，用高压负荷开关拉合，用高压熔断器作为短路保护；当用户采用预装式变电站时，预装式变电站内高压设备一般采用环网柜，其变压器也采用高压负荷开关串联高压熔断器保护，高压熔断器的熔丝，按变压器一次侧额定电流的 $1.5 \sim 2$ 倍选择，熔管额定电流大于熔丝。该熔断器带有熔断器激发机构，当一相保险熔断后，联动高压负荷开关自动跳闸，以防止低压设备缺相运行。

（3）配电变压器的电流速断保护作为变压器的主保护。保护安装在电源侧，采用完全星形或不完全星形接线。保护范围从保护安装处至变压器一次高压线圈，不能保护变压器低压侧，因此变压器低压侧为电流速断保护死区。保护电流的整定原则按躲过变压器低压侧的最大短路电流来整定，动作时间为0s。

（4）配电变压器的定时限过电流保护作为变压器主保护的后备保护。它是变压器低压侧的主保护，和电流速断保护共用一组电流互感器，保护装置安装在电源侧，能保护变压器全部，作为变压器低压侧总开关的后备保护时，叫远后备保护，动作时间一般取0.5s。保护电流的整定原则按躲过变压器最大负荷电流来整定，包括电动机的自起动电流。

（5）配电变压器的反时限过电流保护。该保护与定时限保护作用相同，两者只用其一。

（6）配电变压器的零序过电流保护。该保护的相关技术问题，均与10 kV配电线路的零序电流相同。

（7）油浸变压器的气体保护（俗称瓦斯保护）。继电保护规程规定，在变配电室内容量为800kV·A及以上的油浸式配电变压器，以及容量为400kV·A及以上的在室内安装的油浸变压器，均应装设气体保护。气体保护是变压器内部故障的主保护，能有效地反映变压器内部所有故障和油面降低。

带有气体保护装置的变压器在试运行期间，要求将重气体保护改投到信号位置；变压器在运行中，应将轻气体保护投至信号，重气体保护投入跳闸。对气体继电器，一般应每三年进行内部检查，对轻气体保护每年进行一次传动试验。

（8）油浸变压器的温度保护。规程规定变压器容量在1000kV·A及以上的油浸式变压器应装设温度保护。

（9）干式变压器温度保护。按规程规定，运行中的干式变压器，当自身温度达到100℃时降温风机应启动，当温度降到80℃时风机应停止；当温度升高到130℃时超温报警应启动，达到155℃时超温跳闸。不过各变压器厂家的温度设置不尽相同，运行中应按厂家说明书执行。

（10）干式变压器的门限保护装置。当干式变压器带有外壳时，高、低侧均设两扇门，在每扇门的顶部横梁上均设置一限位开关，限位开关各有一对常开、一对常闭接点。门关上后，其接点转换。四扇门限开关的常闭接点并联，组成门限保护，当任意一扇门打开时，其接点闭合发出告警信号或发出跳闸脉冲使断路器跳闸。

为防止误开门，有的干式变压器门上还装有强制闭锁型高压带电显示器，在每扇门上均装有电磁锁。当高压带电显示器指示有电时，电磁锁被强制闭锁，门打不开。当高压带电显示器指示无电时，强制闭锁解除。

9.3.4　备用电源自投装置

装设备用电源自动投入（AAT）可以大大缩短备用电源切换时间，提高供电的不间断性。备用电源自动投入应用在备用线路、备用变压器和备用机组上。

备用电源自动投入的接线应满足下列基本要求：

（1）工作电源不论因何原因失去时（如工作电源故障或被误断开等），备用电源自动投入均应动作；若是工作母线的故障，必要时可以用速断保护或限时速断保护闭锁自投。

（2）备用电源必须在工作电源已经断开，且备用电源有电压时才允许接通。前者是为避免备用电源自动投入到故障上，后者则是为了保证电动机自启动。

（3）应保证备用电源自动投入只动作一次，以避免备用电源投入到永久性故障时继电保护动作将其断开后又重复投入。

（4）当电压互感器的熔断器一相熔丝熔断时，低电压保护启动元件不应误动作。

9.4　微机综合保护测控装置

利用计算机系统采集和处理电力系统的运行数据，通过数值计算迅速而准确地判断电力系统的故障及故障范围，并经过严密的逻辑过程后有选择性地执行跳闸和报警等命令，这种基于计算机系统的继电保护装置就是计算机继电保护。由于计算机系统多采用微处理器，所以也称为微机继电保护。因微机保护能够采集和处理各种数据和信息，故又称为微机综合保护测控装置，简称为微机综保装置。

9.4.1　微机综合保护测控装置的特点

微机综合保护测控装置集保护、测量、控制、监测、通信、事件记录、故障录波等多种功能于一体，可就地安装在开关柜上或集中组屏，是构成电力系统综合自动化的智能终端装置，该保护装置具有如下特点：

（1）性能优。微机保护具有高速运算、逻辑判断和记忆能力，微机保护的各项保护功能是通过软件程序实现的，因而微机保护可以实现很复杂的保护功能，也可以实现许多传统保护模式无法实现的新功能。

（2）可靠性高。微机保护具有自诊断能力，能不断地对装置各部位进行自动检测，可以准确地发现装置故障部位，及时报警，便于处理。

（3）灵活性强。各种类型的微机保护所使用的硬件和外围设备可通用，不同原理、特性和功能的微机保护的主要区别在于软件的不同。

（4）多功能化和综合应用。微机保护很容易实现保护以外的其他功能。例如，微机保护可以对故障发生时的全部暂态现象进行故障录波和记录，借助几个微机保护装置之间故障后暂态数据的交换，可在事后对事故进行详细分析。

9.4.2　微机综合保护测控装置的基本构成

微机综合保护测控装置的型号种类很多，但其基本结构区别不大，现以用于配电系统的馈电线路保护为例，对微机保护的结构进行介绍。微机保护的硬件结构主要包括以下几个部分：

（1）交流插件。负责遥测量的转换，即隔离、转换现场电流互感器二次线圈提供的电流信号和电压互感器二次线圈提供的电压信号。这些外部的电流及电压信号经继电器内部的隔离互感器隔离变换后，输入到微机保护内部电路，通过内部软件运算处理后，构成各种保护功能。

（2）CPU 插件。这是微机保护的核心部件，具有存储、运算和逻辑控制等功能，包括交流插件接口 AD 转换部分、进入量以及继电器出口板接口，还提供显示面板接口和与外部通信接口。

（3）继电器出口板。将常规二次回路的一些控制功能通过继电器内部的一块电路板实现，可以提供断路器遥控分合闸控制，防跳、手工分合闸控制，还可以通过跳闸位置继电器 TWJ 和合闸位置继电器 HWJ 的触点信号，向监控系统提供断路器位置信号。

（4）显示面板插件。它主要为运行维护人员提供一个友好的人机界面。通过该界面，可代替常规的二次仪表，实时显示变电站基本元件的各项电气运行参数和保护信息，并可以动态显示一次系统图、实时波形图、故障录波图等。

9.4.3　微机综合保护测控装置的基本功能

微机综合保护测控装置是一种接于电路中，对电路中的不正常情况（电路短路、断路、缺相等）起到保护作用的装置。其基本功能主要包括以下两方面：

（1）保护功能。三段定时限过流保护（电流速断保护、限时电流速断保护、过电流保护）、三段零序过流保护（小电流接地保护、过负荷保护以及重合闸、低周减载保护等）、非电量保护（变压器温度异常告警、超温跳闸、轻瓦斯告警、重瓦斯跳闸等）。

（2）测控功能。遥信进入采集、装置遥信变位、事故遥信、正常断路器遥控分合、小电流接地探测及遥控分合；相、线电压、电流，零序电压和零序电流，有功功率，无功功率，功率因数等模拟量的遥测；可自动统计断路器事故分合次数及事件记录，还具有独立的操作回路、故障录波、电压互感器断线检查等。

9.4.4　微机综合保护测控装置的软件设定

微机综合保护测控装置的硬件是通用的，而保护的性能和功能是由软件决定的。微机综合保护测控装置的软件设定主要包括以下几方面：

（1）定时限过流保护。三段过电流保护的各段电流及时间定值可独立整定，并可分别设置整定控制字控制三段保护的投退。

（2）过负荷保护。过负荷保护可通过控制字整定，如"0"时只发信号，"1"时跳闸并闭锁重合闸。

（3）接地保护（零序过流保护）。当零序电流测量值大于零序过流定值时，启动定时器，经延时后启动相应的出口继电器动作，保护出口可选择告警或跳闸。

9.4.5　变配电室综合自动化系统的基本功能

在当今的变电站、配电站中，都安装有后台监控系统，也称为变电站综合自动化系统。它的使用不仅节约了人力，同时还便于电站的运维管理，大大提高了效率，为此很多之前没有配备后台监控系统的电站也陆续增加了后台监控系统。常见的变电站综合自动化系统大体有如下几个功能：

（1）自动采集、处理、显示、打印主要运行参数。

（2）自动投切电容器、变压器有载自动调压、高峰及事故过负荷时自动甩掉次要负荷。

（3）自动记录事故发生的时间、故障电流的大小、断路器跳闸及保护动作情况，并对故障发生前后的数据进行采集和处理，以及故障录波等，便于事故的分析、判断与处理。

（4）实时显示与设备状态一致的单线系统图等。

9.4.6　监控系统（后台机）可反映的内容

监控系统负责实施对全站供电系统的主要电气设备的实时遥测、遥信、遥控和遥调，从而实现供电系统的远程集中高度管理，提高供电系统的自动化水平。在后台主要反映如下内容：

（1）手车运行位置、手车备用位置、接地开关位置、断路器分合状态。

（2）断路器弹簧储能状态、气体压力状态（GIS柜）。

（3）变压器监测温度。

（4）电流、电压、功率、电量、功率因数的实时显示和历史数据查询。

（5）电压互感器断线告警、电源电压的过压/欠压告警。

（6）控制回路断线告警、合闸回路断线告警、跳闸回路断线告警。

（7）保护定值的远方查看、装置保护开入状态。

（8）事件记录查看：操作记录、变位记录、故障记录、运行日志及操作票的填写、打印等。

（9）SOE事件记录，可以在线记录事件并动态刷新。

（10）直流系统在线运行数据和异常显示、通信状态监测、统计报表等。

9.4.7 保护装置的运行管理

10kV供电系统继电保护的正常、安全运行关系着整个电力系统的稳定，因此需要不断地提高运行和维护的技术，不断更新保护装置，并且完善管理制度，定期巡查和检修，采取灵活的方式提高继电保护装置的安全性和可靠性。对于10kV继电保护装置的运行维护管理主要有如下规定：

（1）运行值班人员应对保护装置定期进行巡视检查，发现异常及时报告相关部门。

（2）保护装置的巡视检查应包括各类与保护有关的元件和保护装置电源。如保护压板与切换片、二次回路接线端子、运行信号指示、光字牌、各类继电器、交直流操作电源、直流母线电压、电池组电压及直流对地绝缘等。

（3）运行值班人员应熟悉保护装置的工作原理和保护特性，掌握保护的种类、保护范围和整定值。

（4）保护装置的投入、退出和改投应得到相关业务部的许可。

（5）保护装置元件的更换和缺陷的处理、保护定值的整定和改变应由有资质的专业人员进行。

（6）保护装置应按规程要求，定期由专业人员校验，并应检查保护装置二次回路的绝缘电阻。

9.5 10kV变配电所二次回路

二次回路是电力系统安全生产、经济运行、可靠供电的重要保障。本节主要阐述了二次回路的分类、操作，介绍了中央信号报警系统的作用以及二次回路在电气电路中的几种识图形式等。

9.5.1   二次回路概述

二次回路由控制、保护、测量、信号回路构成。二次回路具有监视一次参数、反映一次状态、控制一次运行、保护一次安全的作用，二次回路与一次回路相比具有电压低、电流小、元件多、接线复杂的特点。

9.5.2   二次回路分类

二次回路是一个具有多种功能的复杂网络，其内容包括高压电气设备和输电线路的控制、调节、信号、测量与监察、继电保护与自动装置、操作电源等系统。按其功能可分为以下六类：

（1）控制回路。由各种控制器具、控制对象和控制网络构成。其主要作用是对发电厂及变电站的开关设备进行远方跳、合闸操作，以满足改变主系统运行方式及处理故障的要求。

（2）信号回路。由信号发送机构、接收显示元件及其网络构成。其作用是准确、及时地显示出一次设备的工作状态，为运维人员提供操作、调节和处理故障的可靠依据。

（3）测量监察回路。由各种电气测量仪表、监测装置、切换开关及其网络构成。其作用是指示或记录主要电气设备和输电线路的运行参数，作为生产调度和值班人员掌握主系统的运行情况，进行经济核算和故障处理的主要依据。

（4）继电保护与自动装置。由互感器、变换器、各种继电保护及自动装置、选择开关及其网络构成。其作用是保护主系统的正常运行，一次系统一旦出现故障或异常便自动进行处理，并发出相应信号。

（5）调节回路。由测量机构、传输设备、执行元件及其网络构成。其作用是调节某些主设备的工作参数，以保证主设备及电力系统的安全、经济、稳定运行。

（6）操作电源。由直流电源设备和供电网络构成。其作用是供给上述各二次系统的工作电源，高压断路器的跳、合闸电源及其他重要设备的事故电源。

9.5.3   变配电室的操作电源

操作电源系统包括直流操作电源和交流操作电源，其作用是供给二次回路工作电源。变配电室的操作电源多采用直流电源系统，简称直流系统。小型配电室也可采用交流电源或整流电源。

1. 交流操作电源

交流操作电源是指在正常时由交流电压供给操作电源。它是将电压互感器二次100V电压，经容量为1000 VA左右的控制变压器变压至220V，作为正常时的操作与信号电源。

当一次设备或线路发生事故时，由变流器（电流互感器）给开关操动机构内的跳闸线圈提供动作电流，使得断路器跳闸。利用被保护的设备或线路发生短路故障时，电流互感器的二次电流随之增大，流过跳闸线圈作为跳闸能量来源（GL 型反时限过电流保护常采用此方式）。交流操作电源适合于 10kV 及以下的简易配电室。

2. 直流操作电源

变配电室的直流操作电源，在正常时为交流电源经整流后变为直流 220V/110V，在交流电源消失后，由蓄电池提供直流电源，供给控制、保护、测量和信号用。

变配电室直流电源系统主要由直流屏和电池屏构成，其工作状况如下所述。

1）直流屏

直流屏采用智能高频开关电源，其组成、功能模块和工作原理具体如下所述：

（1）智能高频开关电源一般由以下几个单元组成：交流配电单元、整流单元、监控单元、直流馈电单元、降压单元、电池单元和绝缘监测单元。

（2）智能高频开关电源一般包含以下几个功能模块：交流配电模块、监控模块、电源模块（分为供电、充电、调压、直流配电）。

（3）智能高频开关电源的工作原理：交流电源输入后不降压，先经 EMI 滤波（抑制交流电网中的高频干扰对设备的影响，抑制高频开关电源对交流电网的干扰），再经全桥式整流，然后将直流逆变为高频交流，再经过第二次整流，最后经滤波后输出直流电压供给二次负载。

2）电池屏

电池采用阀控式铅酸蓄电池，阀控式蓄电池组在正常运行中以浮充电方式运行，利用浮充直流电源给电池组充电，在需要时由电池放电供给二次负载。为监测电池组的完好性，运行中应检查蓄电池组的端电压、浮充电流值、每只蓄电池的电压值、蓄电池组和直流母线的对地电阻值及绝缘状态，并由专业人员定期进行核对性放电试验，以检查蓄电池的实际容量。

电池安全特性：当电池内部压力大于预定值时，安全阀自动开启，释放气体，内部气压降低后安全阀自动闭合，避免外部空气进入。电池在设备厂家规定使用期内免维护，也无须补加电解液。

9.5.4 中央信号报警系统

中央信号报警系统过去采用数个机电式继电器构成，功耗大且灵敏度低。现在更多采用微机型报警系统，该系统设有查询操作键，可实现人机对话，具有体积小、低功耗、高灵敏度、接线简单等优点。记忆查询功能可以显示出近期发生的报警信号及发生的具体时间，并按时间先后自动排序。

中央信号报警音响可选择高、低音，以区别断路器跳闸发出的事故信号和设备异常时发出的预告信号，报警音响还可选择手动清音或延时自动清声，并配有外接端子，可直接驱动外接蜂鸣器/电铃，还具有几十路信号通道报警，直接驱动点亮相应光字牌，以及编程设定和通信功能等。

变配电室光字牌的数量按需要配置，10kV 以下用电单位主要有以下几种光字牌：

（1）显示事故跳闸的光字牌：变压器过流保护跳闸、速断保护跳闸、零序保护跳闸、超温跳闸；主进开关（如 201/202）过流保护跳闸、速断保护跳闸、零序保护跳闸；母联开关 245 过流保护跳闸、速断保护跳闸；出线开关（如 213）过流保护跳闸、速断保护跳闸、零序保护跳闸等。

（2）显示运行异常的光字牌：电源电压过电压/欠电压、变压器温度升高、变压器门未关好、控制回路断线、事故电源失电、预告电源失电、事故总信号、直流总故障、综保装置异常、掉牌未复归等。

9.5.5　认识二次回路图

二次回路图以国家规定的通用图形符号和文字符号表示二次设备的互相连接关系。二次回路图中所有开关电气、继电器和接触器的触点都按照它们的正常状态来表示。对于继电器，正常状态是指其线圈无电压失磁的状态。常用的二次回路图有三种形式，即原理接线图、展开接线图和安装接线图。

1. 原理接线图

原理接线图是用来表示二次回路各元件的电气联系及工作原理的电气回路图，如图 9-11 所示为 10kV 线路的过电流保护原理图。原理接线图的优缺点主要体现在以下几方面：

（1）原理接线图中的所有继电器、仪表等设备均以集合整体的形式来表示，用直线画出它们之间的相互联系，因而清楚形象地表明了接线方式和动作原理。在原理接线图中，各电器触点都是按照它们的正常状态表示的。所谓正常状态，是指开关电器在断开位置、继电器线圈中没有电流时的状态。

（2）原理接线图将交流电路、电压回路与直流电压之间的联系综合地表示在一起，对多个设备具有一个完整的概念。

（3）一次回路的有关部分也画在原理接线图中，可清晰地表明该回路对一次回路的辅助作用。

（4）缺点：对二次接线的某些细节表示不全面，没有元件的内部接线，端子排号码和回路编号、导线的表示仅有一部分，并且只标出直流电源的极性等。

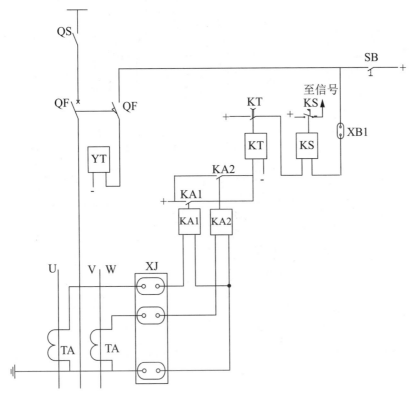

图 9-11　10kV 线路的过电流保护原理图

2. 展开式原理接线图

展开式原理接线图简称展开接线图或展开图，它以分散的形式表示二次设备之间的电气连接。在这种图中元件的触点和线圈分散布置，按它们动作的顺序相互串联从电源的"+"极到"–"极，或从电源的一相到另一相，依次从上到下排列成若干行（当水平布置时）或从左到右排列成若干列（当垂直布置时）。同时，展开图是按交流电压回路、交流电流回路和直流回路分别绘制的，如图 9-12 所示为 10kV 线路的过电流保护展开图。

展开式原理接线图具有如下优点：

（1）展开接线图的左边绘出被保护元件的一次接线示意图。

（2）展开接线图将交流回路和直流回路分开，交流回路又将交流电压回路和交流电流回路分开，直流回路又将控制回路和信号回路分开，信号回路又将事故信号回路和预告信号回路分开。各个回路都比较清晰，易于阅读。

（3）同一仪表的不同用途线圈、继电器的线圈和接点分别画在不同的电路内。同一元件的线圈和接点用相同的文字符号来表示。

（4）相同用途的设备，在文字符号前面加数字序号来区分。

（5）各个回路的右侧标有文字说明，以标明回路的作用。

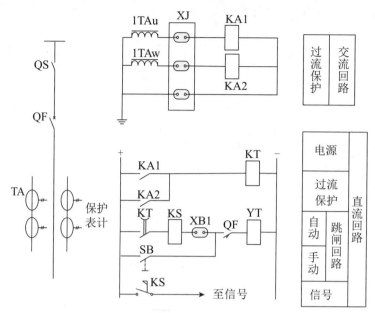

图 9-12　10kV 线路的过电流保护展开式原理接线图

（6）回路编号按照等电位原则来表示，不同用途的交流回路、直流回路采用国家规定的数字回路标号范围。

（7）直流电源正、负极之间各行的回路编号以降压元件为分界线，正极与降压元件之间编奇数数字编号，负极至降压元件之间编偶数数字编号。

3. 安装接线图

安装接线图用来表明二次回路的实际安装情况，是控制屏（台）制造厂生产加工和现场安装施工用图，是根据展开接线图绘制的。在安装接线图中，各种仪表、电器、继电器及连接导线等按照它们的实际图形、位置和连接关系绘制。安装接线图包括屏面布置图、屏后接线图和端子排图，有时屏后接线图和端子排图画在一起，图 9-13 为二次回路端子排的符号标志图。

安装接线图也是运行、调试、检修时的主要参考图纸。在这种图上，设备和器具均按实际情况布置。设备、器具的端子和导线、电缆的走向均用符号、标号加以标志。两端连接不同端子的导线，为了便于查找其走向，采用专门的"对面原则"的标号方法，如图 9-14 所示，就是将每一条连接导线的任一端标以对侧所接设备的标号或代号，故同一导线两端的标号是不同的。这种方法很容易查找导线的走向，从已知的一端便知道另一端接至何处。另外，各种安装接线图的绘制还有如下规定：

（1）屏背面展开图——以屏的结构在安装接线图上展开为平面图来表示，屏背面部分装设仪表、控制开关、信号设备和继电器；屏侧面装设端子排；屏顶的背面或侧面装设小母线、熔断器、附加电阻、小刀开关、警铃、蜂鸣器等。

（2）屏上设备布置的一般规定——最上为继电器，中部为中间继电器、时间继电器，下部为经常需要调试的继电器（方向、差动、重合闸等），最下面为信号继电器、连接片以及光字牌、信号灯、按钮、控制开关等。

（3）保护和控制屏面图上的二次设备均按照由左向右、自上而下的顺序编号，并标出文字符号，文字符号与展开图、原理图上的符号一致；在屏面图的旁边列出屏上的设备表（设备表中注明该设备的顺序编号、符号、名称、型号、技术参数、数量等）；如设备装在屏后（如电阻、熔断器等），在设备表的备忘栏内注明。

（4）在安装接线图上表示二次设备——屏背面接线图中，设备的左右方向正好与屏面布置图相反（背视图）；屏后看不见的二次设备轮廓线用虚线画出；稍复杂的设备内部接线（如各种继电器）也画出，电流表、功率表则不画；各设备的内部引出端子（螺钉）用一小圆圈画出，并标明端子的编号。

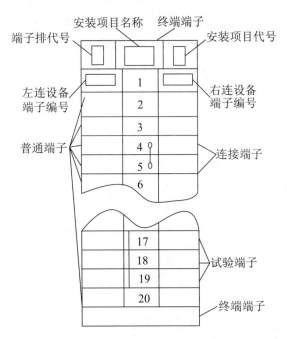

图 9-13　二次回路端子排的符号标志图

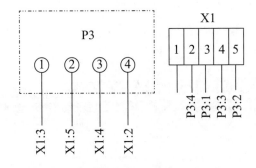

图 9-14　安装接线图的"对面原则"的标号方法

4. 看图原则

图是一种严肃的技术文件，它有一定的格式，并遵守一定的规定。电气工程图是一种特殊的图，它除了有关于自身的许多规定之外，还必须遵守机械制图、建筑制图等方面的有关规定。因此，阅读电气工程图不但要了解这些规定，在看图时还应掌握如下规律：

（1）"先看一次，后看二次。"一次：断路器、隔离开关、电流/电压互感器、变压器等。了解这些设备的功能及常用的保护方式，如变压器一般需要装过电流保护、电流速断保护、过负荷保护等，掌握各种保护的基本原理，再查找一、二次设备的转换、传递元件，一次变化对二次变化的影响等。

（2）"看完交流，看直流。"指先看二次接线图的交流回路，以及电气量变化的特点，再由交流量的"因"查找出直流回路的"果"。一般交流回路较简单。

（3）"交流看电源，直流找线圈。"指交流回路一般从电源入手，包含交流电流、交流电压回路两部分。先找出由哪个电流互感器或哪一组电压互感器供电（电流源、电压源），变换的电流、电压量所起的作用，它们与直流回路的关系，相应的电气量由哪些继电器反映出来。

（4）"线圈对应查触头，触头连成一条线。"指找出继电器的线圈后，再找出与其相应的触头所在的回路，一般由触头再连成另一回路，此回路中又可能串接有其他的继电器线圈，由其他继电器的线圈又引起它的触头接通另一回路，直至完成二次回路预先设置的逻辑功能。

（5）"上下左右顺序看，屏外设备接着连。"主要针对展开图、端子排图及屏后设备安装图。原则上由上向下、由左向右看，同时结合屏外的设备一起看。

5. 二次回路编号

为便于电气安装施工和运行维修，在展开接线图中各回路应进行回路编号。二次回路编号根据等电位原则进行，也就是说，在二次回路中连接在一点的全部导线应编一个回路号，当回路经过开关或继电器接点隔开后，因接点断开时，其两端已不是等电位，应给予不同的编号。二次回路编号均应符合国家标准。如表9-1所示为交流回路数字标号。

表9-1 交流回路数字标号

回路名称	互感器的文字符号	回路标号组				
		U 相	V 相	W 相	中性线	零序
保护装置及测量表计的电流回路	TA	U401-409	V401-409	W401-409	N401-409	—
	1TA	U411-419	V411-419	W411-419	N411-419	—
	2TA	U421-429	V421-429	W421-429	N421-429	—
保护装置及测量表计的电压回路	TV	U601-609	V601-609	W601-609	N601-609	—
	1TV	U611-619	V611-619	W611-619	N611-619	—
	2TV	U621-629	V621-629	W621-629	N621-629	—
控制、保护信号回路	—	U1-399	V1-399	W1-399	N1-399	—

其他二次回路编号如下：

（1）直流回路数字编号。直流操作电源正极为 101、201、301；直流操作电源负极为 102、202、302；跳闸回路为 33、133、233、333。

（2）电源小母线编号。控制回路：+WC、-WC；信号回路：+WS、-WS；合闸回路：+WCL、-WCL 等。

9.6　变配电所事故跳闸的分析与判断

变配电所在实际运行过程中由于受到多方面因素的影响，出现各种跳闸故障的概率较大，不但给人们的生产和生活带来了很大的影响，同时对企业的经济也会造成相当大的损失。因此，我们有必要分析变配电所故障跳闸的原因，从而采取一定的预防措施，尽可能降低变配电所的跳闸率，保障人们生产生活的安全用电需要。

9.6.1　变压器事故跳闸的分析与判断

为了保护变压器，通常都有相应的保护措施，一旦发生故障或运行异常，都会自动跳闸，避免造成进一步的伤害。

变压器在实际运行过程中主要出现的跳闸事故和分析判断如下：

（1）变压器速断保护动作跳闸。事故范围应在从保护安装处至变压器一次高压线圈处，发生了两相及以上短路故障。

（2）变压器过流保护动作跳闸。过流保护动作跳闸原因较多，可能有以下几方面：①事故范围，应在从变压器二次线圈至变压器二次总开关之间，发生了两相及以上短路故障；②事故范围，应在从保护安装处至变压器一次高压线圈，速断保护因某种原因拒动，过流保护动作使断路器跳闸，过流保护起到近后备作用；③事故范围，应在低压配电室母线处，变压器低压侧总开关因某种原因拒动，越级到高压侧使过流保护动作跳闸，过流保护起到远后备作用。

（3）变压器零序保护动作跳闸。事故范围应在从保护安装处至变压器处，发生了高压单相接地故障。

9.6.2　配电线路事故跳闸的分析与判断

配电线路跳闸的原因不是单一的，可能是多种原因并存，因此在线路跳闸后，应认真分析跳闸原因，准确、及时查找事故点，消除故障，恢复送电。

配电线路事故跳闸及分析判断如下：

（1）线路速断保护动作跳闸。事故范围在从保护安装处至线路近端，发生两相及以上短路故障。

(2)线路过流保护动作跳闸。过流保护动作跳闸的原因较多,可能有以下几方面:①事故范围在线路远端,发生两相及以上短路故障;②事故范围在从保护安装处至线路近端,速断保护因某种原因拒动,过流保护动作使断路器跳闸,过流保护起到近后备作用;③事故范围在下级线路,发生短路而保护拒动,越级到本级保护,使过流保护动作跳闸,过流保护起到远后备作用。

(3)线路零序保护动作跳闸。事故范围在从保护安装处至线路全部,在此范围内发生了高压单相接地故障。

特别提示:变配电室发生变压器开关跳闸、全线电缆线路开关跳闸、电容器开关跳闸时不准试送,必须查明原因。

变配电室发生开关跳闸,在采用技术手段详细检查后,未发现设备或线路有问题,可考虑开关有误动作的可能(保护定值过小、直流多点接地、保护二次线短路等),此时必须找出误动的真正原因,并经过分析判断,确认无误。

9.6.3 其他事故跳闸信息的分析与判断

变配电室事故跳闸的形式多种多样,各种事故跳闸反映出来的现象也不尽相同,因此相关工作人员除通过仪器仪表来判断事故跳闸外,还可以通过经验或变配电室的供配电系统的保护装置(如信号屏)等提供的信息来进行分析判断。

其他事故跳闸信息的分析与判断主要有以下几方面:

(1)看到跳闸线路电源指示信号异常。例如,开关柜红灯灭、电流表回零、断路器机构指示"分"、带电显示器三相灯灭、相关保护动作掉牌;信号屏光字牌显示"×××开关跳闸""×××-××"保护动作;后台监控反映开关变位、微机保护装置显示开关跳闸时故障电流等。应根据现场信息指示迅速切除事故根源,解除对人身和设备的威胁,防止事故扩大,及时做好事故记录,即刻汇报相关部门。

(2)听到事故信号报警(蜂鸣器/喇叭)。通过报警装置查看"掉牌"(直流屏)并迅速判断事故范围,然后解除音响,记录时间,处理故障,确认无误,尽快恢复用户供电。

(3)闻到异常气味(故障在室内时)。迅速查明气味来源,找出故障设备,根据实际情况判断故障范围,采取切实可行的方法排除故障,做好记录并及时上报。

第 10 章　变配电站安全保障

变配电站装有大量高压设备和低压设备，而且密集度很高，它是接受、变换和分配电能的环节，是企、事业单位的动力枢纽，变配电站的安全与人员的业务素质和工作规范息息相关。

10.1　变配电站值班人员安全管理要求

对变配电站的值班人员要求可通过管理机制、管理原则、管理方法以及管理机构进行规范，从而使得组织内人员按照既定标准、规范要求进行管理，使日常值班工作或操作达到预期的目的。

10.1.1　变配电站值班人员应具备的素质

值班人员应努力学习专业技术知识，具备必要的"应知应会技能"，熟知《电工工作规程》中有关变配电站部分的内容，胜任本职工作。

变配电站值班人员应具备如下素质：

（1）必须取得国家安全生产监督管理总局颁发的《高压电工特种作业操作证》。

（2）熟悉变配电站中的各项规程制度。

（3）掌握本变配电站中各种运行方式的操作要求和步骤。

（4）掌握本变配电站中主设备的一般构造和原理、技术要求和负载情况。

（5）掌握本变配电站继电保护的定值和保护范围。

（6）能正确执行安全技术措施和组织措施。

（7）能够独立进行倒闸操作、查找分析及处理设备异常和事故情况。

10.1.2　变配电站值班人员的主要工作

变配电站的值班人员属于变配电站的临时指挥者，也是上级电网调度命令的执行者，关系着变配电站的安全生产运行状况，同时肩负着电网安全与稳定的重任。如果值班人员工作不认真，后果将不堪设想，甚至会造成电网的瘫痪，以至于引起输电事故；如果违规操作，往往会给企业或社会带来巨大的经济损失。因此，变配电站值班人员担负的责任十分重大，做好值班人员的管理工作刻不容缓，只有拥有一批优秀的值班人员，才能促进变配电站的安全生产和电网的安全稳定运行。

变配电站值班人员的主要工作内容如下：

（1）变配电站值班人员必须坚守岗位，认真巡视检查，每班不得少于 2 人，特殊情况下仅留 1 人时，此人必须具有独立工作和处理事故的能力，并只能监护设备运行，不得单独从事维护工作。

（2）变配电站值班人员应熟悉所管辖范围内的电气设备性能，一、二次系统接线图，并能熟练地进行操作与事故的处理。

（3）监护仪表保证设备的正常运行，正确果断地排除故障和事故。

（4）根据负荷大小、设备状况、检修试验等任务，调整运行方式，实施安全技术措施和安全组织措施，配合完成作业任务；值班人员在巡视检查设备运行和检修时，应注意保持与带电体之间的安全距离，6 ～ 10kV 的电力设备有遮栏时不应小于 0.35m，无遮栏时不应小于 0.7m。

（5）严肃认真、正确无误地记录运行日志，按时抄报所规定的表单和报表。

（6）做好调整负荷节电工作。

（7）做好设备缺陷的检查记录和设备的维护、保养工作，提高设备的完好率。

（8）保管好站内的消防器材及常用工具。

（9）做好设备和工作场所的清洁卫生工作。

（10）未经批准不得进入变配电站，外来参观检查人员，进站必须登记。

（11）值班人员不得在值班期间做与工作无关的事，不得擅自离开工作岗位。

（12）值班人员应妥善地保管安全用具，保管方法如下：①应存放在干燥、通风场所；②绝缘杆应悬挂在支架上，不应与墙面接触；③绝缘手套应存放在密闭的橱柜内，并与其他工具、仪表分别存放；④绝缘靴应存入橱柜内，不准代替雨靴使用；⑤试电笔应存放在防潮的匣内，并放在干燥的地方；⑥所有安全用具都不准代替其他工具使用。

10.1.3 变配电站的负责人和值班长应具备的条件

变配电站的负责人和值班长，必须具备变配电站运行专业知识和运行操作经验，技术比较熟练，能独立进行和全面指导所管理的变配电站中各种电气设备的运行操作和事故处理工作。一般应具备下列条件：

（1）掌握本变配电站电气设备的参数、构造和工作原理以及运行特性要求。

（2）掌握变配电站设备的负荷情况、变化规律及经济运行方式。

（3）熟知变配电站中有关规程制度的要求及其实质。

（4）掌握本变配电站中各种继电保护装置的原理和保护范围。

（5）能够指挥本变配电站值班人员进行倒闸操作和事故处理。

（6）能够根据本变配电站内的各项工作内容，制定和审查、执行所制定的安全措施。

（7）能够组织本变配电站值班人员，做好运行分析和管理工作，适时提出电气设备的防事故措施。

（8）能够进行本变配电站设备的维护工作和设备的验收工作。

（9）熟练地掌握触电急救法。

10.1.4　变配电站值班长和值班员的岗位职责

变配电站值班长的职责：负责本变配电站的安全、运行、维护工作；领导本值接受、执行调度命令，正确、迅速地进行倒闸操作和事故处理；发现和及时处理缺陷；受理和审查工作票，并参加验收工作；组织好设备维修工作；审查本值记录；完成本值培训工作。

变配电站值班员的职责：在值班长的领导下，做好本值的安全、运行、维护工作；按时巡视设备，做好记录；进行倒闸操作，按时做好各种记录；管理好安全用具和仪表工具，做好交接班工作；在值班长不在时，代理值班长执行必要的业务工作。

10.2　变配电站工作安全保障的技术措施

变配电站的工作人员在电气设备上进行维修和维护工作时，存在全部停电或部分停电的情况，为保证电气设备和人身安全，工作时必须规范，并采取停电、验电、装设接地线、悬挂标示牌和装设临时遮栏等安全技术措施。

10.2.1　停电

停电是电气设备在进行维修维护时常用的安全保障方式。为保证电气设备和人身安全，工作人员应引起高度重视，严格按停电要求规范操作。

设备全部停电或部分停电检修时须注意以下几点：

（1）将停电工作设备可靠地脱离电源，也就是必须正确地将有可能给停电设备送电或向停电设备倒送电的各方面电源断开。

（2）断开电源，至少要有一个明显的断开点。其目的是做到一目了然，应将与停电设备有关的变压器和电压互感器从高压和低压两侧断开。对于柱上变压器等，应将高压熔断器的熔丝管取下。

（3）工作人员在进行工作时与邻近带电设备正常活动的最大范围的距离应小于如

表 10-1 所示的规定。

（4）在 35kV 及以下的设备上进行工作，与邻近带电设备有无安全遮栏的最小安全距离应符合如表 10-2 所示的规定。

表 10-1 工作人员在工作中正常活动范围与带电设备的安全距离

电压等级 /kV	安全距离 /m
10 及以下	0.35
35	0.60
110	1.50
220	3.00

表 10-2 人体距带电体的最小安全距离

电压等级 /kV	安全距离 /m		
	无遮栏时	有遮栏时	人体对绝缘挡板的距离
1 以下	0.10	—	—
1 ～ 10	0.70	0.35	不可接触
20 ～ 35	1.00	0.60	不可接触
110	1.50	1.50	—
220	3.00	3.00	—

10.2.2　验电

验电是在设备停电后，用符合电压等级标准并且合格的验电器来判断此设备有无电压的依据。因此检修的电气设备停电后，在悬挂接地线之前必须用验电器检验有无电压。验电还应注意下列事项：

（1）验电应分相逐相进行，对在断开位置的开关或刀闸进行验电时，还应同时对两侧各相验电。

（2）当对停电的电缆线路进行验电时，如线路上未连接能够构成放电回路的三相负荷，由于电缆的电容量较大，剩余电荷较多，一时不易将电荷泄放光，因此刚停电随即进行验电，验电器仍会发亮，直至验电器指示无电为止。切记绝不能认为剩余电荷作用所致，就盲目进行接地操作。

（3）同杆塔架设的多层电力线路进行验电时，先验低压，后验高压；先验下层，后验上层。

（4）信号和仪表等通常可能因失灵而错误指示，因此表示设备断开的常设信号或标志、表示允许进入间隔的闭锁装置信号以及接入的电压表指示无压和其他无压信号指示，只能作为参考，不能作为设备无电的根据。但如果信号和仪表指示有电，在未查明原因，排除异常的情况下，即使验电器检测无电，也应禁止在设备上工作。

（5）高压验电必须戴绝缘手套。10kV 及以上的电气设备可以使用绝缘杆验电，根据绝缘杆顶部有无火花和放电噼啪声来判断有无电压。500V 及以下设备可以使用低压试电笔或白炽灯检验有无电压。

10.2.3 装设接地线

对于突然来电的防护，采用的主要措施或者唯一的措施是装设接地线，用以保护工作人员人身安全。

装设接地线的主要方法和注意事项如下：

（1）接地可以利用配电装置上的接地刀闸或临时接地线实施。

（2）验电之前应先准备好接地线，并将其接地端先接到接地网（极）的接头上。当验明设备确已无电后，应立即将检修设备三相接地并短路。

（3）对于可能送电至停电设备的各电源点（包括线路的各支路）或停电设备可能有感应电压的，都要装设接地线。接地线应装设在工作地点视线之内，使工作人员在地线保护范围内。接地线与带电部分的距离应符合安全距离的规定。

（4）检修部分若分成几个在电气上不相连接的部位（如分段母线以及隔离开关或断路设备隔开），则各段应分别验电并接地。

（5）变配电站全部停电时，应在各个可能来电侧的部位装设接地线。

（6）在室内配电装置上，接地线应装在未涂相色漆的部位。

（7）接地线与检修设备之间不应有断路设备或熔断器。

（8）装设接地线必须先接接地端，后接导体端。拆地线的顺序与此相反。装拆接地线均应使用绝缘棒和戴绝缘手套。

（9）接地线必须使用专用的线夹固定在导体上，禁止用缠绕的方法进行接地或短路。

（10）接地线应用透明护套多股软铜线，并符合短路电流热稳定的要求，最小截面不应小于 25 mm²。接地线每次使用前应进行检查，禁止使用不符合规定的导线做接地线。

（11）接地工作必须由二人进行，一人监护，一人操作。

10.2.4 悬挂标示牌和装设临时遮栏

悬挂标示牌可提醒有关工作人员及时纠正将要进行的错误操作和做法，起到禁止、警告、准许、提醒几方面的作用。

悬挂标示牌和装设临时遮栏的地点要求如下：

（1）在变配电所内的停电工作，经合闸即可送电到工作地点的断路器或隔离开关的操作把手上，均应悬挂"禁止合闸，有人工作"的标示牌。

（2）在成套设备内装设接地线后，应在已接地线的隔离开关操作把手上悬挂"已接地"的标示牌。

（3）在变配电站外线路上工作，其控制设备在变（配）电所室内的，则应在控制线路的断路设备或隔离开关的操作把手上悬挂"禁止合闸，线路有人工作！"的标示牌。

（4）标示牌的悬挂和拆除，应按调度员的命令或工作票的规定执行。

（5）在室内部分停电的高压设备上工作，在工作地点两旁带电间隔固定遮栏上和对面的带电间隔固定遮栏上，以及禁止通行的过道上均应悬挂"止步，高压危险！"的标示牌。

（6）在室外地面高压设备上工作，应在工作地点四周用红绳做好围栏，围栏上悬挂适当数量的"止步，高压危险！"的标示牌，标示牌的字必须朝向围栏里面。

（7）在室外构架上工作，应在工作地点邻近带电部分的横梁上，悬挂"止步，高压危险！"的标示牌，在工作人员上、下用的铁架或梯子上，应悬挂"从此上下！"的标示牌，在邻近其他可能误登的架构上，应悬挂"禁止攀登，高压危险！"的标示牌。

（8）在工作地点装设接地线以后，应悬挂"在此工作"的标示牌。

（9）临时遮栏与带电部分的距离不应小于如表 10-2 所示规定的数值。临时遮栏上应悬挂"止步，高压危险！"的标示牌。

（10）临时遮栏可用干燥木材、橡胶或其他坚韧绝缘材料制成，并应装设牢固。

（11）严禁工作人员在工作中移动或拆除临时遮栏和标示牌。

（12）进行小车式开关柜检修工作时，小车拉出后，在小车开关柜内放"止步，高压危险！"标示牌。

10.3　变配电站工作安全保障的制度措施

加强对电气设备的管理，建立和完善各项制度章程，对日常的使用、检修工作进行规范，是确保电气设备安全、正常运行，防范各种事故发生，延长设备使用寿命，保障生产顺利进行的必要措施。

10.3.1　工作票制度

工作票就是准许在电气设备上工作的书面命令，在电气设备上工作，应填写工作票或按命令执行。其方式有三种：第一种工作票、第二种工作票和口头或电话命令。

工作票制度具体的要求如下：

（1）填写第一种工作票的工作范围：在高压设备（包括线路）上或其他电气回路上工作而需要将设备全部停电或部分停电，并做安全技术措施的均应采用第一种工作票。

（2）填写第二种工作票的工作范围：①在带电设备的外壳上以及带电线路杆塔上的工作；②在低压配电盘（箱）、控制盘、低压干线以及运行中的变压器室内又无需将高压设备停电的工作；③在二次接线回路上无须将高压设备停电的工作；④在转动中电动机的励磁回路和转子电阻回路上的工作；⑤核相工作；⑥变配电站内进行非电气作业。

（3）以下几种工作可以不填写工作票：①事故紧急抢修工作；②线路运行人员在巡视工作中，需登杆检查；③用绝缘工具做低压测试工作。

（4）一个负责人，一个班组，在同一时间内只能执行一张工作票。

（5）在一个电气连接部分或整个变配电装置全部停电工作，有两个及以上班组同时交叉工作时，按班组填写工作票，并指定总的负责人。由总负责人制定安全措施。班组负责人应向总负责人要令，得到工作许可令后方可进行工作。工作完毕后班组负责人应向总负责人交令，由总负责人收回工作许可令后统一送电。

（6）在工作过程中，需要补充工作项目，必须由工作负责人征得工作许可人的同意。如增加或改变安全措施时，应另填写工作票，将安全措施及补充工作项目告知全体工作人员。

（7）工作票由工作负责人填好后，应由工作票签发人签发。工作负责人不得签发工作票。工作票填写为一式两份，其中一份保存现场由工作负责人收执，作为进行工作的依据；另一份由运行值班人员收执，按值移交，妥善保管以供备查。工作票的签发应由单位电气部门领导批准。签发人应由熟悉业务，熟悉现场电气系统设备情况，熟悉安全规程并具备相应技术水平的人员来担任。

10.3.2　工作查活及交底制度

填写了工作票仅仅是做到了一个方面，期间工作负责人必须熟悉工作票内容，认真考虑安全办法，拟定安全措施，核实情况并向全体人员传达和交底。

工作查活及交底制度的具体内容包括以下几方面：

（1）工作前，工作负责人应根据工作任务到现场查清电源和工作范围，以及设备编号等，并应根据查活情况，制定现场安全措施，填写好工作票。

（2）工作负责人应根据工作任务和现场情况，提出所使用的安全用具、起重工具和材料等，并指定专人检查。工作前一天，应查清所使用的材料、工具是否合格。

（3）工作负责人应对停电范围内的周围环境、道路等情况做好调查，尤其运输较重设备时，应事先制定安全措施。

（4）工作负责人对于工作范围内交叉跨越和平行线路、邻近线路或带电设备以及有自备发电机者，应调查清楚，并应确定装设接地线的部位及接地线组数。

（5）工作负责人在工作开始前，应根据工作票的内容向全体工作人员交代工作任务、工作时间、质量要求、人员分工、停电范围和各项安全措施。现场实施安全措施后，应再次向全体工作人员指明邻近带电设备和交叉带电线路等情况。

10.3.3　工作许可制度

在电气设备上进行工作时，必须事先征得工作许可人的许可，未经许可不准擅自进行工作。工作许可制度主要包括以下几方面：

（1）工作许可人（值班员）应负责审查工作票所列安全措施是否正确完备，是否符合现场条件，并应完成施工现场的安全措施。多班组工作时，总负责人需明确提出配合要求，并做好记录。总负责人批准开工后，各班组负责人才可组织本班组工作。

（2）在变配电站内工作，工作许可人应会同工作负责人检查停电范围内已实施的安全措施，如装设接地线、遮栏和标示牌等，并指明邻近带电部位。在工作地点应以手触试停电设备，证明检修设备确无电压后，双方在工作票上签字。

（3）工作负责人及工作许可人任何一方不得擅自变更安全措施及工作项目。工作许可人不应改变检修设备的运行接线方式，如需改变应事先取得工作负责人同意。

（4）在变（配）电所出线电缆另一端头（或线路上的电缆头）的停电工作，应得到送电端的值班员或调度员的许可，并做好现场安全措施后方可开始工作。

（5）在线路上停电工作，工作负责人应得到值班员或调度员的许可，拉开有关变（配）电所或线路隔离开关等，并做好现场安全措施后，方可开始工作。

（6）与停电线路交叉跨越的其他部门的带电线路需要停电时，应取得有关部门值班员的许可，并完成现场安全措施后，方可工作。

（7）在工作过程中，当工作许可人发现有违反安全工作规程或拆除某些安全措施时，应及时命令停止工作，并进行更正。

10.3.4 工作监护制度

执行工作监护制度，可使工作人员在工作过程中受监护人的一定指导与监督，以及时纠正一切不安全的动作和其他错误做法。工作监护制度的主要内容包括以下几方面：

（1）工作监护制度是保证人身安全及操作正确的主要措施。监护人的安全技术等级应高于操作人，监护人一般由工作负责人担任。

（2）带电作业或在带电设备附近工作时，应设专责监护人，工作人员应服从监护人的指挥，监护人不得离开现场，监护人在执行监护时不应兼做其他工作。

（3）监护人或专责监护人因故离开现场时，应由工作负责人事先指派了解有关安全措施的人员接替监护，使监护工作不致间断。

（4）监护人所监护的内容：部分停电时，应始终对所有工作人员的活动范围进行监护，使其与带电设备保持安全距离；带电作业时，应监护所有工作人员的活动范围不应小于与带电部位的安全距离，以及工具使用是否正确、工作位置是否安全、操作方法是否正确等；监护人发现某些工作人员中有不正确的动作时，应及时纠正，必要时令其停止工作。

（5）监护人可监护人数的规定：①设备（线路）全部停电，一个监护人所监护的人数不予限制；②在部分停电设备的周围，不是全部设有可靠的遮栏以防止触电时，则一个监护人所监护的人数不应超过二人；③其他工种（如油漆工、建筑工等）人员进入变（配）电室内，在部分停电的情况下工作时，一个监护人在室内最多可监护三人。

10.3.5　工作间断和工作转移制度

工作间断和工作转移制度是对工作间断和转移后，是否需要再次履行工作许可手续而作的规定，因此它实际上属于工作许可制度的一个方面。

工作间断和工作转移制度的具体内容规定如下：

（1）工作间断时，全部人员应撤离现场。工作票仍由工作负责人保存，所有安全措施不能变动。继续工作时，工作负责人必须向全体工作人员重申安全措施。

（2）在变配电站内连续进行一日以上工作时，工作班每日收工时，应将工作票交给值班员，填好实际收工时间，次日开始工作前，必须重新履行工作许可手续，方可开始工作。

（3）对于连续性的工作，在同一电气连接部分用同一工作票依次在几个工作地点转移工作时，全部安全措施由值班员在开工前一次做完，不需要办理转移手续，但转移到下一个工作地点时，工作负责人应向工作人员交代停电范围、安全措施和注意事项。

（4）工作间断期间，遇有紧急情况需要送电时，值班员应得到工作负责人的许可，并通知全体工作人员撤离现场，且完成下列措施后，方可提前送电：①拆除临时遮栏、接地线和标示牌，恢复常设遮栏和原标示牌；②对于较复杂或工作面较大的工作，必须在所有通道派专人看守，以便告诉工作人员"设备已经合闸送电，不能继续工作"，看守人在工作票未收回前，不应离开守候地点。

（5）检修工作结束以前，若将设备试加工作电压，可按下列规定进行：①全体工作人员撤离工作地点；②将该系统所有工作票收回，拆除临时遮栏、接地线和标示牌，恢复常设遮栏和标示牌；③工作负责人和值班员进行全面检查无误后，应由值班员进行试加压试验，工作班若需继续工作时，应重新履行工作许可手续。

10.3.6　工作终结和送电制度

工作终结制度是指检修工作完毕，由工作负责人检查督促全体工作人员撤离现场，对设备状况、现场清洁卫生工作以及有无遗留物件等进行检查，检修人员自己采取的临时安全技术措施（如接地线）应自行拆除，然后向工作许可人报告，并一同对工作进行验收、检查，合格后双方在工作、安全措施票上签字，这时工作票才算终结。

工作终结，送电前应按以下顺序进行检查：

（1）拆除的接地线组数与挂接组数是否相同，确认接地刀闸是否断开。

（2）所装的临时遮栏、标示牌是否已拆除，永久安全遮栏和标示牌等安全措施是否已恢复。

（3）所有断路设备及隔离开关的分合位置是否与工作票规定的位置相符，设备上有无遗漏工具和材料。

（4）线路工作应检查弓子线的相序及断路设备、隔离开关的分、合位置是否符合检修前的情况，交叉跨越是否符合规定。

（5）送电后，值班员对投入运行的设备应进行全面检查，正常运行后报告工作负责人，工作人员方可离开现场。

10.4　变配电站填写工作票的规定

工作票是准许在电气设备上工作的书面命令，也是执行保证安全技术措施的书面依据，是检修、运行人员双方共同持有、共同强制遵守的书面安全约定。凡在高压电气设备上进行检查、修理、新装或改装、试验、清扫等作业事项，均应按规定填写相应的工作票，否则，不准实施。

10.4.1　填写第一种工作票的规定

第一种工作票是维护人员在高压设备（包括线路）全部停电或部分停电的情况下进行检修时，需要做好安全技术防护应填写的工作票。

填写第一种工作票规定的主要内容如下：

（1）为使值班员能有充分时间审查工作票所列安全措施是否正确完备，是否符合现场条件，第一种工作票应在工作前一日交给值班员。

（2）工作票中下列几项不能涂改：设备的名称和编号、工作地点、接地线装设地点和计划工作时间。

（3）工作票一律用钢笔或圆珠笔填写，一式两份，不得使用铅笔或红色笔，要求书写正确、清楚，不能任意涂改。如有个别错别字要修改时，应在要改的字上划两道横线，即被改的字也能看清楚。

（4）应在工作内容和工作任务栏内填写双重名称，即设备编号和名称。

（5）当工作结束后，如接地线未拆除，允许值班员和工作负责人先办理工作终结手续，但这并不是工作票终结，工作票应是在值班员拆除工作地点的全部接地线、恢复常设遮栏后，并经值班负责人签字后才可作为工作票终结。

（6）当几张工作票合用一组接地线时，若其中有的工作终结，只要在接地线栏内填写接地线不能拆除的原因，即可对工作票进行终结，当这组接地线拆除后，恢复常设遮栏，方可给最后一张工作票进行终结。

（7）凡工作中需要进行高压试验项目，则必须在工作票的工作任务栏内写明。在同一个电气连接部分发出带有高压试验项目的工作票后，禁止再发出第二张工作票，若确实需要发出第二张工作票，则原先发出的工作票应收回。

（8）用户在电气设备上工作，必须同样执行工作票制度。

（9）值班人员在工作许可人填写的栏内，不准填写"同左"等字样。

（10）工作票应统一编号，按月装订，评议合格，保存一个互查周期。

（11）计划工作时间与停电申请批准的时间应相符。确定计划工作时间应考虑前、后预留 0.5～1h 作为安全措施的布置和拆除时间。若扩大工作任务而不改变安全措施，必须由工作负责人通过工作许可人和调度同意，方可在第一种工作票上增加工作内容。若需变更安全措施，必须重新办理工作票，履行许可手续。

（12）工作票签发人在考虑设置安全措施时，应按本次工作需要拉开工作范围内所有断路器、隔离开关及二次部分的操作电源，许可人按实际情况填写具体的熔丝和连接片。工作地点所有可能来电的部分均应装设接地线，签发人注明需要装设接地线的具体地点，不写编号，许可人则应写接地线的具体地点和编号。

（13）工作地点、保留带电部分和补充安全措施栏，是运行人员向检修人员交代安全注意事项的书面依据。

（14）工作票终结时间应在安全措施执行结束之后，不得超出计划停电时间，工作票应在值班负责人全面复查无误签名后方可盖"已终结"章，向调度汇报竣工。

10.4.2 填写第二种工作票的规定

第二种工作票与第一种工作票的最大区别是不需将高压设备停电或装设遮栏。填写第二种工作票规定的主要内容如下：

（1）第二种工作票应在工作前交值班员。

（2）建筑工、油漆工和杂工等非电气人员在变电站内工作，如因工作负责人不足，工作票交给监护人，可指定本单位经安规考试合格的人员作为监护人。

（3）在几个电气部分上依次进行不停电的同一类型的工作时，可发给一张第二种工作票，工作类型不同，则应分别开票。

（4）第二种工作票不能延期，若工作没结束，可先终结，再重新办理第二张工作票手续。

10.4.3 口头或电话命令的工作

口头或电话命令的工作一般指变配电值班人员按现场规程规定所进行的工作。如检修人员在低压电动机和照明回路上工作，可用口头联系。口头或电话命令必须清楚正确，值班员将发令人、负责人及工作任务详细记入操作记录簿中，并向发令人复诵，核对无误。

在事故抢修情况下可以不用工作票。事故抢修是指设备在运行中发生了故障或严重缺陷，需要紧急抢修，而工作量不大，所需时间不长，在短时间能恢复运行的，此种工作可不使用工作票，但在抢修前必须做好安全措施，并得到值班员的许可。如果设备损坏比较严重，或是等待备品、备件等原因，短时间不能修复，需转入事故检修的，则仍应补填工作票，并履行正常的工作许可手续。

10.4.4 执行工作票的程序

工作票制度是保证电力系统安全生产的根本制度，是电力运行管理中一项防止误操作的有效安全措施。执行工作票的程序是明确工作中的职责和评估危险作业时可能发生的问题点后采取的必要安全措施，因此必须严格落实工作票制度并按程序逐级报备。

执行工作票的程序应按如下顺序进行：

（1）签发工作票。在电气设备上工作，使用工作票必须由工作票签发人根据所要进行的工作性质，依据停电申请，填写工作票中有关内容，并签名以示对所填写内容负责。

（2）送交现场。已填写并签发的工作票应及时送交现场，第一种工作票应在工作前一日交给变电值班员，临时工作的工作票可在工作开始以前直接交给变电值班员；第二种工作票应在进行工作的当天预先交给值班员，主要目的是使变电值班员能有充分的时间审查工作票所列安全措施是否正确完备，是否符合现场条件等。

若距离较远或因故更换新工作票，不能在工作前一日将工作票送到现场时，工作票签发人可根据自己填好的工作票用电话（或传真）全文传达给变电值班员，传达必须清楚。变电值班员根据传达做好记录，并复诵校对。

（3）审核把关。已送交变电值班员的工作票，应由变电值班员认真审核，检查工作票中各项内容（如计划工作时间、工作内容停电范围等）是否与停电申请内容相符，现场设置的安全措施是否完备，与现场条件是否相符等。对工作票中所列内容即使发现很小的疑问也须向签发人问清楚，必要时应要求重新签发工作票。

为不影响按计划时间开工，且给变电值班员留有审核把关时间，除了要求工作票应提前送交外，同时也要求变电值班员在收到已签发的工作票后及时审核，以便于及时发现问题，及时纠正。审核无误后应填写收到工作票时间，由审核人签名。

（4）布置安全措施。变电值班员应根据审核合格的工作票中所提要求，填写安全措施操作票，并在得到调度许可将停电设备转入检修状态的命令后执行。应从设备开始停电时间起（即开始对设备停电后时间）开始考核。因此，变电值班员在接到调度命令后即应迅速、正确地布置现场安全措施，以免影响开工时间。

（5）许可工作。变电值班人员在完成了工作现场的安全措施以后，应会同工作负责人到现场再次检查所做的安全措施。以手触试证明被检修设备确无电压，向工作负责人指明带电设备的位置，指明工作范围和注意事项，并与工作负责人在工作票上分别签字以明确责任。完成上述手续后工作人员方可开始工作。

（6）开工会。工作负责人在与工作许可人办理了许可手续后，即向全体检修工作人员逐条宣读工作票，明确工作地点、现场布置的安全措施，而且工作负责人应在工作前确认人员精神状态良好，服饰符合要求，工具材料备妥，安全用具合格、充分，工作内容清楚，停电范围明确，安全措施清楚，邻近带电部位明白，安全距离充足，工作位置及时间要求清楚，工种间配合明白。

（7）收工会。收工会就是工作一个阶段的小结，工作负责人向参加检修人员了解工作进展情况，其主要内容为工作进度、检修工作中发现的缺陷以及处理情况，还遗留哪些问题，有无出现不安全情况以及下一步工作如何进行等。

工作班成员应主动向工作负责人汇报以下几方面内容：①对所布置的工作任务是否已按时保质保量完成；②消除缺陷项目和自检情况；③有关设备的试验报告；④检修中临时短接线或拆开的线头有无恢复，工器具设备是否完好，是否已全部收回等情况。收工会后检修人员应将现场清扫干净。

（8）工作终结。全部工作完毕后，工作负责人应先做周密的检查，撤离全体工作人员，并详细填写检修记录，向变电值班人员递交检修试验资料，并会同值班人员共同对设备状态、现场清洁工作以及有无遗留物件等进行检查。验收后，双方在工作票上签字即表示工作终结，此时检修人员工作即告完成。

（9）工作票终结。值班员拆除工作地点的全部接地线（由调度管辖的由调度发令拆除）和临时安全措施，并经盖章后，工作票方告终结。

第11章　高压开关柜的倒闸操作

大、中型数据中心作为一级用电负荷，保证供电的连续性、可靠性，提高供电质量是电力用户的重要目标和工作内容。一级用电用户的高压受电柜的供电回路按标准都是由双重回路（N+1）外加一路高压柴发供电回路组成。当有一路供电回路出现故障时，高压柜一次配电电气设备可通过自动或手动方式进行系统的切换，退出有故障的回路并切换至另一正常回路上工作，保证数据中心电力系统的正常运行。

11.1　倒闸操作的基本知识

倒闸操作的过程主要是指拉开或合上断路器或隔离开关，拉开或合上直流操作回路，拆除和装设临时接地线及检查设备绝缘等。它直接改变电气设备的运行方式，是一项重要而又复杂的工作，如果发生错误操作，就会导致事故或危及人身安全。

11.1.1　电气设备状态

电气设备状态其实就是指相关电气设备的断路器、隔离开关在一次线路上接通电源和断开电源时的功能的表达。

电气设备状态分以下四种：

（1）运行状态：指设备相应的断路器和隔离开关（不包括接地刀闸）在合上位置。

（2）热备用状态：电气设备的断路器及相关的接地开关断开，断路器两侧相应隔离开关处于合上位置，其特点是断路器一经合闸就可以接通主回路。

（3）冷备用状态：电气设备的断路器和隔离开关全都断开时的状态，泛指设备处于完好状态，随时可以投入运行。

（4）检修状态：指电气设备的断路器和隔离开关均处于断开位置，相应的安全措施已完成，即接地线已悬挂或接地刀闸已合上、手车柜小车已拉至柜外检修位、悬挂了相关内容的标示牌等。

11.1.2 倒闸操作的目的和内容

倒闸操作是使电气设备使用状态改变的直接手段,目的是使电气设备由一种状态转换到另一种状态,或改变电气一次系统运行方式所进行的一系列操作。

倒闸操作的内容主要包括以下几方面:

(1)拉开或合上断路器与隔离开关。

(2)装设或拆除接地线(合上或拉开接地开关)。

(3)切换保护回路,包括投入或停用继电保护和自动装置,以及保护定值改变等。

(4)安装或拆除控制回路或电压互感器回路的熔断器。

(5)改变变压器有载开关或消弧线圈分接头位置等。

11.2 倒闸操作的专用术语

变配电站运行人员要熟练掌握倒闸操作技术,必须先熟悉电力系统设备的标准名称、电力系统的调度术语、电力系统的操作术语、电气设备的运行状态及各种状态之间互相转换的原则,以避免误传、误听而引起误操作。

11.2.1 电力系统设备的标准名称

为规范电网一、二次设备命名,避免因命名歧义给电网安全稳定运行带来不良影响,所有各自管辖范围内的一、二次运行设备均必须按照国家电力部门相关规范要求进行命名管理,确定唯一正式调度命名。经调度部门编号命名过的调度设备,各单位不得自行改变。

电力系统部分设备的标准名称如表 11-1 所示。

表 11-1 电力系统部分设备的标准名称

编 号	设备名称	调度标准名称
1	开关:各种型式断路器的通称	*** 开关
2	母线联络断路器	母联 *** 开关
3	母线联络断路器兼母线与旁路母线的联络断路器	母联 *** 开关(用作母联时) 旁路 *** 开关(用作旁路时)
4	隔离开关	*** 刀闸
5	避雷器隔离开关	*** 避雷器刀闸
6	电压互感器隔离开关	电压互感器刀闸(*9PT 刀闸)
7	开关小车	*** 开关小车
8	隔离小车或 CT 小车	刀闸(* 刀闸)
9	变压器:系统主变压器	* #主变

续表

编 号	设备名称	调度标准名称
10	变电所所用变压器	＊＃所用变
11	电流互感器	电流互感器（CT）
12	电压互感器	电压互感器（PT）
13	并联补偿电容器	电容器
14	避雷器	避雷器
15	备用电源自动投入装置	自投

11.2.2 电力系统的调度术语

调度术语是为使调度值班系统人员能正确、迅速、清楚、明了地下达或执行调度指令而专门规定的一种专业术语，电力系统调度术语如表 11-2 所示。

表 11-2 电力系统的调度术语

编号	调度术语	含义
1	报数：幺、两、三、四、五、六、拐、八、九、洞	报数时：一、二、三、四、五、六、七、八、九、零的读音
2	调度管辖	电气设备的出力计划和备用、运行状态，电气设备运行方式、倒闸操作及事故处理均应按所辖调度值班员的调度命令或获得其同意后进行
3	调度许可	设备由下级调度管理，但在进行有关操作前必须报告上级调度值班员并取得其许可后进行
4	调度同意	上级值班调度员对下级调度运行值班人员提出的申请和要求给予同意
5	调度命令	值班调度员对其所管辖的设备发布有关运行、操作和事故处理的命令
6	直接调度	值班调度员直接向现场运行值班人员发布有关运行、操作和事故处理的命令
7	间接调度	值班调度员向下级调度值班员发布调度命令后，由下一级值班调度员向现场运行值班人员转达命令的方式
8	复诵命令	值班人员在接受值班调度员发布给他的调度命令时，依照命令的步骤和内容，给值班调度员诵读一遍
9	回复命令	值班人员在执行完值班调度员发布给他的调度命令时，向值班调度员报告已执行完调度命令的步骤、内容和时间
10	拒绝命令	值班人员发现值班调度员发布给他的调度命令是错误的，如执行将危及人身、设备和系统的安全，拒绝接受该调度命令
11	设备试运行	新装或检修后的设备移交调度部门启动加入系统进行必要的试验与检查，并随时可以停止运行
12	电气设备运行状态	设备的刀闸都在全入位置，电源至受电端电路接通（包括辅助设备，如电压互感器、避雷器等）
13	电气设备热备用状态	设备仅开关断开而刀闸仍在合入位置（开关小车、刀闸小车在推入位置）

续表

编号	调度术语	含义
14	电气设备冷备用状态	设备的刀闸都在断开位置（开关小车、刀闸小车在拉出位置） （1）"开关冷备用"或"线路冷备用"时，接在开关或线路上的电压互感器的高、低压保险一律取下，高压刀闸也拉开 （2）无高压刀闸的电压互感器，当"低压断开"后即处于"冷备用"状态
15	电气设备检修状态	设备的所有开关、刀闸均拉开，挂好保护接地线或合上接地刀闸

11.2.3 电力系统的操作术语

电力系统操作术语是指在电力系统惯例中通用的一种名称简介，是操作人员在进行电力系统操作交流时常用的一种语言，并为本行业内专业人士所熟知的表述。电力系统的操作术语如表 11-3 所示。

表 11-3 电力系统的操作术语

编号	操作术语	含义
1	操作命令	值班调度员对所管辖设备进行变更电气接线方式和事故处理而发布倒闸操作命令
2	操作许可	值班调度员对所管辖设备在变更状态前，由现场提出操作项目和要求，值班调度员给予许可
3	强送	设备因故障跳闸后，未经检查即送电
4	倒母线	母线隔离开关从一组母线倒换至另一组母线
5	充电	不带电设备与电源接通，但不带负荷
6	试送	设备因故障跳闸后，经初步检查即送电
7	挂（拆）接地线或合上（拉开）接地刀闸	用临时接地线（组）或接地隔离开关将设备与大地接通或断开
8	合上刀闸	将刀闸由断开位置转为接通位置（含将小车型刀闸由备用或检修位置推入运行位置）
9	拉开刀闸	将刀闸由接通位置转为断开位置（含将小车型刀闸由运行位置拉至备用或检修位置）
10	开关小车推入	将开关小车由备用或检修位置推入运行位置
11	开关小车拉出	将开关小车由运行位置拉至备用或检修位置。注：开关小车（或刀闸小车）的运行位置指两侧插头已经插入插嘴（相当于刀闸合好）；备用位置指两侧插头离开插嘴但小车未拉出柜外（相当于刀闸断开）；检修位置则指小车已拉出柜外
12	开关两侧	开关至两侧刀闸之间
13	开关外侧	开关至线路侧刀闸、主变开关至母线侧刀闸之间
14	开关内侧	开关至母线侧刀闸、主变开关至变压器侧刀闸之间
15	开关线路侧	开关（小车柜或无线路侧刀闸）至线路引线之间
16	刀闸线路侧	刀闸至线路引线之间
17	刀闸母线侧	刀闸至母线引线之间
18	刀闸开关侧	刀闸至开关引线之间
19	刀闸 PT 侧	刀闸至 PT 一次引线之间

编号	操作术语	含义
20	过负荷	线路、主变等电气设备的电流超过规定的运行限额
21	设备异常拉路	设备发生异常情况（如过温、过负荷），危及设备安全运行时，需采取的紧急拉路措施。值班调度员下令前应冠以设备异常拉路
22	并列	发电机或局部系统与主系统同期后并列为一个系统运行
23	解列	发电机或局部系统与主系统脱离成为独立系统运行
24	跳闸	设备由于保护或自动装置动作等原因从接通位置变为断开位置（开关或主气门等）
25	验电	用校验工具验设备是否带电
26	定相	新建、改建的线路，变电所（站）在投运前核对三相标志与运行系统是否一致
27	核相	用仪表或其他手段对两电源或环路相位检测是否相同
28	保护运行	将保护功能压板投入，其跳闸出口投入，保护可动作跳闸（起动失灵）、发中央信号等
29	保护停用	将保护功能压板退出，保护不动作跳闸、不发中央信号
30	保护改投信号	将保护功能压板投入，其跳闸出口退出可与线路对侧保护传送数据，保护启动后，不动作跳闸，可发中央信号

11.3　变配电站倒闸操作的程序与方法

电网运行实行统一调度、分级管理的原则，倒闸操作一般需根据调度的指令进行。值班调度对管辖范围内的设备发布倒闸操作指令，受令对象按指令由现场运行人员按规定自行填写操作票，在得到值班调度允许之后，即可进行操作。

11.3.1　倒闸操作的基本规定

倒闸操作正确与否，直接关系到操作人员的安全和设备的正常运行。如若发生误操作事故，后果极其严重。因此，电气运行人员一定要树立精心操作、安全第一的思想，严格按照倒闸操作的相关规定进行操作。

1. 倒闸操作的一般规定

倒闸操作的一般规定如下：

（1）电气操作应根据上级或调度的命令执行。

（2）电气操作应由两人同时进行，其中以对设备较为熟悉者作为监护人，另一人为操作人。

（3）重要的或复杂的倒闸操作，值班人员操作时，应由值班负责人监护。

（4）电气操作必须有合格的操作票，操作时严格按操作票顺序执行。

（5）倒闸操作前，应根据操作票的顺序在模拟板上进行核对性操作。操作时，应先核对设备名称、编号，并检查断路设备或隔离开关的原拉、合位置与操作票所写的是否相符。操作中，应认真监护、复诵，每操作完一步即应由监护人在操作项目前用红笔划"√"。

（6）操作中发生疑问时，必须向调度员或电气负责人报告，弄清楚后再进行操作，不准擅自更改操作票，不准随意解除闭锁装置。

（7）操作电气设备的人员与带电导体应保持规定的安全距离，同时应穿防护工作服和绝缘靴，并根据操作任务采取相应的安全措施。

（8）封闭式配电装置进行操作时，对开关设备每一项操作均应检查其位置指示装置是否正确，发现位置指示有错误或怀疑时，应立即停止操作，查明原因，排除故障后方可继续操作。

（9）事故处理可不用操作票，但应按上级或调度发布的操作命令正确执行。

（10）在交接班、系统出现异常、事故及恶劣天气情况下尽量避免操作。

（11）倒闸操作应尽量不影响或少影响系统的正常运行和对用户的供电。

（12）变（配）电站倒闸操作任务的执行应按照当地用电单位电气安全工作规程的有关规定执行。

（13）受供电部门调度的用电单位，变（配）电站的值班员应熟悉电气设备调度范围的划分，凡属供电部门调度的设备，均应按调度员的操作命令进行操作。

（14）不受供电部门调度的双电源（包括自发电）用电单位，严禁并路倒闸（倒闸时应先停常用电源，后合备用电源）。

（15）雷电时，禁止进行倒闸操作。

2. 倒闸操作的技术规定

倒闸操作的技术规定如下：

（1）送电时应先电源侧后负荷侧，即先合电源侧的开关设备，后合负荷侧的开关设备。

（2）停电时应先负荷侧后电源侧，即先拉负荷侧的开关设备，后拉电源侧的开关设备。

（3）设备送电前必须将有关继电保护投入。

（4）操作隔离开关时，断路器必须在断开位置。送电时，应先合隔离开关，后合断路器，停电时，拉开顺序与此相反。

（5）在操作过程中，发现误合隔离开关时，不允许将误合的隔离开关再拉开；发现误拉隔离开关时，不允许将误拉的隔离开关再重新合上。

（6）断路器两侧的隔离开关的操作顺序规定如下：送电时，先合电源侧隔离开关，后合负荷侧隔离开关；停电时，先拉负荷侧隔离开关，后拉电源侧隔离开关。

（7）不允许打开机械闭锁手动分、合断路器。

（8）变压器两侧断路器的操作顺序规定如下：停电时，先停负荷侧断路器，后停电源侧断路器；送电时顺序相反。

（9）变压器并列操作中应先并合电源侧断路器，后并合负荷侧断路器；解列操作顺序相反。

（10）停用电压互感器时应考虑有关保护、自动装置及计量装置。

（11）倒闸操作中，应注意防止通过电压互感器二次回路、UPS 不间断电源装置和所内变二次侧返回电源至高压侧（也就是反送电）。

（12）双路电源供电的非调度用户，严禁倒闸并路。

（13）在倒母线时，隔离开关的拉合步骤是先逐一合上需转换至一组母线上的隔离开关，然后逐一拉开在另一组母线上运行的隔离开关，这样可以避免因合一个隔离开关、拉另一个隔离开关而容易造成的误操作事故。

11.3.2　倒闸操作的程序

变配电站的倒闸操作主要是依据调度命令和变配电站设备、线路检修、清扫、继电保护调试、绝缘试验及其他相关工作的工作票进行。变配电站的倒闸操作的程序可参照下列步骤进行。

1. 接受倒闸操作命令

根据倒闸操作任务或调度命令内容抄入任务栏中，核对当时的运行方式是否与任务相符。按照操作票填写程序进行填写。

接受倒闸操作命令主要记录的内容如下：

（1）接受调度命令，应由上级批准的人员进行，接令时先问清下令人姓名、下令时间，并主动报出站名和姓名。

（2）接令时应随听随记，记录在"调度命令记录"中，接令完毕，应将记录的全部内容向下令人复诵一遍，并得到下令人认可。

（3）接受调度令时，操作人应在旁监听。

（4）对调度命令有疑问时，应及时与下令人共同研究解决，对错误应提出纠正，未纠正前不准执行。

2. 执行倒闸操作票任务

在执行倒闸操作票任务时应由站长或值班长组织全体在班人员做好如下工作：

（1）明确操作任务和停电范围，并做好分工。

（2）拟定操作顺序，确定挂地线部位、组数及应设的遮栏、标示牌，明确工作现场邻近带电部位，并制定出相应措施。

（3）考虑保护和自动装置相应变化及应断开的交、直流电源和防止电压互感器、所内变二次反送高压的措施。

（4）分析操作过程中可能出现的问题和应对措施。

（5）根据调度命令（受供电调度的用电单位）写出操作票草稿（非调度单位根据工作任务需要自行写出），由全体人员讨论通过，站长或值班长审核批准。

3. 填写操作票程序

填写操作票程序主要要求如下：

（1）操作票由操作人填写。

（2）操作票任务栏应根据调度命令内容按本站现场规程规定的术语填写，也可将调度命令记录本中的内容抄入任务栏中。

（3）操作顺序应根据调度命令并参照本站典型操作票和事先准备的操作票草稿的内容进行填写。

（4）操作票填写后，由操作人和监护人共同审核复查，并经值班长审核无误后，监护人和操作人分别签字，并填入开始操作时间。

4. 核对图板程序

核对图板程序主要包括如下几方面内容：

（1）在模拟图板做核对性操作前，应全面核对当时的运行方式是否与调度命令相符。

（2）在模拟图板做核对性操作，由监护人根据操作顺序逐项下令，由操作人复令执行，图板上无法模拟的步骤，也应按操作顺序进行下令、复令。

（3）在模拟图板做核对性操作后，再次核对新运行方式与调度令是否相符。

（4）拆、挂地线，图板上应有明显标志。

5. 操作监护程序

操作监护程序应按如下步骤严格执行：

（1）监护人手持操作票将操作人带至操作设备处指明调度号，下达操作命令。

（2）操作人手指操作部位，同时重复命令，监护人审核复诵内容和手指部位正确后，下达"执行"命令。

（3）操作人执行操作。

（4）监护人和操作人共同检查操作质量，远方操作只检查相应的信号装置。

（5）监护人在本操作步骤顺序号前面的指定部位划执行勾后，再通知操作人下步操作内容。

（6）操作中遇有事故或异常，应停止操作，如因事故、异常影响原操作任务时，应报告调度，并根据调度令重新修改操作票。

（7）设备检修后，恢复送电操作前应认真检查设备状况及一、二次设备的拉合位置与工作前是否相符，有无遗留接地线。

6. 质量检查程序

倒闸操作完成后，监护人和操作人应对所操作的设备进行质量检查。质量检查的主要内容如下：

（1）操作完毕检查操作质量，远方操作的设备也必须到现场检查。

（2）查无问题，应在最后一张操作票上填入终了时间，在最后一步下边加盖"已执行"章（不得压步骤）。

（3）在调度命令记录本内填入终了时间。

（4）整个操作项目全部完成后，向调度回"已执行"令。

（5）值班负责人、值班长签字并在操作票上盖"已执行"章。

（6）操作票编号、存档（至少保留一年）。

（7）清理现场。

11.3.3 倒闸操作逻辑控制

逻辑控制又叫推理控制，它是在随机控制和经验控制的基础上，运用逻辑原则和逻辑方法对系统进行控制的一种形式。倒闸操作就是要利用这一逻辑关系来实现对相关的断路器进行操作，以达到正常供电的目的。

下面就以图 11-1 所示的 10kV 中置柜系统一次运行示意图（详图见本书附 1 所示）为例，对高压倒闸操作逻辑做系统阐述，本运行方案用于同时提供双路（1#、2#）10kV 市电，双路 10kV 高压柴发（1/3 段、2/4 段）和双台 10kV 变压器的供配电站运行线路的倒闸操作。

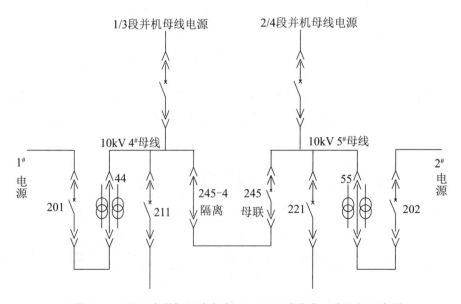

图 11-1　10kV 中置柜双路市电 +10kV 双路柴发一次运行示意图

操作对象为10kV中置柜，主开关为断路器小车，并以图11-1为供配电运行方案进行操作，其运行方案策略及操作逻辑如下。

1. 10kV 供配电运行策略

由于10kV供配电网直接面对终端客户，关系着供配电网运行的安全性和稳定性，同时影响着人们的正常生活以及企业的效益。因此我们要结合本单位供配电运行的特点和现状，对10kV配电线路的运行方案有一个具体明确的策略。

图11-1供配电系统运行方案的运行策略如下：

（1）供电电源选择策略："先市电，后自备。"

（2）10kV母线运行策略："先分段，后单供。"

（3）柴油发电机组并机母线开关运行策略："常态闭合，故障分断。"

（4）低压母线运行策略："先分段，后单供。"

（5）IT系统供电优先策略：双路UPS电源＞一路UPS电源＋一路市电＞双路市电＞单路UPS电源＞单路市电。

（6）断路器逻辑判断切换动作时间设置策略：10kV供配电系统＜低压配电系统＜末端供电系统。

（7）市电恢复确认策略。市电电源进线断路器上口带电5min以上，并与供电部门确认，满足以上两个条件才能确认市电已经恢复正常供电。

2. 10kV 供配电倒闸操作逻辑控制

此处只是对高压配电柜倒闸操作逻辑进行了讲解，即"五选二"的逻辑控制，低压配电柜倒闸操作逻辑在此没有涉及，有兴趣的读者也可以进一步思考高压与低压倒闸操作的逻辑控制关系。10kV供配电倒闸操作逻辑控制如表11-4所示。

表 11-4　10kV 供配电倒闸操作逻辑控制

序号	场景	1# 市电电源进线断路器	1/3 段并机母线电源进线断路器	10kV 母联断路器	2/4 段并机母线电源进线断路器	2# 市电电源进线断路器	备注
1	1# 市电电源正常、2# 市电电源正常	I	O	O	O	I	综保完成
2	1# 市电电源失电、2# 市电电源正常	O	O	I	O	I	
3	1# 市电电源正常、2# 市电电源失电	I	O	I	O	O	
4	两路市电电源失电、1/3 段并机母线电源、2/4 段并机母线电源正常	O	I	O	I	O	PLC 系统完成
5	两路市电电源失电、1/3 段并机母线电源正常、2/4 段并机母线电源故障	O	I	I	O	O	

续表

序号	场 景	1#市电电源进线断路器	1/3 段并机母线电源进线断路器	10kV 母联断路器	2/4 段并机母线电源进线断路器	2#市电电源进线断路器	备注
6	两路市电电源失电、1/3 段并机母线电源故障、2/4 段并机母线电源正常	O	O	I	I	O	
7	1#市电电源失电、2#市电电源正常、10kV 母联故障、1/3 段并机母线电源、2/4 段并机母线电源正常	0	I	0	I	0	综保和PLC系统共同完成
8	2#市电电源失电、1#市电电源正常、10kV 母联故障、1/3 段并机母线电源、2/4 段并机母线电源正常	O	I	0	I	0	

11.4 倒闸操作票填写的内容及操作术语举例

倒闸操作票是防止误操作（错拉、错合断路器，带负荷拉、合隔离开关，误入带电间隔等）的主要措施，操作票填写的内容不但包括操作任务、操作设备名称及调度号操作顺序、发令人、操作人、监护人及操作时间等固定模式内容，还应根据不同的高压配电柜的柜型填写相应的操作术语。

11.4.1 倒闸操作票填写的内容及注意事项

变配电站的倒闸操作，应按各省市用电单位电气安全工作规定的有关规定执行，倒闸操作票填写的内容也应严谨、规范、统一。

1. 倒闸操作票填写的内容

倒闸操作票填写的内容除固定模式内容外，还应填写的其他主要内容如下：

（1）拉开或合上断路器、隔离开关或插头，拉、合开关后检查断路器位置（遥控拉、合断路器操作以检查断路器信号为准）。

（2）验电和挂、拆地线（或拉、合接地刀闸）。

（3）小车式断路器拉出或推入运行位置前检查开关在拉开位置。

（4）投、停所用变压器或电压互感器二次熔断器或负荷开关。

（5）投、停断路器控制、信号电源。

（6）切换继电保护装置操作回路。

（7）保护及自投装置运行、保护及自投装置停用。

（8）两条线路或两台变压器在并列后检查负荷分配（并列前、解列后应检查负荷情况，但不列步骤）。

（9）母线充电后带负荷前检查母线电压应列入操作步骤，不包括旁路母线。

（10）投、停遥控装置。

（11）小车断路器拉开或推入时，控制、合闸和 TA 插件的给上、取下。

（12）高、低压定相或核相。

（13）调度下令悬挂的标示牌。

（14）所内设备有工作，恢复供电时，在合刀闸之前列入"检查待恢复供电范围内接地线、短路线已拆除"。

2. 倒闸操作票填写的注意事项

倒闸操作票填写的主要注意事项如下：

（1）挂地线的位置以隔离开关位置为准，称"×线路侧"，按实际位置填写。

（2）母线上挂地线，一般挂在某隔离开关母线侧的引线上，故可称"在×××-×隔离开关母线侧挂×号地线"。

（3）操作地线称"验""挂""拆"。如：在 211—2 线路侧验电，在 211—4 断路器侧挂 1 号地线。

（4）断路器、隔离开关和插头称"拉开""合上"。如：拉开 211，合上 211—4。

（5）小车断路器称"推入""拉至"。如：将 211 小车推入备用位置，推入运行位置，拉至备用位置，拉至检修位置。

（6）小车断路器的运行位置指两侧插头已经插入插嘴，相当于刀闸合好。

（7）小车断路器的试验（备用）位置指开关两侧插头离开插嘴，但小车未全部拉出柜外。

（8）小车断路器的检修位置则指小车已全部拉出柜外。

（9）操作压板称保护运行、保护停用及保护改投信号。

（10）操作交、直流熔断器和小车式断路器插件称"给上""取下"。

（11）运行人员与调度联系时，应使用调度术语。

11.4.2　倒闸操作票标准术语的应用举例

倒闸操作票的操作任务要采用调度操作编号下令，操作票每一个项目栏只准填写一个操作内容，填写倒闸操作票时不但要规范统一，而且还要根据不同的高压配电柜的柜型使用相应的标准术语，不可随意填写，以避免在倒闸操作过程中出现误传、误听而引起的错误操作。

1. 固定式高压开关柜倒闸操作票的标准术语

固定式高压开关柜倒闸操作票的标准术语举例如下。

1）高压隔离开关的拉合

高压隔离开关的拉合表述术语如下：

（1）合上：例如合上201—2（操作时应检查操作质量，但不填票）。

（2）拉开：例如拉开201—2（操作时应检查操作质量，但不填票）。

2）高压断路器的拉合

高压断路器的拉合表述术语如下：

（1）合上：分为两个序号项目栏填写。例如：a. 合上201；b. 检查201应合上。

（2）拉开：分为两个序号项目栏填写。例如：a. 拉开201；b. 检查201应拉开。

3）全站由运行转检修验电、挂地线

全站由运行转检修验电、挂地线的具体位置以隔离开关位置为准，称"线路侧""断路器侧""母线侧""主变侧"，如图11-2所示，表述术语如下：

（1）在201—2线路侧验电，确无电压。

（2）在201—2线路侧挂1#地线。

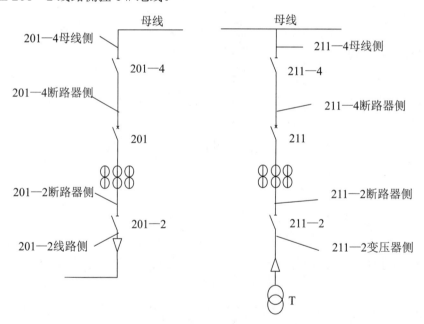

图11-2　悬挂临时接地线的位置

4）全站由检修转运行时拆地线

全站由检修转运行时拆地线的表述术语如下：

（1）拆201—2线路侧1#地线。

（2）检查待恢复供电范围内接地线、短路线已拆除。

5）出线开关由运行转检修验电、挂地线

出线开关由运行转检修验电、挂地线的表述术语如下：

（1）在 211—4 断路器侧验电应无电。

（2）在 211—4 断路器侧挂 1$^\#$ 接地线。

（3）在 211—2 断路器侧验电应无电。

（4）在 211—2 断路器侧挂 2$^\#$ 接地线。

（5）取下 211 操作保险。

（6）取下 211 合闸保险（CD10）或拉开 211 储能电源开关（CT7、CT8）。

6）出线开关由检修转运行时拆地线

出线开关由检修转运行时拆地线的表述术语如下：

（1）拆 211—4 断路器侧 1$^\#$ 地线。

（2）拆 211—2 断路器侧 2$^\#$ 地线。

（3）检查待恢复供电范围内接地线、短路线已拆除。

（4）给上 211 操作保险。

（5）给上 211 合闸保险（CD10），合上 211 储能电源开关（CT7、CT8）。

7）配电变压器由运行转检修验电、挂地线

配电变压器由运行转检修验电、挂地线的表述术语如下：

（1）在 1T 10kV 侧验电应无电。

（2）在 1T 10kV 侧挂 1$^\#$ 地线。

（3）在 1T 0.4 kV 侧验电应无电。

（4）在 1T 0.4kV 侧挂 2$^\#$ 地线。

8）配电变压器由检修转运行时拆地线

配电变压器由检修转运行时拆地线的表述术语如下：

（1）拆 1T 10kV 侧 1$^\#$ 接地线。

（2）拆 1T 0.4 kV 侧 2$^\#$ 接地线。

（3）检查待恢复供电范围内接地线、短路线已拆除。

2. 手车式高压开关柜倒闸操作票的标准术语

手车式高压开关柜倒闸操作票的标准术语举例如下。

1）小车式断路器"推入"或"拉至"操作

小车式断路器"推入"或"拉至"操作的表述术语如下：

（1）将 211 小车推入试验位置。

（2）将 211 小车推入工作位置。

（3）将 211 小车拉至试验位置。

（4）将 211 小车拉至检修位置。

2）小车断路器二次插件种类及操作

小车断路器二次插件种类及操作的表述术语如下：

（1）二次插件种类：当采用 CD 型直流操作机构时，有控制插件、合闸插件、TA 插件；

当采用 CT 型交流操作机构时，有控制插件、TA 插件；新型中置式开关柜只有一个综合二次控制插件，因此可统称"控制插件"。

（2）以上这些二次插件的操作表述术语为"给上"或"取下"。

11.4.3　10kV及以下高低压配电装置的调度操作编号原则

为了便于倒闸操作，避免对设备理解的错误，防止误操作事故的发生，凡属变、配电站变压器、高（低）压断路器、高（低）压隔离开关、自动母联开关、母线等电气设备，按照国家供配电部门相关规定，均应进行统一调度操作编号。

调度操作编号包括母线编号、断路器编号、隔离开关编号、特殊设备编号等。

1. 母线编号

母线是指用高导电率的铜（铜排）、铝质材料制成的，用以传输电能，具有汇集和分配电力能力的产品，是变配电站输送电能用的总导线。

在电力系统中母线编号原则如下：

（1）单母线不分段编号为 3 #母线，如图 11-3 所示。

（2）单母线分段或双母线编号为 4 #母线和 5 #母线。母线的段是指供电线段，不分段母线是由一个电源供电，分段母线是由两个电源供电，4 #母线为一号电源供电，5 #母线为二号电源供电，如图 11-4 所示。

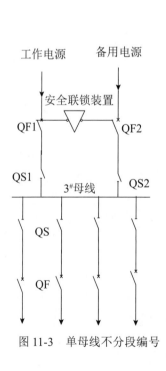

图 11-3　单母线不分段编号

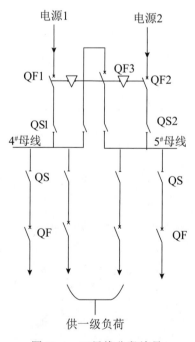

图 11-4　双母线分段编号

2. 断路器编号

断路器在电力系统中用三个数字组成的代号来表示位置和功能，其数字含义及编号原则如下：

（1）10kV 字头为 2。进线或变压器开关为 01、02、03……（如 201 为 10kV 的 1 路进线开关或 1#变压器总开关）；出线开关为 11、12、13……（如 211 为 10kV 的 4#母线上的第一个出线开关），以及 21、22、23……（如 222 为 10kV 的 5#母线上的第二个出线开关。

（2）6kV 字头为 6。进线或变压器开关为 01、02、03……（如 601 为 6kV 的 1 路进线开关或 1#变压器总开关）；出线开关为 11、12、13……（如 612 为 6kV 的 4#母线上的第二个出线开关），以及 21、22、23……（如 621 为 6kV 的 5#母线上的第一个出线开关）。

（3）0.4kV 字头为 4。进线或变压器开关为 01、02、03……（如 401 为 0.4kV 的 1 路进线开关或 1#变压器总开关）；出线开关为 11、12、13……（如 411 为 0.4kV 的 4#母线上的第一个出线开关），以及 21、22、23……（如 423 为 0.4kV 的 5#母线上的第三个出线开关）。

（4）联络开关字头与各级电压的代号相同，后面两个数字为母线号。如 10kV 的 4#和 5#母线之间的联络开关为 245；6kV 的 4#和 5#母线之间的联络开关为 645；0.4kV 的 4#和 5#母线之间的联络开关为 445。

3. 隔离开关编号

隔离开关的编号是在所属断路器编号后面加位置和功能代号，数字所代表的含义及编号原则如下：

（1）线路侧和变压器侧为 2，如 201—2、211—2、401—2 等，其中 201—2 表述为 10kV 的第一路电源总进线线路侧（变压器侧）的隔离开关。

（2）母线侧随母线号，如 201—4、211—4、221—5、402—5 等，其中 211—4 表述为 10kV 的第一路电源第一个出线 4#母线侧的隔离开关。

（3）电压互感器隔离开关为 9，前面加母线号或断路器号。如 201—49 为 4#母线上电压互感器隔离开关（旧标为 49）；201—9 为 201 开关线路侧电压互感器隔离开关。

（4）避雷器隔离开关为 8，原则与电压互感器隔离开关相同。

（5）电压互感器与避雷器合用一组隔离开关时，编号与电压互感器隔离开关相同。

（6）所用变压器隔离开关为 0，前面加母线号或开关号。如：40 为 4#母线上所用变压器的隔离开关。

（7）线路接地隔离开关为 7，前面加断路器号。如 211—7 为出线开关 211 线路侧接地隔离开关。

4. 几种设备开关的特殊编号

几种设备开关的特殊编号含义及原则如下：

（1）与供电局线路衔接处的第一断路隔离开关（位于供电局与用户产权分界电杆上方），在10kV系统中编号为101、102、103……。

（2）跌开式熔断器在10kV系统中编号为21、22、23……。

（3）10kV系统中的计量柜上装有隔离开关一台或两台，编号原则为：①接通与断开本段母线用的隔离开关4#母线上的为201—41（旧标为44），5#母线上的为202—51（旧标为55），3#母线上的为201—31（旧标为33）；②计量柜中电压互感器隔离开关直接连接母线上的为201—39、201—49、202—59。

5. 高压负荷开关编号

高压负荷开关在系统中用于变压器的通断控制，其编号同断路器。

6. 移开式高压开关柜、抽出式低压配电柜编号

移开式高压开关柜、抽出式低压配电柜编号的含义及原则如下：

（1）10kV移开式高压开关柜中断路器两侧的高压一次隔离触头相当于固定高压开关柜母线侧、线路侧的高压隔离开关，但不再编号。而进线的隔离手车仍应编号，开关编号同前。

（2）抽出式低压配电柜的馈出路采用一次隔离触头，而无刀开关，应以纵向排列顺序编号，面向柜体从电源侧向负荷侧顺序编号，如4#母线的1#柜，从上到下依次为411—1、411—2、411—3……其余类同。

7. 供电局开闭站开关编号

现在越来越多的10kV用户变电站采用电缆进户方式，电源前方为供电局开闭站。作为运行值班人员，应对开闭站的开关操作编号规律有所了解。

供电局开闭站开关编号含义及原则如下：

（1）电源进线开关：1—1、2—1、3—1。

（2）出线开关第一路电源出线为1—2、1—3、1—4、1—5，第二路电源出线为2—2、2—3、2—4、2—5。

第12章 变配电站运行管理

变配电站是配电系统的重要组成部分，为了提高安全、经济运行水平，适应现代化管理的要求，必须加强运行管理。执行"安全第一、预防为主"的方针，电气工作人员在工作中要严肃认真，细致周到，坚持"保人身、保电网、保设备"的原则，切实保证安全生产、安全运行和安全用电。

12.1 变配电站的制度和运行维护管理

为了掌握配电设备及线路的运行性能，对运行设备进行计划检修和保养，使配电设备的运行维护制度化、规范化和标准化，提高配电设备的安全、稳定运行水平，及时发现设备隐患和事故苗头，找出原因，采取对策，防患于未然，确保区域电网安全、优质供电。

12.1.1 变配电站运行管理的职能

变配电站除了保证变配电连续、安全、稳定运行，向用户提供安全、可靠、合格的电能外，同时兼有运行管理的职能。

变配电站运行管理的职能主要体现在以下两方面。

1. 变配电站运行管理的基本职能

变配电站运行管理的基本职能主要包括以下几方面：

（1）建立和健全运行人员岗位责任制，使人人明确自己的职责、权力、工作内容及要求，建立正常的工作秩序。

（2）建立和健全变配电站运行管理制度，使运行管理趋于正规化和科学化。

（3）加强日常运行管理，严格执行各项运行管理制度。

（4）加强技术管理，创造科学、文明的生产秩序。

（5）加强安全管理，确保安全运行。

（6）加强职工培训，不断提高职工素质。

2. 变配电站运行管理的组织职能

变配电站运行管理的组织职能主要包括以下几方面：

（1）用电单位在电气设备投入系统运行前，应建立健全用电管理机构，应根据电气设备的电压等级、用电容量的大小、用电设备的多少、操作的繁简程度、自动化程度、用电负荷的级别，设置相应的电气运行管理机构。

（2）对大型的企业还应根据情况设置电气系统的生产调度（包括统计），对用电规模较小的用电单位，其机构可以适当简化或附属于其他管理部门，但不论规模大小或用电性质如何，都必须有专人（电气工程师、安全工程师）负责用电管理，以协调用电过程中的运行、检修、统计汇总等各项工作。

（3）各用电单位任何工作人员发现有违反规程，并足以危及人身和设备安全的情况，应立即制止。对认真遵守规程、防止发生事故者，应给予表扬和奖励。对违反规程造成严重事故的直接责任者，应按情节轻重予以处分。

（4）如发生由本单位原因造成的供电系统停电事故，以及本单位重要电气设备（如变压器、断路器等）事故和人身触电伤亡事故，应立即报告供电部门及有关上级单位，并立即组织有关专业人员进行调查，分析事故，必须实事求是，尊重科学，严肃认真。要做到"事故原因不清楚不放过，事故责任者和应受教育者没有受到教育不放过，没有采取防范措施不放过，事故责任者没有受到处理不放过"。

12.1.2 变配电站运行的主要制度

变电站制定运行的各种制度是在实践的基础上建立起来的，是前辈们丰富工作经验的总结，对电气工作人员的工作具有很强的指导性和实用性，是供配电系统安全运行的前提和保障。

变电站运行的主要制度具体如下。

1. 交接班制度

交接班工作是保证变电站连续安全运行的一项重要工作，必须严格按交接班制度进行，交接班制度的具体内容主要包括：

（1）值班人员应按照规定的交接班时间进行交接（提前30 min做好交班准备工作），接班人员应提前15 min进入值班室进行接班的准备工作。若接班人员因故未到，交班人员应坚守岗位，并立即报告上级主管，在未办完交接手续之前，不得擅离职守。

（2）在处理事故或进行倒闸操作时，不得进行交接班。交接班时发生事故，应停止交接，由交班人员处理事故，接班人员在交班负责人指挥下协助处理。当事故处理完毕或告一段落时，再继续进行交接班。

（3）交班前，交班负责人应组织全体人员进行本班小结，整理好有关记录，并按以下内容做好交班小结：①设备的运行方式、设备变更和异常情况及处理情况；②继电保护、自动装置的运行及变更情况；③倒闸操作情况；④设备检修维护情况；⑤其他事项。

（4）接班人员认真听取交班人员介绍后，会同交班人员认真核对交班记录，并由交接双方共同到现场检查。交接完毕后，交接双方在运行工作记录簿上签字。

（5）接班后，接班负责人应组织当班人员开好班务会，根据系统设备运行、检修情况及天气变化等情况，研究明确本值中应注意的事项及事故预想，安排本值工作：①对本值内倒闸操作进行分工，对上班预开出的操作票，审核其正确性；②布置对设备存在的薄弱环节、缺陷部位及重负荷设备加强监视；③落实上级主管布置的其他工作；④接班负责人应在接班后及时向当班调度员汇报当时的电压、电流、设备运行状况以及存在的薄弱环节。

2. 巡回检查制度

对设备进行巡回检查是运行管理工作的一个重要组成部分，它的目的是检查设备运行状况，掌握设备运行规律，及时发现设备隐患，确保安全运行。

巡回检查制度主要包括以下几方面：

（1）配电室巡视路线。确定路线的原则是根据室内电气设备的布局，把全部设备巡视一遍而没有重复路线，并且这个巡视路线为最短。

（2）盘前警戒线。在控制盘、保护盘和开关柜上，装有控制按钮和操作手把及各种继电器和压板等，这些设备均明露在盘面上，为了防止值班员或其他工作人员因误碰上述设备而引起断路器或继电保护误动作，所以在盘前标有警戒线，以提醒值班员不得越过此线。警戒线距盘面应不小于600mm。

（3）巡视周期。具体规定为：①变配电室的变压器每班至少一次，每周至少进行一次夜间巡视；②无人值班变配电室的变压器，至少每周一次；③变配电室外安装的变压器每周至少一次；④对无人值班的变配电室可设置旋转式摄像机来监视负荷情况及配电柜的运行情况；⑤变压器处于异常情况时，应加强巡视。

特别提醒：巡视必须严格遵守电业安全工作规程中的有关规定，注意人体与带电导体之间的安全距离。巡视时不得打开遮栏或进行任何工作，雷雨时一般不进行室外巡视，需要巡视室外高压设备时，应穿绝缘鞋，并不得靠近避雷针和避雷器，巡视中发现高压设备发生接地故障时，在室内不得接近故障点4m以内，在室外不得接近故障点8m以内，需进入上述范围内的人员，必须穿绝缘鞋，戴绝缘手套。

（4）清扫、检修。清扫、检修工作人多，环境复杂，不可预知的不安全因素较多，工作中需要注意以下事项：①明确清扫任务，检查设备的停电范围，熟悉带电设备的部位；②接调度命令应明确操作内容及步骤，并复诵无误，操作前做好模拟演练；③检修工作中，要明确监护人的职权；④交接班人员应提前到现场，交接清楚地线及接地刀闸的使用情况；⑤清扫、检修过程中对工具、擦布、扳手、仪表等的使用，要进行点数登记，指定专人负责管理、发放，用后按数收回。

（5）巡视检查的基本方法。巡视检查主要是用看、听、嗅、摸等传统的巡视方法来监视检查。①目测检查法：用眼睛观察设备的外观有无变化，表计指示是否正常等，特别是可充分利用自然条件加强观察，如在小雨、小雪或夜晚时观察户外设备是否发热，利用目光检查户外绝缘子是否有裂纹，雨后检查户外绝缘子是否有水波纹等；②耳听判断法：用耳朵倾听运行中的设备发出的声音是否正常；③鼻嗅判断法：用鼻子嗅闻运行中的设备是否有因绝缘材料过热时产生的特殊气味；④触试检查法：用手触摸运行中的设备外壳非带电部分（安全部位），检查设备的温度是否有异常升高；⑤仪器检测法：采用红外线测温仪测量设备温度。

3. 运行分析制度

运行分析主要是对设备运行工作状态、操作情况等进行分析，掌握运行规律，及时发现问题，制定针对性的防范措施，防止事故发生。

变电站的运行分析制度主要有以下内容：

（1）运行岗位分析。分析评价工作票的签发和执行情况是否合格，以及操作票及各项制度的执行情况。

（2）事故及异常运行情况分析。发生事故和异常情况后，对原因、处理及有关操作进行分析评价，总结经验教训。

（3）缺陷分析。分析发生缺陷的原因，总结发现和判断缺陷的经验和防范措施，总结处理缺陷的先进方法。

（4）继电保护及自动装置的投退和动作的分析。保护误动、拒动后要对继电保护的校验、动作情况、整定值计算、图样资料进行分析。

（5）仪表指示分析。负荷、电压、绝缘分析等。

12.1.3　变配电站的运行工作

为保证变配电站运行工作安全顺利地进行，变配电站每一项电气操作都应在有组织、有纪律、有制度的条件下进行，绝对不允许擅自主张，单独进行维护和操作正在运行的供配电系统。

变配电站运行工作主要包括以下内容：

（1）10kV及以上的变配电室内的安装、检修工作均应在工作票、操作票指导下进行。

（2）有权签发工作票的人是指安装单位的电气负责人、运行单位的电气负责人。工作票实施之前应由安装、检修单位和运行单位的行政领导签字。

（3）有权签发操作票的人是指具有高压运行维修电工证的领班、值班长、运行单位电气负责人。签发操作票的依据是：工作票；行政领导、电气负责人的书面命令；有调度协议的按调度协议执行。

（4）操作票的发令人、操作执行人均应具有高压运行维修电工证。领班、值班长或全面熟悉系统的人为"发令人"，操作程序按有关要求进行。

（5）无人值班的变配电室低压主进开关及变压器温度应在有人值班的变配电室内有遥测信号显示。

（6）变配电室的门锁应便于值班人员在紧急情况下打开。

（7）变配电室不可采用传呼或电话的方式停送电。

12.1.4　变配电站的维护工作

变配电所除了保证设备安全运行外，还必须做好文明生产，也就是环境管理。要求做到消灭生产场所的脏乱、散松等无秩序、无人负责的现象，达到"四防一通"（防火、防雨雪、防汛、防小动物的侵入及保持道路通畅良好）。

变配电站的维护工作主要包括环境管理和防其他突发事故的措施。

1. 环境管理

环境管理的主要内容如下：

（1）环境卫生：环境清洁卫生分区负责，定期清扫整理，室内无垃圾，经常保持场地环境清洁卫生，整齐美观。

（2）设备整洁：控制屏、保护屏、控制开关、设备柜体外面等干净无灰尘；注油设备不渗油；金属构件、构架油漆完整、无严重腐蚀；相别颜色应保持鲜明。

2. 防其他突发事故的措施

防其他突发事故的具体措施如下：

（1）消防：配电室内应按有关规定配备适量的适用于电气火灾的消防设施或消防器材，消防器材应固定安放在便于取用的位置，经常检查，保证清洁，确保合格证在有效期内，培训每个值班员会使用。

（2）防汛：配电室的房屋完整，无渗漏雨水，门窗严紧；电缆沟盖板应完整无缺，电缆沟内无积水，电缆排列整齐。视具体情况，配电室应配备潜水泵、沙袋、水桶等一些排水工具。

（3）防小动物进入：通往室外的门都应加装防鼠挡板；各设备柜底部应固定防护网；进出配电室的电缆孔洞应用防火泥封堵；架空线的杆上应加装驱鸟器驱赶鸟类。

（4）安全通道：设备操作通道和巡视走道上必须保证随时畅通无阻，禁止堆放杂物。通往配电室外的门，高压间与低压间之间的门，开启方向应向低压间方向开。门上装有安全出口的绿色指示灯，墙边下方也应安装指示安全通道的引导走向绿色指示灯的标志，同时画好与建筑平面实际相符的逃生路线图挂在墙上。

（5）应急照明：配电室除设计固定事故照明外，还应配备手电筒及两台以上携带式应急照明灯，值班员进行定期检查充电。

（6）通信：变（配）电室应装有专用电话，值班员不得因私事占用值班电话。根据调度管辖情况，还应安装调度直通电话。

12.1.5　变配电站的培训工作

变配电站应根据相关规定及变配电站的现场实际情况，制订切实可行的培训计划，将岗位适应性培训、提高性培训与技术等级培训结合起来。培训的形式和方法应灵活多样，如组织技术学习、技术问答、反事故演习等。同时应有专人分管（兼管）培训工作，并建立技术培训台账和个人技术考核方案。

12.2　变配电站的设备管理

电气设备运行的性能对变配电站的安全经济运行起着决定性的作用。因此，应坚持"维护为主，检修为辅"的原则，搞好设备的维护保养工作。

变配电站设备管理的主要任务是：掌握运行中设备的技术状况，坚持做好设备的维护保养、缺陷管理工作，使设备经常处于良好状况，为变电站的安全运行提供基础。

12.2.1　设备专责制管理

设备专责制管理是划分专责分工管理的范围和任务，明确管理界限，使每台设备分别落实到有关人员管理。

对设备专责制管理的基本要求：

（1）熟悉设备的技术规范、结构性能及有关规定。

（2）掌握设备的运行状况，做好设备评级工作。

（3）维护保养所管设备。

（4）把好设备验收。

（5）不断总结设备管理的经验教训。

12.2.2　设备缺陷管理

运行中的电气设备发生异常，虽能继续使用，但影响安全运行的均称为有缺陷的设备。建立设备缺陷管理制度的目的是全面掌握设备的健康状况，及时发现设备缺陷，分析缺陷产生的原因，尽快消除缺陷，做到防患于未然，以确保变配电站的安全运行。

设备缺陷管理的主要要求如下：

（1）有关人员发现设备缺陷后，无论消除与否均应做好记录，并向上级主管汇报。

（2）发现设备存在严重缺陷要及时组织消除或采用其他补救措施，防止造成事故。

（3）一般缺陷设备可列入计划处理，需要检修部门处理的，应及时上报，并催促尽快处理。

（4）检修人员消除缺陷后，应及时向值班人员交底，值班人员验收合格后，做好记录。

（5）一切设备缺陷，在未清除之前，运行人员均应加强监视。

12.2.3　设备检修计划管理

设备检修计划管理制度是根据设备规定的运行时间、技术状况、检查和监测数据、零件失效规律、在运行过程中所处地位及其复杂程度等，采取与实际需要相适应的修理类别，并综合考虑运行、技术、设备及费用等各方面的条件，来安排检修日期和确定检修时间，以消除设备技术状况劣化的管理规定。

1. 设备检修计划的编制

正确地编制与实施设备检修计划，是搞好设备检修维护的关键。设备检修计划的编制程序如下：

（1）编制检修计划依据的资料。编制检修计划依据的资料主要包括设备的检修周期、间隔期；上一年度、季度、月度检修计划的执行情况；设备实际技术状况和缺陷项目；设备检修各项定额资料；设备历次检修记录；设备故障、事故资料；设备检修对生产的影响；设备的技术升级规划；供电部门和本单位电力线路的检修规律；其他影响设备检修计划安排的因素。

（2）设备检修的准备与实施。设备检修的准备与实施主要包括：①检修准备工作。设备检修计划批复之后，应立即着手进行周密细致的准备工作，以确保检修计划的实施。准备工作包括技术资料准备、物资准备、组织准备。②检修应实行科学施工。坚持检修质量标准，每个零件的修理、安装都应符合工艺质量标准。试验项目要符合规程要求，不能随意降低试验标准；凡参加检修者，都要明确检修具体工作内容、程序安排、时限要求、经济责任等；严格执行确保作业安全的安全技术措施和组织措施；采用先进的检修工具，以提高质量和工效，节约劳动力；做好检修统计、总结。完工后，认真清理施工现场，办理移交手续。

2. 设备检修备件的管理

在维护和修理设备时，用来更换已磨损到不能使用或损坏零件的新制件和修复件称为配件。为了缩短设备修理停歇时间，事先组织采购、制造和储备一定数量的配件作为备件。备件是设备修理的主要物质基础，及时供应备件，可以缩短修理时间，减少停机损失，供应质量优良的备件，可以保证修理质量和修理周期，提高设备的可靠性。因此，备件管理是设备维修资源管理的主要组成部分。

设备检修备件管理的主要内容如下：

（1）备件的分类。备件一般可分为三类：①消耗性备件，即一次性的经常消耗的备件，如制动器的线圈、电磁操作机构的分合闸线圈等；②周期性备件，某些检修时被更换下来的旧件，修复后继续使用，如油断路器的动静触头等可修好后备用；③计划专项备件，指设备更新改造计划中所用的备件，这类备件单提计划，提前订货，而平时并不储备。

（2）备件的实物管理要求：①注意防潮、防腐蚀、防尘、防火等；②存放要有规律，便于查找、领用；③账物相符、手续完备；④废旧备件可在不影响检修质量的前提下进行修复。

12.2.4　设备验收管理

变配电站的设备验收分为安装交接验收和检修调试验收两类。不论哪一类验收，均应按有关规程、技术标准及有关规定进行，凡新建、扩建，大、小修，预防性试验的一、二次设备，均须经验收合格、手续完备后，才能投入系统运行。

1. 新建、扩建工程的验收

新建、扩建变配电所应按国标《电气装置安装工程施工及验收规范》进行验收。变配电站站长要组织运行人员参加现场验收、资料移交、启动试运行的具体工作。

新建、扩建工程的验收内容主要有：

（1）检查竣工的施工内容是否符合设计要求，质量是否合格。

（2）检查设备的试验项目是否齐全和符合要求。

（3）检查规定提交的技术文件是否齐全。

验收中坚持外观检查、资料查核与实际操作"三统一"的原则。若发现问题，应责令施工方限期解决。只有在验收合格，接到上级主管或调度命令后，方可启动投入运行，并且要经过一段时间带电试运行合格后，再正式办理交接手续。

2. 修试后设备的验收

变配电站经大、小修或预防性试验后的设备，应按电气设备预防性试验规程及有关检修规程的要求进行验收。

设备经大、小修或预防性试验后，先由修试人员填写检修、试验记录表，并注明是否可以投入运行及运行中的注意事项，然后由运行验收人员携带工作票与修试人员到现场共同验收。验收合格后，双方签字，若不合格则应重新处理后再验收，试验项目不合格者应报上级主管听候处理。

12.2.5　变配电站设备设施的具体要求

为保证变配电站供电运行安全，变配电站除对建筑、线路、容量等各方面的设计有严格要求外，还对变配电站内的设备设施也做了具体的规范要求。

变配电站设备设施的具体要求如下：

（1）新建变配电室的配电装置应选用具有五防功能的成套电气装置。运行中的配电装置，应根据电气装置的具体情况，采用可靠的技术措施，使配电装置具备五防功能，并保持五防功能的完好有效。一、二类负荷的变配电室的高压手车柜、低压抽屉柜应至少各设一台备用柜，并保持始终在备用状态。

（2）变配电室出入口应设置高度不低于 400 mm 的挡板。

（3）长度大于 7m 的配电室应有 2 个出入口，并宜布置在配电室的两端。当变配电室的长度超过 60m 时，应增设一个中间安全出口。当变配电室为多层建筑时，应有一个出口通向室外楼梯平台，平台应有固定的护栏。

（4）变配电室应设置有明显的临时接地点，接地点应采用铜制或钢制镀锌蝶形螺栓。

（5）应急照明灯具和疏散指示标志灯的备用充电电源的放电时间不低于 20 min。

（6）各种安全用具首次使用前应进行试验或检验并定期复检，合格后方可使用。安全用具不应超期使用，具体规定为：①电气绝缘安全用具中，绝缘拉杆、绝缘挡板、绝缘罩、绝缘夹钳的绝缘试验周期为每年一次，高压验电器、绝缘手套、绝缘靴、核相器电阻管、绝缘绳的绝缘试验周期为每半年一次；②具有架空进出线的变配电室应备有登高工具，如安全带、脚扣、升降板、紧线器、竹（木）梯、尼龙绳等，除每年试验检查一次外，每次使用前均应进行检查。

（7）安全用具使用完毕后应妥善保管，存放在干燥通风的处所，并应符合下列要求：①绝缘拉杆应悬挂或架在支架上，不应与墙接触；②绝缘手套、绝缘靴应存放在密闭的橱内，并与其他工具仪表分别存放，绝缘靴不应代替一般雨靴使用，绝缘工具不合格的不得存放在工作现场；③绝缘垫和绝缘台应经常保持清洁、无损伤；④高压验电器应存放在防潮的匣内，并将匣放在干燥的地方；⑤安全用具不允许当作其他工具使用；⑥安全用具不合格的不得存放在工作现场。

12.3　变配电站的资料管理

变配电站的资料管理，主要是建立和健全有关技术资料、规程规范、运行记录及报表等，并有专人专职（兼职）负责，实行标准化管理，便于运行、修试、改建、扩建时查阅，同时可以积累资料，有利于进行事故分析和处理等，不断提高变配电站的运行水平。因此，变配电站需要重点建档并保存的材料包括主要的规章制度、技术资料、运行登记记录等。

12.3.1　变配电站规程和规章制度的管理

建立或管理好变配电站的规程和规章制度等有关资料，有助于提升变配电站工作人员依规依据执行命令的能力，规范工作人员的工作秩序，提高工作效率，减少出现错误的概率，对杜绝事故的产生、保障人身和设备的用电安全有着积极重要的意义。

按要求变配电站需建立并保存以下规程和规章制度：

（1）电气安全工作规程。

（2）电气运行管理规程。

（3）电气设备安装标准。

（4）现场运行规程（变压器、断路器、互感器、电气线路、蓄电池、继电保护及自动装置运行规程）。

（5）事故调查处理规程（含本单位根据实际情况制定的运行要求及各种事故预案）。

（6）电气设备维护检修工艺规程。

（7）岗位安全责任制（分别制定各级领导、运行人员、有关科室管理人员安全责任制）。

（8）值班制度。

（9）交接班制度。

（10）巡视检查制度。

（11）设备缺陷管理登记制度。

（12）运行分析制度。

（13）电气设备验收制度。

（14）电工管理、培训和考核制度。

（15）门禁制度。

（16）防火制度。

12.3.2　变配电站的技术资料

变配电站的技术资料在后期的设备运行中有着不可替代的重要作用。它通过收集相关数据，建立有效的信息库，对今后的运行维护工作不但大有裨益，同时也是供配电系统安全、可靠、稳定运行的有力支撑，因此，重视技术资料的管理是非常有必要的。

变配电站应根据现场生产需要，建立健全下列图、表及资料：

（1）一次系统接线模拟图/板（挂在设备间）。模拟板的图形符号、线条、颜色等均按标准制作。断路器、刀闸是可以改变分、合位置的，而且与现场实际设备运行方式相符。

（2）变配电站交、直流一次供电系统图和继电保护自动装置二次原理展开图、接线图。

（3）变配电站内高、低压设备及控制线路图、照明系统图、接地系统图、电气线路路径图（包括电缆敷设隐蔽工程图）、设备平面布置图等。

（4）变配电站巡视检查路线图。在设备平面布置方框图上画出巡视走路方向箭头，从控制室离开桌位到回到原地，既要将全部设备各面转到，又要尽可能不走重复路线，巡视路线宜短不宜长，画好图挂在墙上。

（5）设备分工管理图。

（6）设备档案，包括各种设备产品的使用说明书、设备卡片。

（7）设备检修报告、试验报告、继电保护校验报告、保护定值表。经有资质的专业部门试验、检修后，按规程标准内容如实填写记录表，并签字、盖章。

（8）供用电协议文件。与供电部门协商后，将几种运行方式中的设备连锁关系、典型例闸程序记入供用电协议中。

（9）行政领导人、工作票签发人、专责技术人员、工作负责人、工作许可人、操作票监护人、操作人、调度人员名单和电话号码。

（10）设备专责分工、清洁工作区域划分图表。

12.3.3　变配电站电气运行记录

变配电站使用的电气设备种类和数量众多，加强变配电站电气设备管理，提高电气设备完好率，减少电气设备事故率，使电气设备性能得以充分发挥，是变配电站安全顺利运行的重要保证，而做好电气设备的运行、检修和维护记录是加强电气设备管理不可或缺的一项重要任务。

变配电站需建立健全的电气运行记录主要包括：

（1）值班运行日志。

（2）入门登记簿。

（3）设备巡视检查记录。

（4）设备缺陷、处理记录。

（5）开关跳闸记录。

（6）设备检修、试验记录。

（7）继保工作记录。

（8）蓄电池维护记录。

（9）配件、工具、仪表、安全用具管理记录。

（10）运行分析记录。

（11）电工技术培训及考核记录。

（12）人身和设备事故分析记录。

（13）事故预想及反事故演习记录。

（14）安全日活动记录。

（15）第一、二种工作票、倒闸操作票。

（16）调度操作命令记录及记录草稿。

12.4 变配电站异常运行及事故处理

电气设备是变配电系统的基础硬件设施，可以依据用户的实际用电需求，合理地进行电能分配，进而保证用户用电的安全性和稳定性，但是由于变配电设备的质量或者在应用过程中存在的问题，导致变配电设备发生一定的异常情况，进而导致供配电的效率降低。下面主要对变配电站设备异常运行情况及事故处理提出相应的处理对策。

12.4.1 配电装置异常运行及事故处理

变配电站配电装置是根据主接线的连接方式，由开关电器、保护和测量电器、母线和必要的辅助设备组建而成的，是用来接受和分配电能的装置。换言之，配电装置就是能够接受、控制和分配电能的电气装置的总称。

变配电站配电装置异常运行及事故处理的方法如下：

（1）运行中的高压配电装置发生异常情况时，值班员应迅速、正确地进行判断和处理，并向供电主管部门报告。

（2）凡属供电部门调度的设备发生异常，应报告调度所值班调度员。

（3）如威胁人身安全或设备安全运行时，应先进行处理，然后立即向有关部门和领导报告。

12.4.2 断路器异常运行及事故处理

断路器不论在电气设备空载、负载以及短路条件下都能可靠地工作。由于断路器的种类繁多，结构复杂，故障现象的表现不同，现只介绍一些带有共性的常见问题及处理方法。

断路器异常运行及事故处理的方法如下：

（1）值班人员在断路器运行中发现漏油、渗油、油位指示器油位过低，SF_6（六氟化硫）气压下降或有异声等，应及时报告上级领导，并记入运行记录簿和设备缺陷记录簿内。

（2）值班人员发现设备有缺陷，威胁电网安全运行时，应及时报告上级领导，并向供电部门和调度部门报告，申请停电处理。

（3）断路器有下列情形之一者，应申请立即停电处理：①套管有严重破损和放电现象；②油断路器灭弧室冒烟或内部有异常声响；③断路器严重漏油，油位器中见不到油面；④SF_6气室严重漏气，发出操作闭锁信号；⑤真空断路器出现真空损坏的"嗞嗞"声，不能可靠合闸，合闸后声音异常，合闸铁芯上升后不返回，分闸脱扣器拒动作。

（4）断路器故障跳闸后，值班人员应立即记录故障发生时间，停止音响信号，并立即进行"事故特巡"检查，判断断路器本身有无故障。

（5）对断路器故障跳闸实行强送后，无论成功与否，均应对断路器外观进行仔细检查。

（6）断路器故障分闸时发生拒动，造成越级分闸，在恢复系统送电时，应将发生拒动的断路器脱离系统并保持原状，待查清拒动原因并消除缺陷后方可投入。

（7）SF_6断路器发生意外爆炸或严重漏气等事故，值班人员接近设备要谨慎，尽量选择从"上风"侧接近设备，必要时要戴防毒面具、穿防护服。

（8）额定电压10kV的SF_6开关小室发生漏气事故时，应立即开启排风装置。

（9）在断路器合闸瞬间，指示灯瞬时变亮然后熄灭，或熄灭后又亮，则应迅速切断交流合闸电源，然后查明原因。如熔断器不正常，应设法消除，再予以储能，也可手动储能将断路器合闸。有重合闸装置时，手动储能合闸后，还应再一次手动储能。

（10）断路器在合闸过程中出现"拒合"时，应立即拉开操作电源，防止合闸线圈长期通电而烧坏。

（11）储能完毕指示灯不亮时，应检查断路器弹簧储能操动机构的行程开关安装位置。

（12）处理弹簧操动机构的故障后，应就地进行两次分、合闸操作，以确定断路器操动机构处于良好状态。

12.4.3 隔离开关异常运行及事故处理

在隔离开关的运行和操作中，易发生接点和触头过热、电动操作失灵、三相不同期、合闸不到位等异常情况。

隔离开关异常运行及事故处理的主要方法如下：

（1）隔离开关及引线接头处发热变色时，应立即减少负荷，并迅速停电进行处理。

（2）隔离开关拉不开时，不要猛力强行操作，可对开关手把进行试验性的摇动，并注意瓷瓶和操动机构，找出抗劲处。

（3）当发生带负荷错拉隔离开关，而刀片刚离刀闸口有弧光出现时，应立即将隔离开关合上。如已拉开，不准再合。

（4）当发生带负荷错合隔离开关时，无论是否造成事故，均不准将错合的隔离开关再错拉开。

（5）高压熔断器的熔体熔断时，应先检查被保护设备有无故障，如因过负荷熔断，可更换熔体后试送电。

12.4.4　负荷开关异常运行及事故处理

由于负荷开关只具有简单的灭弧装置，灭弧介质一般采用空气，可以接通和分断一定的电流和过电流，但是不能分断短路电流，不能用来切断短路故障，所以在使用过程中要引起特别重视，一旦出现运行异常要及时处理。

负荷开关异常运行及事故处理的方法如下：

（1）负荷开关及引线接头温度超过 80℃时，应及时上报有关部门并加强监视。

（2）发现瓷瓶破裂或闪络放电，应及时上报有关部门并申请停电处理。

（3）操动机构发生异常时，应及时上报有关部门并申请停电处理。

（4）真空负荷开关发生真空破坏时，应及时上报有关部门并申请停电处理。

（5）SF_6（六氟化硫）负荷开关的压力趋于不正常范围时，应及时上报有关部门并申请停电处理。

12.4.5　电力变压器异常运行及事故处理

电力变压器本身造价昂贵，而且在电力系统中的地位极为重要，一旦发生故障，所造成的损失是非常严重的。作为运行人员，一方面要加强对变压器的巡视和检查维护，另一方面要根据设备存在的缺陷、气候的变化、改变运行方式的情况等做好事故预防方案，一旦故障发生，能根据故障现象正确判断故障的范围、性质及原因，迅速而准确地处理故障，防止事故扩大，把事故损失控制在最小范围内，尽量减少对电力系统的损害。

电力变压器异常运行及事故处理的方法如下：

（1）值班人员在变压器运行中发现异常现象时，应及时报告上级和做好记录。

（2）变压器有下列情况之一者应立即停止运行：①变压器声响明显增大，内部有爆裂声；②严重漏油或喷油、油面下降到低于油位计的指示限度；③套管有严重的破损和闪络现象；④运行温度急剧上升；⑤变压器冒烟着火，应立即断开电源，停运冷却器，并迅速采取灭火措施，防止火势蔓延；⑥当发生危及变压器安全的故障，而变压器的有关保护装置拒动时；⑦当变压器附近的设备着火、爆炸或发生其他情况，对变压器构成严重威胁时。

（3）变压器油温升高，超过制造厂规定时，值班人员应按以下步骤检查处理：①检查变压器的负载和冷却介质的温度，并与在同一负载和冷却介质温度下的正常温度核对；②核对温度测量装置；③检查变压器冷却装置或变压器室的通风情况，当环境温度升高时，应检测变压器温升不超过规定；④若温度升高的原因是冷却系统的故障，值班人员可以采取应急降温措施或调整变压器的负荷；⑤在正常负载和冷却条件下，变压器温度不正常并不断上升，则认为变压器已发生内部故障，应立即将变压器停运；⑥变压器在各种超额定电流方式下运行，若顶层油温超过 95℃时，应立即降低负载；⑦当发现变压器的油面较当时油温所应有的油位显著降低时，应查明原因，补油时应遵守有关规程的规定，禁止从变压器下部补油，所补的新油应与原牌号油一致，如牌号不一致，应做混油试验；⑧变压器油位因温度上升有可能高出油位指示极限，经查明不是假油位所致时，则应放油，使油位降至与当时油温相对应的高度，以免溢油。

（4）气体保护装置动作的处理：①气体保护信号动作时，应立即对变压器进行检查，查明动作的原因，是否因积聚空气、油位降低、二次回路故障或是变压器内部故障造成，如气体继电器内有气体，则应记录气量，观察气体的颜色及试验是否可燃，并取气样及油样做色谱分析，可根据有关规程判断变压器的故障性质；②若气体继电器内的气体为无色、无臭且不可燃，色谱分析判断为空气，则变压器可继续运行，并及时消除进气缺陷；③若气体是可燃的或油中溶解气体分析结果异常，应综合判断确定变压器是否停运；④气体保护动作跳闸时，在查明原因清除故障前，不得将变压器投入运行，为查明原因，应重点考虑以下因素，做出综合判断：是否呼吸不畅或排气未尽，保护及直流等二次回路是否正常，变压器外观有无明显反映故障性质的异常现象，气体继电器中积聚气体量、是否可燃，气体继电器中的气体和油中溶解气体的色谱分析结果，必要的电气试验结果，变压器其他继电保护装置动作情况。

（5）变压器故障跳闸的处理：①变压器故障跳闸后应立即查明原因，如综合判断证明变压器跳闸不是由于内部故障所引起的，可重新投入运行；②若变压器有内部故障的症状时，应做进一步检查。

12.4.6 互感器异常运行及事故处理

互感器在电力系统中起着联络一次、二次系统的作用，但是对互感器设备运行数据进行统计后发现，互感器设备运行中经常会出现各种异常和事故，为此就要积极探索有效处理异常运行和事故的方法，以便为电力系统平稳、顺畅运行提供保障。

互感器异常运行及事故处理的方法如下：

（1）互感器一次侧内部有异常音响或放电声，套管破裂或闪络放电，应立即报告有关部门。

（2）互感器有异味、冒烟。冒烟时应立即停电并报告有关部门。

（3）电压互感器二次输出异常，检查二次侧电压、熔断器或开关是否正常。

（4）35kV 及以下电压互感器高压熔断器发生一相熔断时，经外观检查无异常，应立即更换熔断器并试发。试发不成功或两相及以上熔丝熔断时，不可立即试发，应对故障互感器进行绝缘检查，无问题后再恢复运行。

（5）小电流接地系统发生接地故障时，电压互感器允许运行时间为 8h（制造厂有规定者除外）。

（6）发现电流互感器有异常声音或二次回路有打火现象，应进行分析，判定为二次侧开路时，应减少一次负荷，原则上安排停电处理，退出有关保护，设法将开路点短接。

（7）发现仪表有明显异常指示时，应立即查找原因，判断是否为互感器故障引起，迅速处理。

12.4.7　母线、支持瓷瓶异常运行及事故处理

母线是用来汇集、分配和传送电能的总导线，而支持瓷瓶是用来支持导线的绝缘体。因此，要保证电力系统正常运行，工作人员在巡视过程中不能忽视对母线、支持瓷瓶的运行情况的监测。

母线、支持瓷瓶异常运行及事故处理的方法如下：

（1）利用测温仪检查母线温度，母线温度超过 80℃时，示温蜡片变色。

（2）母线接头温度达到 140℃时，应申请停电处理。

（3）发现支持瓷瓶的瓷质严重破损时，应申请停电处理。

（4）母线发生短路故障时，应检查相关瓷瓶、穿墙套管、母线等设备有无明显异常。

第13章 高压安全用具

高压安全用具主要是用于进行高压设备操作必配使用的防护用具。安全用具可以分为绝缘安全用具和一般防护安全用具两大类。绝缘安全用具用于防止工作人员直接触电，按其功能可分为基本绝缘安全用具和辅助绝缘安全用具，或绝缘操作用具和绝缘防护用具。

13.1 基本绝缘安全用具

基本绝缘安全用具是指用具本身的绝缘足以长期抵御工作电压并能保证工作人员安全的用具，可直接用来操作高压带电设备。高压设备的基本绝缘安全用具有绝缘杆、绝缘夹钳和高压验电器。

13.1.1 高压设备的基本绝缘安全用具的组成

高压设备的基本绝缘安全用具均由绝缘材料制成，一般由以下几个部分组成：

（1）工作部分：起到完成特定操作功能的作用，大多由金属制作，式样因功能不同而不同，均安装在绝缘部分的上面。

（2）绝缘部分：起到绝缘隔离作用。一般采用浸过绝缘漆的木材、电木、胶木、硬塑料管、环氧玻璃布管等绝缘材料制成。

（3）护环：绝缘部分与握手部分之间设有绝缘护环，其作用是使绝缘部分与握手部分有明显的隔离点。它是绝缘部分和握手部分的分界点，护环的直径须比握手部分大 $20 \sim 30$ mm。

（4）握手部分：用与绝缘部分相同的材料制成，为操作时操作人员手握的部分。为了保证人体和带电体之间有一定的绝缘距离，操作人员在操作时，握手部位不得超越绝缘护环。

13.1.2　绝缘杆

绝缘杆配备不同形状的工作部分，可用来操作高压隔离开关，操作跌落式保险器，安装和拆除临时接地线，以及进行测量和试验等工作。

1. 绝缘杆的结构

绝缘杆（也称操作杆或令克棒）一般用电木、胶木、塑料、环氧玻璃布棒或环氧玻璃布管制成。绝缘杆不宜太重，应能满足单人操作的要求，各部分的连接牢固，以防在操作中脱落。工作部分金属钩的长度应适当，在满足工作需要的情况下，不宜超过 5～8cm，以免操作时造成相间短路或接地短路。其实物图如图 13-1 所示，结构图如图 13-2 所示。

图 13-1　普通绝缘杆实物图

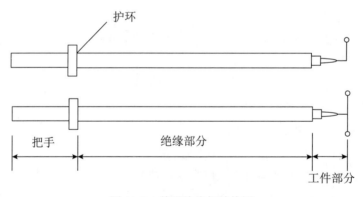

图 13-2　普通绝缘杆结构图

2. 绝缘杆的使用注意事项

绝缘杆在实际使用中应该注意以下几点：

（1）使用前，必须核对绝缘杆的电压等级与所操作的电气设备的电压等级相同。

（2）使用绝缘杆时，工作人员应戴绝缘手套，穿绝缘靴，以加强绝缘杆的保护作用。

（3）在下雨、下雪或潮湿天气，无伞型罩的绝缘杆不宜使用。

（4）使用绝缘杆时要注意防止碰撞，以免损坏表面的绝缘层。

3. 绝缘杆的保管注意事项

绝缘杆使用完后应由专职（或兼职）人员妥善保管，保管注意事项如下：

（1）绝缘杆应存放在干燥的地方，以防止受潮。

（2）绝缘杆应放在特制的架子上或垂直悬挂在专用挂架上，以防其弯曲。

（3）绝缘杆不得与墙或地面接触，以免碰伤其绝缘表面。

（4）绝缘杆应定期进行绝缘试验。常见电气绝缘工具的试验标准如表 13-1 所示。

表 13-1　常用电气绝缘工具的试验标准

绝缘工具	电压等级 /kV	周期	交流耐压 /kV	时间 /min	泄漏电流 /mA
绝缘杆	6 ～ 10	每年	44	5	—
	35 ～ 154		四倍相电压		
	220		三倍相电压		
绝缘夹钳	35 及以下	每年	三倍相电压	5	
	110		260		
	220		400		
验电器	6 ～ 10	每 6 个月	40	5	—
	20 ～ 35		105		
绝缘手套	高压	每 6 个月	8	1	≤ 9
	低压		2.5		≤ 2.5
绝缘靴	高压	每 6 个月	15	1	≤ 7.5
核相器、电阻管	6	每 6 个月	6	1	1.7 ～ 2.4
	10		10		
绝缘绳	高压	每 6 个月	105/0.5mm	5	1.4 ～ 1.7

13.1.3　绝缘夹钳

绝缘夹钳作为一种双手握绝缘钳柄的夹具，出现在电力行业中，主要起到了绝缘作用和辅助抓取作业的用途。

1. 绝缘夹钳的结构

绝缘夹钳只用于 35kV 以下的电气操作，主要用于安装和拆除熔断器及其他类似工作。钳口必须保证能夹紧熔断器。

绝缘夹钳由工作钳口、钳绝缘部分和握手三部分组成，其实物图如图 13-3 所示。各部分都用绝缘材料制成，工作部分是一个坚固的夹钳，并有一个或两个管型的开口，用以夹紧熔断器。

图 13-3　绝缘夹钳实物图

2. 绝缘夹钳的使用及保存注意事项

绝缘夹钳的使用及保存需注意以下几点：

（1）使用时绝缘夹钳不允许装接地线。

（2）在潮湿天气只能使用专用的防雨绝缘夹钳。

（3）绝缘夹钳应保存在特制的箱子内，以防受潮。

（4）绝缘夹钳应定期进行绝缘试验，试验标准如表 13-1 所示。

13.1.4　高压验电器

高压验电器是一种用来确定高压设备、线路是否带电的检测工具。根据使用的工作电压不同，一般制成 10kV 和 35kV 两种，常用的高压验电器有发光型、声光型和风车型三种。

1. 发光型高压验电器

当发光型高压验电器触头接近设备带电部分时，会有电容电流通过氖光灯泡使其发光，从而表明设备带电，其结构图如图 13-4 所示。发光型验电器在进行高压验电时，氖管离人较远，观察其是否发光颇为困难，尤其在光线强的室外更是如此，因此它逐渐被声光型高压验电器取代。

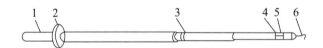

1-握柄　2-护环　3-紧固螺钉　4-氖管窗　5-氖管　6-金属探针

图 13-4　发光型高压验电器结构图

2. 声光型高压验电器

声光型高压验电器一般由检测部分、绝缘部分、握手部分组成，检测部分由检测头和声光元件组成，当检测头接近或触及设备带电部分时，检测到强电场信号，启动声光元件发出光和声音两种报警信号，从而表明设备带电。报警部分的直流电源一般采用电池，当电压下降至经试验没有声音时应进行更换。其实物图如图 13-5 所示。

图 13-5　声光型高压验电器实物图

3. 风车型高压验电器

风车型高压验电器是一种新型高压验电器，它是通过电晕放电而产生的电晕风，驱使金属叶片旋转来检测设备是否带电，故称为风车型验电器。风车型验电器由风车指示器和绝缘操作杆组成。将风车型高压验电器触及线路或电气设备，若设备带电，指示叶片旋转，反之则不旋转。其特点是醒目，便于识别，是一种较为理想的新型验电用具。其实物图如图 13-6 所示。

图 13-6　风车型高压验电器实物图

4. 高压验电器的使用注意事项

高压验电器的使用注意事项如下：

（1）使用前确认高压验电器电压等级与被验设备或线路的电压等级一致。声光型高压验电器应对指示器进行一次自检并合格，方能使用。

（2）验电时应戴绝缘手套，手不超过握手的隔离护环。

（3）验电前后，应在有电的设备上试验，验证验电器良好。

（4）发光型高压验电器的注意事项：①验电时，验电器应逐渐靠近带电部分，直到氖灯发亮为止，不要直接接触带电部分；②验电时，验电器不装接地线，以免操作时接地线碰到带电设备，造成接地短路或电击事故，如在木杆或木构架上验电，不接地不能指示时，验电器可加装接地线。

（5）高压验电器应保持清洁，以防使用中发生闪络和爬电现象。

（6）高压验电器应保存在阴凉、通风、干燥处。若长时间不使用，应将电池取出。

（7）高压验电器应定期进行绝缘试验，试验周期及项目如表 13-1 所示。

5. 验电操作的安全注意事项

验电操作的安全注意事项如下：

（1）检修的电气设备停电后，在悬挂接地线之前，必须用验电器检查有无电压。

（2）验电时，必须使用电压等级合适且合格的、试验期限有效的验电器，应在施工或检修设备的进出线两侧各相分别验电。

（3）高压验电必须戴绝缘手套，并且两人一起进行。

（4）联络用的断路器或隔离开关检修时，应在其两侧验电。

（5）同杆架设的多层电力线路检修时，先验低压，后验高压；先验下层，后验上层。

（6）表示设备断开的常设信号或标志、表示允许进入间隔的信号以及接入的电压表指示无电压和其他无电压信号指示，只能作为参考，不能作为设备无电的根据；但是如果指示有电，则禁止在设备上作业。

（7）高压验电时，验电器应逐渐靠近并接触带电体。

（8）带电体与剩余电荷的区分：①良好的验电器在距带电体约 100 mm 时即可发出信号，接触到带导体后信号不减弱；②剩余电荷只有在验电器接触到导体时才可发出信号，并且信号是逐步减弱的。

13.1.5　使用安全用具的通则

实现电力系统供配电的安全运行涉及多方面的工作，工作人员在电力运行维护中正确使用电力安全用具就是其中一项重要的工作。经过对电气伤害事故案例的分析，发现人身触电、灼伤、高处摔跌等事故中有相当一部分是由于没有使用或没有正确使用电力安全用具引起的，也有一部分是由于缺少电力安全用具或使用不合格的电力安全用器引起的。因此，使用安全用具应把握如下通则：

（1）安全用具应按规定定期进行试验。试验后应有试验合格标记，标记中应标明试验合格字样和试验日期，使用前应认真核查试验标记。

（2）每次使用之前必须认真检查。如验电器、绝缘杆、绝缘手套、绝缘靴使用前检查外观应清洁，无油垢，无灰尘，表面无裂纹、断裂、毛刺、划痕、孔洞及明显变形，安全用具上的瓷件无裂纹等。

（3）使用前应将安全用具擦拭干净，验电器使用前要做检验，避免使用中得出错误结论造成事故。

（4）使用完的安全用具应擦拭干净，放到固定位置，不可随意乱扔乱放，也不准另作他用，更不能用其他工具来代替安全用具。不能用短路法代替接地线，接地线与导体连接必须使用专用的夹钳头，不能用缠绕的方法。

（5）安全用具应有专人负责妥善保管，防止受潮，防止脏污和损坏。绝缘操作杆应放在固定的木架上，不得贴墙旋转或横放在墙根；绝缘靴、绝缘手套应放在橱柜内，不应放在阳光下暴晒或放在有酸、碱、油的地方。验电器应放在特制盒子内，置于清洁、通风干燥处。

13.2　辅助绝缘安全用具

辅助绝缘安全用具是指用来进一步加强基本绝缘安全用具绝缘强度的用具。高压设备的辅助绝缘安全用具有绝缘手套、绝缘靴、绝缘隔板、绝缘垫、绝缘台等。低压设备的辅助绝缘安全用具有绝缘台、绝缘垫、绝缘鞋等。辅助绝缘安全用具的绝缘强度比较低，不能承受高电压带电设备或线路的工作电压，只能加强基本绝缘安全用具的保护作用。因此，辅助绝缘安全用具配合基本绝缘安全用具使用时，能防止工作人员遭受接触电压、跨步电压、电弧灼伤等伤害。

13.2.1　绝缘手套和绝缘靴（鞋）

绝缘靴、绝缘鞋、绝缘手套如图 13-7 所示。

（a）绝缘靴　　　　　　　　（b）绝缘鞋　　　　　　　　（c）绝缘手套

图 13-7　绝缘靴、绝缘鞋、绝缘手套

绝缘手套是用特制橡胶制成的，要求薄、柔软、绝缘强度大、耐磨。手套应有足够的长度，一般长 30 ～ 40cm，以便戴上后手套的伸入部分能套在外衣袖口上。戴绝缘手套的长度至少应超过手腕 10cm。它一般作为使用绝缘棒进行带电操作时的辅助绝缘安全用具，以防泄漏电流对人体的异常影响，在进行操作刀闸和接触其他电气设备的接地部分时，戴绝缘手套可防止接触电压和感应电压的伤害，使用绝缘手套后还可直接在低压设备上进行带电作业，可作为低压工作的基本绝缘安全用具。

绝缘靴（鞋）的主要作用是防止跨步电压的伤害，但它对泄漏电流和接触电压等同样具有一定的防护作用。雨天操作室外高压设备时，除应戴绝缘手套外，还必须穿绝缘靴（鞋）。

当配电装置接地网接地电阻不符合要求时，晴天操作也须穿绝缘靴（鞋）。如配电装置内发生接地故障，则在进入配电装置时也应穿绝缘靴（鞋）。绝缘手套和绝缘靴（鞋）在使用前和使用后都应严格按规定执行。

1. 绝缘手套的检查和使用注意事项

绝缘手套是在高压设备上进行操作时的辅助绝缘安全用具，也是在低压设备上带电部分工作时的基本绝缘安全用具，在检验合格的有效期内才能使用。

绝缘手套的检查和使用注意事项如下：

（1）使用前须先检查，将手套朝手指方向卷曲，检查有无漏气或裂口等，如图 13-7（c）所示。如有漏气或裂口，则不能使用。

（2）戴手套时应将外衣袖口放入手套的伸长部分内。使用时注意手套不可让利器割坏，也不可触及酸、碱、盐类及其他化学物品和各种油类，以免损坏绝缘。

（3）绝缘手套使用后必须擦干净，放在专门的柜子里，切不可乱丢乱放，也不可与其他工具、杂物堆放在一起，以免手套损伤；定期进行电气试验，试验标准如表 13-1 所示。

2. 绝缘靴（鞋）的检查和使用注意事项

绝缘靴（鞋）是在任何电压等级的设备上工作时用来与地保持绝缘的辅助绝缘安全用具，也是防护跨步电压的基本绝缘安全用具，绝缘靴和绝缘手套一样，只有在检验合格的有效期内才能使用。

绝缘靴（鞋）的检查和使用注意事项如下：

（1）绝缘靴（鞋）应放在专门的柜子里，并与其他工具分开放置，切不可乱丢乱放，严禁当雨鞋使用。

（2）穿靴时应将裤管放入靴内，使用时应注意不可让利物割坏，也不可接触酸、碱、盐类及其他化学物品和各种油类，以免损坏绝缘；定期进行电气试验，试验标准如表 13-1 所示。

（3）绝缘鞋的使用期限，制造厂规定以大底磨光为止，即当大底露出黄色面胶（即绝缘层）时，绝缘鞋就不适合在电气作业中使用了。

13.2.2 绝缘垫和绝缘台

绝缘垫和绝缘台（如图 13-8 所示）只作为辅助绝缘安全用具。绝缘垫用厚度 5 mm 以上橡胶制成，其最小尺寸应大于 750mm×750mm，若有破损应禁止使用。绝缘台用干燥坚固的方木条制成，相邻板条之间的距离不得大于 2.5cm，以免鞋跟陷入，站台不得有金属零件，台面板用支持绝缘子与地面绝缘，从地面到方木条底面的距离不应小于 10 cm。台面板边缘不得伸出绝缘子之外，以免站台倾翻，人员摔倒。绝缘台最小尺寸不宜小于 0.8m×0.8m，但为了便于移动和检查，最大尺寸也不宜超过 1.5m×1m。目前使用比较普遍的绝缘台的样式如图 13-8 的右图所示。

绝缘垫一般铺在配电装置的地面上，以便在进行操作时增强人员的对地绝缘，防止接触电压与跨步电压对人体的伤害。绝缘垫的保护作用和绝缘靴相同，因此可把它视为一种固定的绝缘靴。在控制屏、保护屏、所用配电屏等处放置绝缘垫，可起到良好的保护安全效果。绝缘垫不得与酸、碱、油类和化学药品等接触，并应避免阳光直射或锐利金属件刺划，还应做到每隔半年用低温水清洗一次。

绝缘台要放在干燥的地方，经常保持清洁，一旦发现木条松脱或瓷瓶破裂，应立即停止使用。

图 13-8　绝缘垫和绝缘台

13.3　一般防护安全用具

一般防护安全用具是指不具有绝缘性能的安全用具，如携带型临时接地线，可移动的临时防护遮栏，各种安全标示牌，安全带，安全帽，防护眼镜等。这种安全用具的主要用途是防止停电工作时设备突然来电，防止感应电压，防止电弧灼伤等。因此，这种安全用具虽然不具有绝缘性能，但对防止工作人员触电却是不可缺少的。

13.3.1　携带型临时接地线

检修清扫工作虽然采取了停电、验电措施，但仍有很多原因使停电设备发生突然来电的情况，对突然来电进行防护采取的唯一措施是装设接地线，包括合上接地刀闸或悬挂携带型临时接地线。当突然误送电到工作地点时，由临时接地线将设备与接地网短路，使继电保护动作，作用于送电开关跳闸断开电源，保护工作人员免遭突然来电的伤害，或使伤害程度得到较大的抑制和减轻。

1. 携带型临时接地线的结构

携带型临时接地线由短路各相和接地用的多股软铜线，以及将多股软铜裸线固定在各相导电部分和接地极上的专用线夹组成，其结构如图 13-9 所示。

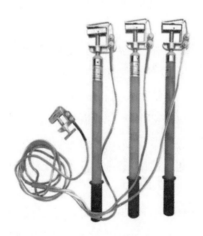

图 13-9　携带型临时接地线的结构

2. 携带型临时接地线的使用检查

携带型临时接地线在使用时应注意检查以下几点：

（1）临时接地线应使用多股透明护套软铜线，一般要求多股软铜线的截面积不小于 25mm^2。

（2）临时接地线无背花，无死扣。

（3）接地线与接地棒的连接应牢固，无松动现象。

（4）接地棒绝缘部分无裂缝，完整无损。

（5）接地线卡子或线夹与软铜线的连接应牢固，无松动现象。

3. 携带型临时接地线的装设步骤

装设携带型临时接地线应由值班员在有人监护的情况下，按操作票指定的地点进行操作。其装设步骤如下：

（1）按照安全技术措施停电的程序，将所要清扫、检修的设备从各个方面断开。

（2）提前送往接地点的接地线，不得随意乱放，只能放在已停电的设备间隔面前，以防止造成带电挂地线恶性误操作或人身事故；操作用具（扳手）也不能放错间隔，放错会造成误入带电间隔或误断合开关等误操作。

（3）验电按照安全技术措施中有关验电的程序，将需要停电清扫、检修的设备从各个方面验电。

（4）悬挂接地线。

4. 携带型临时接地线的正确使用

携带型临时接地线的正确使用方法主要包括如下内容：

（1）挂临时接地线应按操作票指定的地点进行操作。

（2）在临时接地线上及其存放位置上均应编号，挂临时接地线还应按指定的编号使用。

（3）装设时应先将接地端可靠接地，当验电设备或线路确无电压后，立即将临时接地线的另一端（导体端）接在设备或线路的导电部分，此时设备或线路已接地并三相短路。

（4）装设临时接地线必须先接接地端，后接导体端，拆的顺序与此相反。装、拆临时接地线应使用绝缘棒或戴绝缘手套。

（5）对于可能送电至停电设备或线路的各方向或停电设备可能产生感应电压的，都要装设临时接地线。

（6）分段母线在断路器或隔离开关断开时，各段应分别验电并接地之后方可进行检修。降压变电所全部停电时，应将各个可能来电侧的部位装设临时接地线。

（7）在室内配电装置上，临时接地线应装在未涂相色漆的地方。

（8）临时接地线应挂在工作地点可以看见的地方。

（9）临时接地线与检修的设备或线路之间不应连接有断路器或熔断器。

（10）带有电容的设备或电缆线路，在装设临时接地线之前应先放电。

（11）同杆架设的多层电力线路装设临时接地线时，应先装低压，后装高压；先装下层，后装上层；先装"地"，后装"火"。拆的顺序则相反。

（12）装、拆临时接地线工作必须由两人进行，若变电所为单人值班时，只允许使用接地线隔离开关接地。

（13）装设了临时接地线的线路，还必须在开关的操作手柄上挂"已接地"标志牌。

5. 携带型临时接地线的管理

携带型临时接地线平时应存放在固定地点的构架上，构架编号与接地线编号相一致，应对号入座，以便检查接地线是否已全部回收，防止发生未拆接地线合闸的事故，每半年全面检查整修一次。

6. 携带型临时接地线的使用注意事项

除上面提到的要求和管理外，在使用携带型临时接地线时还应注意以下几点：

（1）重点防止误合接地刀闸，如电压互感器检修误合母线侧接地刀闸。要清楚接地刀闸的部位及合上后的接地范围，特别是母线有多处接地的，用哪组一定要清楚。应区分母线与电压互感器的接地，注意试验工作中临时变更的安全措施的设置与恢复。

（2）10kV双电源线路装设接地线前，验电必须小心谨慎，防止误碰伤人，试验过程中需要改变安全措施的，如加装或拆除接地线，必须由运行人员操作，使用防误锁，并做好记录。

（3）对由于设计原因造成验电困难的装置要采取补救措施，防止带电挂地线。

（4）接地线的使用情况应严格按照规定的要求执行，按数量悬挂好，所挂"已接地"标示牌要与接地线及接地刀闸数相同，在交接班时一定要记录清楚，交接齐全。

13.3.2 遮栏

高压电气设备部分停电检修时，为防止检修人员走错位置，误入带电间隔及过分接近带电部分，一般采用遮栏进行防护。此外，遮栏也用作检修安全距离不够时的安全隔离装置。

遮栏分为栅遮栏、绝缘挡板和绝缘罩三种。电气安全遮栏如图13-10所示。遮栏用干燥的绝缘材料制成，不能用金属材料制作，遮栏高度不得低于1.7m，下部边缘离地不应超过10cm。遮栏必须安置牢固，所在位置不能影响工作，遮栏与带电设备的距离不小于规定的安全距离。在室外进行高压设备部分停电工作时，用标示带（如图13-11所示）或绳子拉成临时遮栏。一般可在停电设备的周围插上铁棍，将线网或绳子挂在铁棍或特设的架子上。这种遮栏要求对地距离不小于1m。

在装设临时遮栏时应注意室内与室外的差别，停电检修设备在室内使用临时遮栏时应注意：①应将带电运行设备围起来，在遮栏上挂标示牌，牌面向外。配电屏后面的设备进行检修时，应将检修的配电屏后面的网状遮栏门或铁板门打开，其余带电运行的盘应关好，加锁。配电屏后面应有铁板门或网状遮栏门，无门时，应在左右两侧安装临时遮栏。②检修工作距离不应小于有关的规定，如10kV及以下的距离为0.35 m，可增加"有电危险，请勿靠近"标示牌挂在遮栏上。③严禁工作人员在工作中移动或拆除遮栏，严禁跨越遮栏。停电检修设备在室外使用临时遮栏时应注意：①室外用临时遮栏将停电检修设备围起来（但应留出检修通道），在遮栏上挂标示牌，牌面向内；②遮栏上悬挂标示牌要准确醒目，围栏设置既不能扩大范围，又要方便工作。

图 13-10　电气安全遮栏　　　　图 13-11　安全警戒标示带

13.3.3　标示牌

标示牌的主要作用是提醒和警告，悬挂标示牌可提醒有关人员及时纠正将要进行的错误操作和做法，警告人员不要误入带电间隔或接近带电的部分。

1. 标示牌的种类

标示牌有四类，共七种，按其性质可分为：

（1）禁止类：有"禁止合闸，有人工作""禁止合闸，线路有人工作"。

（2）警告类：有"止步，高压危险""禁止攀登，高压危险"。

（3）准许类：有"在此工作""从此上下"。

（4）提醒类：有"已接地"。

2. 标示牌的式样和悬挂处所

为了避免外人遇到危险或者影响工作，高压电工作业人员在作业前都会在醒目位置悬挂好相应的标示牌，不过不同种类的标示牌式样、大小和悬挂处所有所不同。

标示牌的式样和悬挂处所规定如下：

（1）"禁止合闸，有人工作"的标示牌尺寸为 200mm×100mm 和 80mm×50 mm。式样如图 13-12（a）所示，为白底，红字。悬挂处所：一经合闸即可送电到施工设备的断路设备或隔离开关的操作手柄上（检修设备挂此牌）。

（2）"禁止合闸，线路有人工作"的标示牌尺寸为 200mm×100mm 和

80mm×50mm。式样如图 13-12（b）所示，为红底，白字。悬挂处所：一经合闸即可送电到施工线路的断路设备或隔离开关的操作手柄上（检修线路挂此牌）。

（a）　　　　　（b）

图 13-12　禁止类标示牌

（3）"止步，高压危险"的标示牌尺寸为 250mm×200mm。式样如图 13-13（a）所示，为白底红边，黑字，有红色箭头。悬挂处所：①在室内部分停电的高压设备上工作时，在工作地点两边带电间隔固定遮栏上和对面的带电间隔固定遮栏上及禁止通行的过道上；②在室外部分停电的高压设备上工作时，室外工作地点的围栏上，高压试验地点，室外架构上，工作地点邻近带电设备的横梁上。

（4）"禁止攀登，高压危险"的标示牌尺寸为 250mm×200mm。式样如图 13-13（b）所示，为白底红边，黑字。悬挂处所：工作人员上、下的铁架邻近可能上、下的另外铁架上，运行中变压器的梯子上。

（a）　　　　　（b）

图 13-13　警告类标示牌

（5）"从此上下"的标示牌尺寸为 250mm×250mm。式样如图 13-14（a）所示，为绿底，中有直径 210mm 白圆圈，黑字，写于白圆圈中。悬挂处所：室内和室外工作地点或施工设备。

（6）"在此工作"的标示牌尺寸为 250mm×250mm。式样如图 13-14（b）所示，为绿底，中有直径 210mm 白圆圈，黑字，写于白圆圈中。悬挂处所：工作人员上、下的铁架、梯子上。

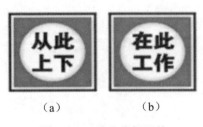

（a）　　　　　（b）

图 13-14　准许类标示牌

（7）"已接地"的标示牌尺寸为 240mm×130mm。式样如图 13-15 所示，为绿底，黑字。悬挂处所：已接地线的隔离开关的操作把手上。装、拆"已接地"的标示牌的顺序：在挂好地线后，应立即将标示牌挂上，在拆除地线时，必须先拆除地线才能拆标示牌，否则有可能造成带地线合闸的误操作事故。

图 13-15　提醒类标示牌

3. 标示牌的悬挂数量

标示牌的悬挂数量是根据高压作业现场和人员班组数的情况而定的。按高压电气作业相关规定，在不同场合进行作业，需要悬挂的标示牌种类、数量有所不同。

标示牌的悬挂数量规定如下：

（1）禁止类标示牌的悬挂数量应与参加工作的班组数相同。

（2）提醒类标示牌的悬挂数量应与装设接地线的组数相同。

（3）警告类和准许类标示牌的悬挂数量可视现场情况适量悬挂。

（4）悬挂标示牌需要变更的，须由工作负责人提出申请，由运行人员取下标示牌。

附1 10kV中置柜双路市电+双路柴发供配电运行方案

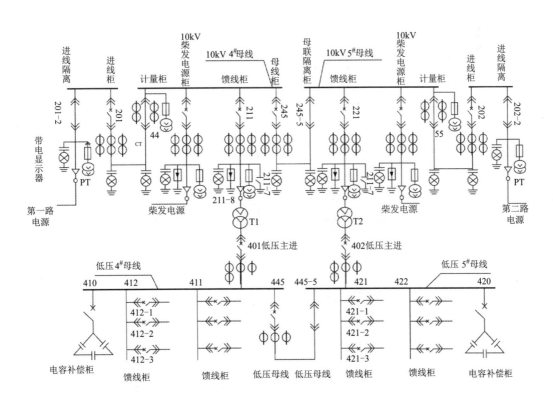

附2 10kV固定柜双路市电供配电运行方案

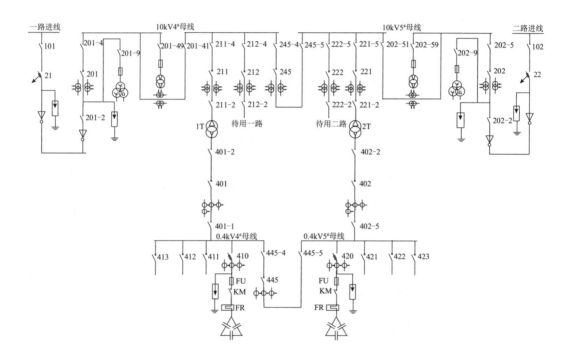

附3　10kV环网柜双路市电供配电运行方案

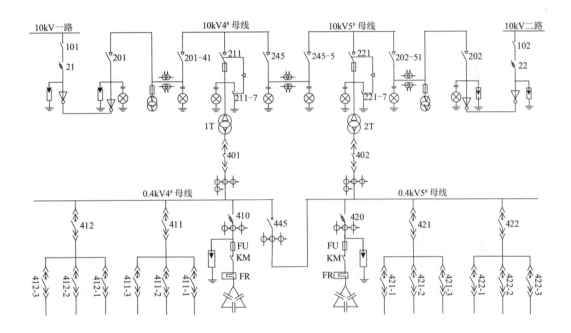

附 4　倒闸操作票示例

1.10kV 双电源单母线分段固定式开关柜一次系统常用倒闸操作票示例

发令人	下令时间	年 月 日 时 分
	操作开始	年 月 日 时 分
受令人	操作终了	年 月 日 时 分

1. 操作任务：2T 由运行转检修（不停负荷）
2. 原运行方式：2#电源带 1T、2T 分列运行，1#电源备用
3. 操作终结运行方式：2#电源带 1T 带全负荷，2T 转检修

√	操作顺序	操作项目	√	操作顺序	操作项目
	1	查 1T 可带全负荷		14	拉开 221-2
	2	合上 445-4		15	拉开 221-5
	3	合上 445-5		16	在 2T10kV 侧验电应无电压
	4	合上 445 开关		17	在 2T10kV 侧挂 1#接地线
	5	查 445 确已合上		18	在 221-2 手柄上挂"禁止合闸，有人工作""已接地"标示牌
	6	查负荷电流分配		19	在 2T0.4kV 侧验电应无电压
	7	拉开 402 开关		20	在 2T0.4kV 侧挂 2#接地线
	8	查 402 确已拉开		21	在 402-2 手柄上挂"禁止合闸，有人工作""已接地"标示牌
	9	查 1T 电流应正常		22	全面检查操作质量，操作完毕
	10	拉开 402-5		23	
	11	拉开 402-2		24	
	12	拉开 221 开关		25	
	13	查 221 确已拉开		26	
	操作人			监护人	

操作要点：

（1）原运行 202 受电带 4#、5# 母线，211、245、221、401、402 合上，201、445 拉开（冷备用）。

（2）2# 电源带 1T、2T 分列运行，2T 由运行转检修，应检查 1T 是否能带全负荷。

（3）原来两台变压器分列运行，2T 检修 5# 母线的负荷要由 1T 供电，445 开关应先合上，再停 402。

（4）注意检查变压器电流变化。

2. 10kV 双电源单母线分段中置柜一次系统常用倒闸操作票示例（一）

发令人		下令时间	年 月 日 时 分
		操作开始	年 月 日 时 分
受令人		操作终了	年 月 日 时 分

1. 操作任务：全站送电操作
2. 原运行方式：全站停电状态（备用）
3. 操作终结运行方式：1# 电源带 1T，2# 电源带 2T 分列运行

√	操作顺序	操作项目	√	操作顺序	操作项目
	1	查 1# 电源 10kV 电压正常		22	将 202 手车推入运行位置
	2	查 201、245、211 确在断开位置		23	合上 202 开关
	3	将 201 手车推入运行位置		24	查 202 确已合上
	4	合上 201 开关		25	查 202 负荷侧三相带电指示灯亮
	5	查 201 确已合上		26	查 402 确在断开位置
	6	查 201 负荷侧三相带电指示灯亮		27	将 221 手车推入运行位置
	7	查 401 确在断开位置		28	合上 221 开关
	8	将 211 手车推入运行位置		29	查 221 确已合上
	9	合上 211 开关		30	查 221 负荷侧三相带电指示灯亮
	10	查 211 确已合上		31	听 2T 声音，充电 3 分钟
	11	查 211 负荷侧三相带电指示灯亮		32	查 2T 0.4kV 电压正常
	12	听 1T 声音，充电 3 分钟		33	查 402 确在断开位置
	13	查 1T 0.4kV 电压正常		34	将 402 手车推入运行位置
	14	查 445 确在断开位置		35	合上 402 开关
	15	将 401 手车推入运行位置		36	查 402 确已合上
	16	合上 401 开关		37	合上 5# 母线侧各出线开关
	17	查 401 确已合上		38	合上 5# 母线侧电容器开关
	18	合上 4# 母线侧各出线开关		39	全面检查操作质量，操作完毕
	19	合上 4# 母线侧电容器开关		40	
	20	查 2# 电源 10kV 电压正常		41	
	21	查 202、221 确在断开位置		42	
操作人			监护人		

操作要点:

（1）全站停电（备用）状态是主进断路器拉开,电源侧电压互感器保留,用于监视电源。

（2）送电操作前要检查电源电压。

（3）运行方式为1#电源带1T,2#电源带2T分列运行,联络开关245、445拉开,应拉至试验位置或检修位置,以防止合环操作。

3. 10kV双电源单母线分段中置柜一次系统常用倒闸操作票示例（二）

发令人		下令时间	年　月　日　时　分
		操作开始	年　月　日　时　分
受令人		操作终了	年　月　日　时　分

1. 操作任务：全站送电操作
2. 原运行方式：全站停电状态（备用）
3. 操作终结运行方式：1#电源带1T全负荷,2#电源带2T备用

√	操作顺序	操作项目	√	操作顺序	操作项目
	1	查1#电源10kV电压正常		22	合上低压电容器组开关
	2	查201、211、245、221、202确在断开位置		23	检查2#电源10kV电压应正常
	3	将201手车推入运行位置		24	全面检查操作质量,操作完毕
	4	合上201开关		25	
	5	查201确已合上		26	
	6	查201负荷侧三相带电指示灯亮		27	
	7	查401确在断开位置		28	
	8	将211手车推入运行位置		29	
	9	合上211开关		30	
	10	查211确已合上		31	
	11	查211负荷侧三相带电指示灯亮		32	
	12	听1T声音,充电3分钟		33	
	13	查1T0.4kV电压正常		34	
	14	查445、402确在断开位置		35	
	15	将401手车推入运行位置		36	
	16	合上401开关		37	
	17	查401确已合上		38	
	18	将445手车推入运行位置		39	
	19	合上445开关		40	
	20	查445确已合上		41	
	21	合上低压各出线开关		42	
操作人			监护人		

操作要点：

（1）在全站停电（备用）状态下进行送电操作。

（2）先送 1#电源和 1T，由于 2#是备用电源，不需要操作，但要检查 2#电源是否正常。

4.10kV 双电源单母线分段中置柜一次系统常用倒闸操作票示例（三）

发令人		下令时间	年 月 日 时 分
		操作开始	年 月 日 时 分
受令人		操作终了	年 月 日 时 分

1. 操作任务：全站停电操作（备用）
2. 原运行方式：1#电源带 1T、2T 并列运行，2#电源备用
3. 操作终结运行方式：全站停电状态

√	操作顺序	操作项目	√	操作顺序	操作项目
	1	拉开低压电容器组开关		22	查 211 负荷侧三相带电指示灯灭
	2	拉开低压各出线开关		23	将 211 手车拉至备用位置
	3	拉开 445 开关		24	拉开 201 开关
	4	查 445 确已拉开		25	查 201 确已拉开
	5	将 445 手车拉至备用位置		26	查 201 负荷侧三相带电指示灯灭
	6	拉开 402 开关		27	将 201 手车拉至备用位置
	7	查 402 确已拉开		28	将 202 手车拉至备用位置
	8	将 402 手车拉至备用位置		29	全面检查操作质量，操作完毕
	9	拉开 401 开关		30	
	10	查 401 确已拉开		31	
	11	将 401 手车拉至备用位置		32	
	12	拉开 221 开关		33	
	13	查 221 确已拉开		34	
	14	查 221 负荷侧三相带电指示灯灭		35	
	15	将 221 手车拉至备用位置		36	
	16	拉开 245 开关		37	
	17	查 245 确已拉开		38	
	18	查 245 负荷侧三相带电指示灯灭		39	
	19	将 245-5 手车拉至隔离位置		40	
	20	拉开 211 开关		41	
	21	查 211 确已拉开		42	
操作人			监护人		

操作要点：

（1）系统是 201 受电带 4#、5#母线，211、245、221、401、402、445 合上，202 拉开（备用）。

（2）要求全站停电热备用，应将主进断路器拉开至备用位置，热备用保留电源的电压互感器，用于监视电源。

（3）拉开高压断路器后，应检查三相带电指示器的灯应熄灭。

（4）1#电源停电后，应将2#电源主进断路器拉至备用位置。

5. 10kV双电源单母线分段中置柜一次系统常用倒闸操作票示例（四）

发令人		下令时间	年 月 日 时 分
		操作开始	年 月 日 时 分
受令人		操作终了	年 月 日 时 分

1. 操作任务：全站停电操作（备用）
2. 原运行方式：2#电源带1T、2T分列运行，1#电源备用
3. 操作终结运行方式：全站停电状态

√	操作顺序	操作项目	√	操作顺序	操作项目
	1	拉开低压电容器组开关		22	查202确已拉开
	2	拉开低压各出线开关		23	查202负荷侧三相带电指示灯灭
	3	拉开401开关		24	将202手车拉至备用位置
	4	查401确已拉开		25	将201手车拉至备用位置
	5	将401手车拉至备用位置		26	全面检查操作质量，操作完毕
	6	拉开402开关		27	
	7	查402确已拉开		28	
	8	将402手车拉至备用位置		29	
	9	拉开211开关		30	
	10	查211确已拉开		31	
	11	查211负荷侧三相带电指示灯灭		32	
	12	将211手车拉至备用位置		33	
	13	拉开245开关		34	
	14	查245确已拉开		35	
	15	查245负荷侧三相带电指示灯灭		36	
	16	将245-5手车拉至隔离位置		37	
	17	拉开221开关		38	
	18	查221确已拉开		39	
	19	查221负荷侧三相带电指示灯灭		40	
	20	将221手车拉至备用位置		41	
	21	拉开202开关		42	
操作人			监护人		

操作要点：

（1）系统状态为202受电带4#、5#母线，211、245、221、401、402合上，201、445拉开。

（2）要求全站停电热备用，应将主进断路器拉开至备用位置，热备用保留电源的电压互感器，用于监视电源。

（3）拉开高压断路器后，应检查三相带电指示器的灯应熄灭。

（4）2#电源停电后，应将1#电源主进断路器拉至备用位置。

（5）变压器分列运行，低压联络开关445是拉开的。

6.10kV 双电源单母线分段中置柜一次系统常用倒闸操作票示例（五）

发令人		下令时间	年 月 日 时 分
		操作开始	年 月 日 时 分
受令人		操作终了	年 月 日 时 分

1. 操作任务：全站由检修转运行
2. 原运行方式：全站停电检修状态
3. 操作终结运行方式：2#电源带2T全负荷运行，1#电源1T备用

√	操作顺序	操作项目	√	操作顺序	操作项目
	1	查201、211、245、221、202应在检修位置		18	合上221
	2	拆202-9线路侧接地线		19	查221确已合上
	3	取下2#电源开闭站开关上"禁止合闸，有人工作""已接地"标示牌		20	查221负荷侧三相带电指示灯亮
	4	拆201-9线路侧接地线		21	听2T声音应正常，充电3分钟
	5	取下1#电源开闭站开关上"禁止合闸，有人工作""已接地"标示牌		22	查2T低压0.4kV电压正常
	6	合上2#电源开闭站开关		23	合上402
	7	查2#电源线路侧三相带电指示灯亮		24	查402确已合上
	8	合上1#电源开闭站开关		25	合上445
	9	查1#电源线路侧三相带电指示灯亮		26	查445确已合上
	10	将202-9手车推至运行位置		27	合上低压各出线开关
	11	查2#电源10kV电压正常		28	合上低压电容器组开关
	12	将202手车推至运行位置		29	将201-9手车推至运行位置
	13	合上202		30	查1#电源10kV电压正常
	14	查202确已合上		31	全面检查操作质量，操作完毕
	15	查202负荷侧三相带电指示灯亮		32	
	16	将221手车推至运行位置		33	
	17	查402、445、401确在断开位置		34	
操作人			监护人		

操作要点：

（1）全站检修后送电操作，应先拆除接地线，注意电缆进线开闭站上的标示牌。

（2）运行方式为 2#电源带 2T 全负荷运行，1#电源 1T 备用 。

（3）2T 投入运行后，还应将 1#电源置于备用位置，1#电源备用应是 201-9 合上，201 拉开，201 手车拉至备用位置。

7. 10kV 双电源单母线分段中置柜一次系统常用倒闸操作票示例（六）

发令人		下令时间	年 月 日 时 分
		操作开始	年 月 日 时 分
受令人		操作终了	年 月 日 时 分

1. 操作任务：全站由运行转检修
2. 原运行方式：1#电源带 1T、2T 并列全负荷运行，2#电源备用
3. 操作终结运行方式：全站停电检修状态

√	操作顺序	操作项目	√	操作顺序	操作项目
	1	拉开低压各出线开关		20	将 211 手车拉至检修位置
	2	拉开低压电容器组开关		21	拉开 201 开关
	3	拉开 445 开关		22	查 201 确已拉开
	4	查 445 确已拉开		23	查 201 负荷侧三相带电指示灯应灭
	5	拉开 401 开关		24	将 201 手车拉至检修位置
	6	查 401 确已拉开		25	将 201-9 手车拉至检修位置
	7	拉开 402 开关		26	将 202 手车拉至检修位置
	8	查 402 确已拉开		27	将 202-9 手车拉至检修位置
	9	拉开 221 开关		28	拉开 1#电源开闭站分界开关
	10	查 221 确已拉开		29	查 201-9 线路侧三相带电指示灯应灭
	11	查 221 负荷侧三相带电指示灯应灭		30	在 201-9 线路侧验电应无电压
	12	将 221 手车拉至检修位置		31	在 201-9 线路侧挂接地线一组
	13	拉开 245 开关		32	在 1#电源开闭站分界开关手柄上挂"禁止合闸，有人工作""已接地"标示牌
	14	查 245 确已拉开		33	拉开 2#电源开闭站分界开关
	15	查 245 负荷侧三相带电指示灯应灭		34	查 202-9 线路侧三相带电指示灯应灭
	16	将 245-5 手车拉至隔离位置		35	在 202-9 线路侧验电应无电压
	17	拉开 211 开关		36	在 202-9 线路侧挂接地线一组
	18	查 211 确已拉开		37	在 2#电源开闭站分界开关手柄上挂"禁止合闸，有人工作""已接地"标示牌
	19	查 211 负荷侧三相带电指示灯应灭		38	全面检查操作质量，操作完毕
	操作人			监护人	

操作要点：

（1）1#电源带 1T、2T 并列运行，2#电源备用的情况下停电操作。

（2）全站停电检修电缆进户线，应拉开开闭站的开关，并在开闭站开关手柄上挂标示牌。

8. 10kV双电源单母线分段中置柜一次系统常用倒闸操作票示例（七）

发令人		下令时间	年 月 日 时 分
		操作开始	年 月 日 时 分
受令人		操作终了	年 月 日 时 分

1. 操作任务：1T由运行转备用，2T由备用转运行（不停负荷）
2. 原运行方式：1#电源带1T全负荷运行，2#电源、2T备用
3. 操作终结运行方式：1#电源带2T全负荷运行，2#电源、1T备用

√	操作顺序	操作项目	√	操作顺序	操作项目
	1	查2T应符合并列条件		17	拉开401开关
	2	查245、221、202确在备用位置		18	查401确已拉开
	3	将245-5推至运行位置		19	查2T电流应正常
	4	将245推至运行位置		20	拉开211开关
	5	查245确已合上		21	查211确已拉开
	6	查245三相带电指示灯应亮		22	查211负荷侧三相带电指示灯应灭
	7	查402确在断开位置		23	将211手车拉至备用位置
	8	将221推至运行位置		24	全面检查操作质量，操作完毕
	9	合上221开关		25	
	10	查221确已合上		26	
	11	查221负荷侧三相带电指示灯应亮		27	
	12	听2T声音正常，充电3分钟		28	
	13	查2T0.4kV电压正常		29	
	14	合上402开关		30	
	15	查402确已合上		31	
	16	查负荷电流分配		32	
操作人			监护人		

操作要点：

（1）在不停电的情况下进行变压器倒闸，电源不换。

（2）2T要运行，5#母线将带电，操作前应认真检查221、202、402确在断开位置。

（3）注意变压器并列条件，防止造成电压波动。

（4）先投入备用的2#变压器，再退出运行的1#变压器。

9.10kV双电源单母线分段中置柜一次系统常用倒闸操作票示例（八）

发令人		下令时间	年 月 日 时 分
		操作开始	年 月 日 时 分
受令人		操作终了	年 月 日 时 分

1.操作任务：2T由运行转检修（不停负荷）
2.原运行方式：2#电源带1T、2T分列运行，1#电源备用
3.操作终结运行方式：2#电源带1T全负荷运行，2T检修状态，1#电源备用

√	操作顺序	操作项目	√	操作顺序	操作项目
	1	查1T可带全负荷		17	全面检查操作质量，操作完毕
	2	合上445		18	
	3	查445确已合上		19	
	4	拉开402开关		20	
	5	查402确已拉开		21	
	6	查1T电流应正常		22	
	7	将402手车拉至检修位置		23	
	8	拉开221开关		24	
	9	查221确已拉开		25	
	10	查221负荷侧三相带电指示灯应灭		26	
	11	将221手车拉至检修位置		27	
	12	合上221-7接地刀闸		28	
	13	在221手车上挂"禁止合闸，有人工作""已接地"标示牌		29	
	14	在2T0.4kV侧验电应无电压		30	
	15	在2T0.4kV侧挂接地线一组		31	
	16	在402手车上挂"禁止合闸，有人工作""已接地"标示牌		32	
操作人			监护人		

操作要点：不停负荷停一台变压器，应检查运行的变压器是否能带全负荷。

参考文献

[1] 北京市安全生产技术服务中心 . 高压电工作业 [M]. 北京：团结出版社，2016.

[2] 秦钟全 . 高压电工上岗技能一本通 [M]. 北京：化学工业出版社，2012.

[3] 徐滤非 . 供配电系统 [M]. 北京：机械工业出版社，2012.